U0711446

机械制造技术基础

（含任务工单）

主　　编　徐彩玲
副 主 编　王国栋　林琮凯　刘国全
　　　　　朱成兵
参编人员　戴映红　陈德益　练雅琦
　　　　　周　吉　陈志鑫（企业）
主　　审　应富强　蒋开伟

北京理工大学出版社
BEIJING INSTITUTE OF TECHNOLOGY PRESS

版权专有　侵权必究

图书在版编目（CIP）数据

机械制造技术基础：含任务工单／徐彩玲主编. --
北京：北京理工大学出版社，2024.1
ISBN 978 - 7 - 5763 - 3818 - 8

Ⅰ. ①机… Ⅱ. ①徐… Ⅲ. ①机械制造工艺 Ⅳ.
①TH16

中国国家版本馆 CIP 数据核字（2024）第 079165 号

责任编辑：张鑫星	文案编辑：张鑫星
责任校对：周瑞红	责任印制：李志强

出版发行 /	北京理工大学出版社有限责任公司
社　　址 /	北京市丰台区四合庄路 6 号
邮　　编 /	100070
电　　话 /	（010）68914026（教材售后服务热线）
	（010）63726648（课件资源服务热线）
网　　址 /	http://www.bitpress.com.cn

版 印 次 /	2024 年 1 月第 1 版第 1 次印刷
印　　刷 /	三河市天利华印刷装订有限公司
开　　本 /	787 mm × 1092 mm　1/16
印　　张 /	19
字　　数 /	420 千字
定　　价 /	89.00 元

图书出现印装质量问题，请拨打售后服务热线，负责调换

前　言

本书以习近平新时代中国特色社会主义思想为指导，贯彻落实党的二十大精神，根据国家《关于推动现代职业教育高质量发展的意见》的文件精神，遵照弘扬工匠精神，培养更多高素质技术技能型人才、大国工匠等指导思想，在教材形式与内容等方面拓展校企合作的要求，对此本教材结合课程的特点进行编写。

教材以行业企业实际岗位的流程及工作过程所需的知识、技能、素质而进行架构，主要以模块形式展现。其次是设有与完成任务工单所需的对应知识点，以及配套的数字资源。

任务工单中的内容及顺序按照企业实际工作岗位的内容及流程而设置，以本区域典型的企业制造加工的产品为主，以便于提高学生对任务实用性的认知程度；在组织形式上以学生为中心，以培养他们的自主学习、可持续发展及良好的职业素养等为目标；在设置上采用以成果为导向，以情景展现为导入学习，以引导问题为引领自主学习，以过程考核为主要评价，以深化知识和技能设置拓展任务等方式。具体设置如下：学习情境描述、学习目标、任务要点、任务分组、工作（学习）准备、获取资讯、引导问题、任务（工作）实施、评价与考核、拓展内容。

在任务实施完成过程中，融思政教学于其中。任务载体从简单到复杂，任务设置上以活页式教材模式而呈现。

教材内容按照任务工单进行重构，以便于理论和实践一体化的实施。教材内容重实用、轻理论，多用图形、表格等来表述。

结合数字化教学平台，便于实现任务的多样性和个性化，便于引领问题和实施成果的检查和考核，便于弥补课程内容因为多、杂、抽象而纸质教材难充分表现的缺陷。

本书由台州职业技术学院徐彩玲担任主编；台州职业技术学院王国栋、林琼凯、刘国全、朱成兵担任副主编；台州职业技术学院戴映红、陈德益、练雅琦，临海市中等职业技术学校周吉，吉利汽车研究院（宁波）陈志鑫参编；浙江工业大学应富强，台州职业技术学院蒋开伟担任主审。

基于编者水平有限，书中难免存在疏漏和不足之处，敬请读者批评指正。

编　者

目　　录

模块一　机械制造过程基本知识 ·· 1

1.1　生产过程概述 ·· 1
　1.1.1　定义 ·· 1
　1.1.2　生产过程的种类 ·· 1
1.2　机械制造过程 ·· 2
　1.2.1　概述 ·· 2
　1.2.2　制造技术 ·· 3
　1.2.3　机械加工工艺过程 ·· 3
　1.2.4　机械加工工艺规程设计的一般步骤 ································ 6

模块二　金属材料基本知识 ·· 8

2.1　认识金属材料性能 ·· 8
　2.1.1　强度和塑性 ·· 9
　2.1.2　硬度 ·· 9
　2.1.3　冲击韧性 ·· 10
　2.1.4　疲劳强度 ·· 10
2.2　认识金属材料性能差异的机理 ·· 10
　2.2.1　金属的晶体结构 ·· 10
　2.2.2　金属晶格的类型 ·· 10
　2.2.3　晶体缺陷 ·· 11
　2.2.4　同素异构转变 ·· 11
　2.2.5　合金的概念 ·· 12
2.3　认识钢铁材料性能差异的机理 ·· 13
　2.3.1　铁碳合金组织 ·· 13
　2.3.2　铁碳相图 ·· 13
　2.3.3　铁碳相图上的合金分类 ·· 13
　2.3.4　典型铁碳合金结晶过程的组织变化 ································ 14
2.4　认识常用金属材料类型及性能特点 ···································· 15
　2.4.1　碳素钢 ·· 15
　2.4.2　合金钢 ·· 16
　2.4.3　铸铁 ·· 18
　2.4.4　有色金属 ·· 19

模块三　毛坯制造及热处理基本知识 ································ 21

3.1　生产纲领与生产类型及工艺特征 ································ 21
- 3.1.1　生产纲领 ·· 21
- 3.1.2　生产类型 ·· 21
- 3.1.3　生产类型对工艺过程的影响 ································ 22

3.2　毛坯类型及成形方法 ·· 23
- 3.2.1　铸造 ·· 23
- 3.2.2　压力成形 ·· 38
- 3.2.3　焊接 ·· 46

3.3　钢铁材料的热处理 ·· 51
- 3.3.1　概述 ·· 51
- 3.3.2　钢在加热及冷却时的组织转变 ································ 52
- 3.3.3　热处理的基础方法 ·· 54

模块四　机械零件切削加工及工艺基本知识 ·························· 58

4.1　认识金属切削过程 ·· 58
- 4.1.1　切削要素和刀具的几何角度 ································ 58
- 4.1.2　刀具材料 ·· 60
- 4.1.3　金属切削过程 ·· 60
- 4.1.4　提高切削效益的措施和方法 ································ 64

4.2　认识金属切削加工方法与设备 ································ 69
- 4.2.1　金属切削机床的基本知识 ·································· 70
- 4.2.2　车削加工 ·· 71
- 4.2.3　铣削加工 ·· 77
- 4.2.4　钻削与镗削加工 ·· 82
- 4.2.5　磨削加工 ·· 86
- 4.2.6　刨削、插削、拉削加工 ···································· 92
- 4.2.7　齿轮加工 ·· 98
- 4.2.8　零件的结构工艺性分析 ···································· 108

4.3　定位基准及夹紧 ·· 110
- 4.3.1　定位 ·· 110
- 4.3.2　夹紧 ·· 132

4.4　机械加工工艺规程制定 ······································ 141
- 4.4.1　基础知识及术语 ·· 141

4.5　典型零件加工工艺分析 ······································ 151
- 4.5.1　轴类零件加工 ·· 151
- 4.5.2　轴类零件加工工艺案例 ···································· 157
- 4.5.3　盘盖类零件加工 ·· 161
- 4.5.4　套类零件加工 ·· 163

    4.5.5　箱体零件加工 ⋯⋯⋯⋯⋯⋯⋯⋯⋯⋯⋯⋯⋯⋯⋯⋯⋯⋯⋯⋯⋯⋯ 168

模块五　工序设计 ⋯⋯⋯⋯⋯⋯⋯⋯⋯⋯⋯⋯⋯⋯⋯⋯ 174

  5.1　加工余量的确定 ⋯⋯⋯⋯⋯⋯⋯⋯⋯⋯⋯⋯⋯⋯⋯⋯⋯⋯⋯⋯⋯⋯⋯ 174
    5.1.1　加工余量的概念 ⋯⋯⋯⋯⋯⋯⋯⋯⋯⋯⋯⋯⋯⋯⋯⋯⋯⋯⋯⋯⋯ 174
    5.1.2　影响加工余量的因素 ⋯⋯⋯⋯⋯⋯⋯⋯⋯⋯⋯⋯⋯⋯⋯⋯⋯⋯⋯ 176
    5.1.3　确定加工余量的方法 ⋯⋯⋯⋯⋯⋯⋯⋯⋯⋯⋯⋯⋯⋯⋯⋯⋯⋯⋯ 177
  5.2　工序尺寸及公差的确定 ⋯⋯⋯⋯⋯⋯⋯⋯⋯⋯⋯⋯⋯⋯⋯⋯⋯⋯⋯⋯ 178
    5.2.1　引用法 ⋯⋯⋯⋯⋯⋯⋯⋯⋯⋯⋯⋯⋯⋯⋯⋯⋯⋯⋯⋯⋯⋯⋯⋯⋯ 178
    5.2.2　余量法 ⋯⋯⋯⋯⋯⋯⋯⋯⋯⋯⋯⋯⋯⋯⋯⋯⋯⋯⋯⋯⋯⋯⋯⋯⋯ 178
    5.2.3　工艺尺寸链法 ⋯⋯⋯⋯⋯⋯⋯⋯⋯⋯⋯⋯⋯⋯⋯⋯⋯⋯⋯⋯⋯⋯ 179
  5.3　设备与工艺装备的选择 ⋯⋯⋯⋯⋯⋯⋯⋯⋯⋯⋯⋯⋯⋯⋯⋯⋯⋯⋯⋯ 184
    5.3.1　机床的选择 ⋯⋯⋯⋯⋯⋯⋯⋯⋯⋯⋯⋯⋯⋯⋯⋯⋯⋯⋯⋯⋯⋯⋯ 184
    5.3.2　工艺装备的选择 ⋯⋯⋯⋯⋯⋯⋯⋯⋯⋯⋯⋯⋯⋯⋯⋯⋯⋯⋯⋯ 185
  5.4　切削用量的确定与时间定额的估算 ⋯⋯⋯⋯⋯⋯⋯⋯⋯⋯⋯⋯⋯⋯ 185
    5.4.1　切削用量的确定 ⋯⋯⋯⋯⋯⋯⋯⋯⋯⋯⋯⋯⋯⋯⋯⋯⋯⋯⋯⋯⋯ 185
    5.4.2　时间定额的估算 ⋯⋯⋯⋯⋯⋯⋯⋯⋯⋯⋯⋯⋯⋯⋯⋯⋯⋯⋯⋯⋯ 186

模块六　机床专用夹具概述 ⋯⋯⋯⋯⋯⋯⋯⋯⋯⋯⋯⋯⋯ 187

  6.1　钻床夹具设计基本知识及设计案例 ⋯⋯⋯⋯⋯⋯⋯⋯⋯⋯⋯⋯⋯⋯ 189
    6.1.1　种类 ⋯⋯⋯⋯⋯⋯⋯⋯⋯⋯⋯⋯⋯⋯⋯⋯⋯⋯⋯⋯⋯⋯⋯⋯⋯⋯ 190
    6.1.2　部分配件——钻模板和钻套 ⋯⋯⋯⋯⋯⋯⋯⋯⋯⋯⋯⋯⋯⋯⋯ 191
  6.2　铣床夹具设计基本知识及设计案例 ⋯⋯⋯⋯⋯⋯⋯⋯⋯⋯⋯⋯⋯⋯ 193
    6.2.1　种类 ⋯⋯⋯⋯⋯⋯⋯⋯⋯⋯⋯⋯⋯⋯⋯⋯⋯⋯⋯⋯⋯⋯⋯⋯⋯⋯ 193
    6.2.2　部分配件 ⋯⋯⋯⋯⋯⋯⋯⋯⋯⋯⋯⋯⋯⋯⋯⋯⋯⋯⋯⋯⋯⋯⋯⋯ 194
  6.3　车床夹具设计基本知识及设计案例 ⋯⋯⋯⋯⋯⋯⋯⋯⋯⋯⋯⋯⋯⋯ 196

模块七　机械加工及装配质量的分析 ⋯⋯⋯⋯⋯⋯⋯⋯ 198

  7.1　加工精度的基本概念 ⋯⋯⋯⋯⋯⋯⋯⋯⋯⋯⋯⋯⋯⋯⋯⋯⋯⋯⋯⋯⋯ 198
    7.1.1　加工精度与加工误差 ⋯⋯⋯⋯⋯⋯⋯⋯⋯⋯⋯⋯⋯⋯⋯⋯⋯⋯⋯ 198
    7.1.2　加工经济精度 ⋯⋯⋯⋯⋯⋯⋯⋯⋯⋯⋯⋯⋯⋯⋯⋯⋯⋯⋯⋯⋯⋯ 199
    7.1.3　获得加工精度的方法 ⋯⋯⋯⋯⋯⋯⋯⋯⋯⋯⋯⋯⋯⋯⋯⋯⋯⋯⋯ 199
  7.2　影响加工精度的因素及其分析 ⋯⋯⋯⋯⋯⋯⋯⋯⋯⋯⋯⋯⋯⋯⋯⋯ 201
    7.2.1　工艺系统原始误差的概念及其分类 ⋯⋯⋯⋯⋯⋯⋯⋯⋯⋯⋯ 201
    7.2.2　各类原始误差介绍 ⋯⋯⋯⋯⋯⋯⋯⋯⋯⋯⋯⋯⋯⋯⋯⋯⋯⋯⋯ 202
    7.2.3　提高加工精度的工艺措施 ⋯⋯⋯⋯⋯⋯⋯⋯⋯⋯⋯⋯⋯⋯⋯⋯ 218
  7.3　加工误差综合分析 ⋯⋯⋯⋯⋯⋯⋯⋯⋯⋯⋯⋯⋯⋯⋯⋯⋯⋯⋯⋯⋯⋯ 218
    7.3.1　加工误差的性质及分类 ⋯⋯⋯⋯⋯⋯⋯⋯⋯⋯⋯⋯⋯⋯⋯⋯⋯ 218
    7.3.2　加工误差的统计分析方法 ⋯⋯⋯⋯⋯⋯⋯⋯⋯⋯⋯⋯⋯⋯⋯⋯ 219
  7.4　机械加工表面质量及影响因素 ⋯⋯⋯⋯⋯⋯⋯⋯⋯⋯⋯⋯⋯⋯⋯⋯ 219

7.4.1　表面质量定义 ………………………………………………… 219

7.4.2　表面质量对零件使用性能的影响 …………………………… 220

7.4.3　影响表面粗糙度的因素 ……………………………………… 220

7.4.4　影响加工表面层物理力学性能的因素 ……………………… 222

7.4.5　提高加工表面质量的措施 …………………………………… 224

7.5　机械装配工艺基础 ……………………………………………… 224

7.5.1　概述 …………………………………………………………… 224

7.5.2　保证装配精度的方法 ………………………………………… 227

7.5.3　机械装配工艺规程的制定 …………………………………… 229

模块一　机械制造过程基本知识

1.1　生产过程概述

1.1.1　定义

生产过程——根据设计信息将原材料或半成品转变成成品的各个相互联系的劳动过程的总和，是原材料或半成品到成品（机器）的过程，如图1.1.1所示。

机械产品的生产过程主要包括以下几个阶段：

（1）原材料的运输、保管和准备。

（2）生产的准备工作，包括产品设计开发、工艺设计及工艺装备制造。

（3）毛坯的制造。

（4）零部件的机械加工。

（5）零件的热处理。

（6）部件和产品的装配。

（7）质量检查与运行试验、涂装、包装和入库。

（8）售后服务。

直接生产过程包括（3）~（7），辅助生产过程包括（1）、（2）、（8）。

特征：在满足生产质量前提下，使生产率最高，生产费用最低。

1.1.2　生产过程的种类

根据被研究的对象和范畴，分为产品生产过程和工厂生产过程。

1. 产品生产过程

产品生产过程是指围绕着某种完整的产品为对象而展开的生产过程，包括工艺过程、检验过程、运输过程、停歇过程、组织管理过程及自然过程。

根据职能和功能需求的不同，生产过程可划分为以下四个过程：

（1）技术准备过程。

（2）基本生产过程。

（3）辅助生产过程。

（4）生产服务过程。

下面以机械制造生产过程为例，罗列了各阶段，如图1.1.2~图1.1.5所示。

图1.1.1　机械零件的生产过程

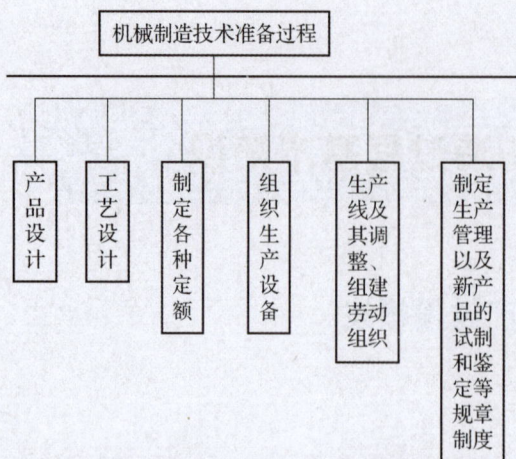

图 1.1.2　机械制造技术准备过程

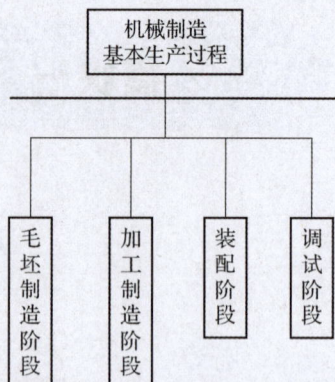

图 1.1.3　机械制造基本生产过程

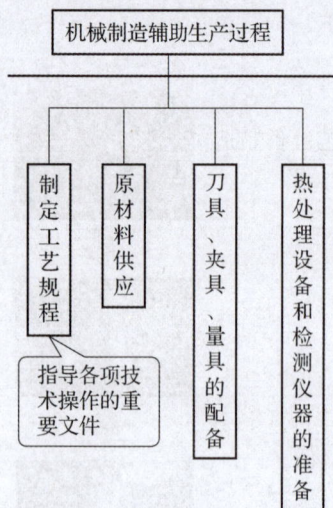

图 1.1.4　机械制造辅助生产过程

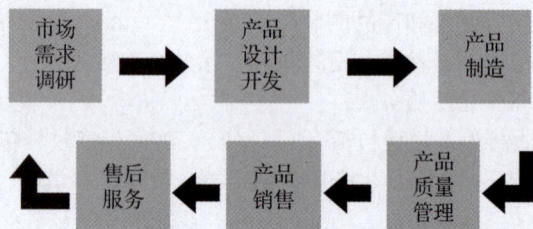

图 1.1.5　机械制造生产服务过程

2. 工厂生产过程

工厂生产过程是指在工厂企业范围内全部生产协调配合的运行过程。在专业化生产条件下，通常一种产品的生产过程需要若干个工厂生产过程的协作。

机械制造厂一般都从其他工厂取得制造机械所需要的原材料、毛坯或半成品，从原材料、毛坯（或半成品）进厂一直到把成品制造出来的各有关劳动过程的总和称为工厂生产过程。其包括原材料的运输保管、制造毛坯、把毛坯加工成零件、把零件装配成机器、检验、试车、涂装和包装等。

1.2　机械制造过程

机械制造
过程概述

1.2.1　概述

制造生产过程是指从原材料到成品直接起作用的那部分工作内容，包括毛坯制造、零件加工、产品装配、检验、包装等具体操作（物质流），如图 1.2.1 所示。

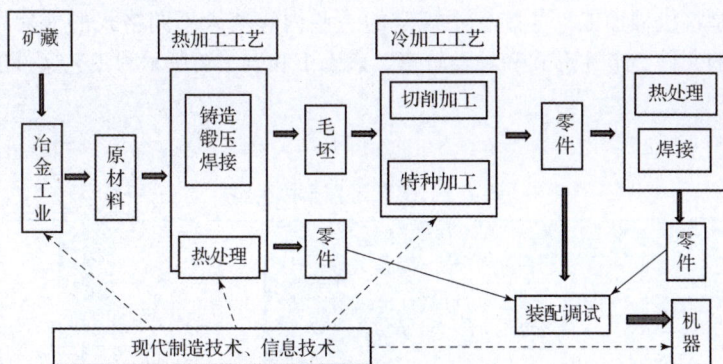

图 1.2.1　制造生产过程

1.2.2　制造技术

在产品生产中，使原材料转化为产品过程中所施行的各种手段的总和，称为制造技术。

$$制造技术的手段\begin{cases}运用一定的知识、技术；\\操纵可以利用的物质、工具；\\采取有效的方法；\\……\end{cases}$$

常见的机械制造技术如下：

（1）金属材料成形技术：铸造、塑性成形、焊接、粉末冶金等技术。

（2）机械切削加工技术：车削、铣削、磨削、钻削、镗削等技术。

（3）机械装配技术：互换法、修配法、调整法等各种装配技术。

（4）非常规加工技术：电加工、电化学加工、激光加工、超声波加工、3D打印等技术。

上述（1）为热加工，（2）为冷加工，（2）和（3）是机械制造技术的主体，占机械制造过程总工作量的60%以上。

大多数机械产品的几何精度和工作精度都需要依赖机械加工技术和装配技术来实现，先进的制造技术使一个国家的制造业乃至国民经济处于有竞争力的地位。

1.2.3　机械加工工艺过程

工艺：是指使各种原材料、半成品成为成品的方法和过程。

工艺过程：在生产过程中，直接改变生产对象的形状、尺寸、相对位置和性质等的过程。

机械制造工艺过程：一般是指零件的机械加工工艺过程和机器的装配工艺过程的总和，由以下过程组成。

$$机械制造工艺过程\begin{cases}毛坯的制造\\零件的机械加工\\热处理及表面处理\\零件装配成机器\\机器的质量检查及运行试验\end{cases}$$

机械加工工艺过程：是指合理有序地利用各种机械加工的方法，直接改变毛坯的形状、尺寸、相对位置和性质等，使其成为合格的成品或半成品的过程。

机械加工工艺规程：是规定零件机械加工工艺过程和操作方法等的工艺文件之一。它是在具体的生产条件下，把较为合理的工艺过程和操作方法，按照规定的形式书写成工艺文件，经审批后用来指导生产。

工艺文件：是将机械加工工艺规程中规定的一些内容填入不同格式的卡片中，即成为生产准备和施工依据的文件，卡片形式和种类较多。表1.1和表1.2所示为工艺文件实例。

工艺文件案例

表1.1　工艺过程卡片实例

×××	工艺过程卡片		产品型号			零件图号			
			产品名称			零件名称	连杆	共2页	第1页
材料牌号	毛坯种类	毛坯尺寸外形/（mm×mm×mm）	每毛坯件数	零件毛重/kg	零件净重/kg	材料消耗定额	每台产品零件数	每批数量	
ZG310～570	铸件	40×20×159	1				1		
工序	安装	工步	工程内容	设备		工程装备名称及编号			工时/min
				名称及型号	编号	夹具	切削工具	量具、辅具	准终　基本工时
			锻造						
			热处理：退火						
10	A	1	粗铣大、小头的端面，保持两端面距离尺寸，并保证表面粗糙度 Ra 为3.2 μm	X5025		铣床、通用夹具	A类可转位面铣刀	游标卡尺	
20	A	1	钻小头端 ϕ10 mm 的通孔	Z5140		铣床、通用夹具	锥柄麻花钻	内径百分尺	
		2	再扩 ϕ10 mm 的孔至40 mm	Z5140		钻床、通用夹具	锥柄扩孔钻	内径百分尺	
		3	铰孔至 ϕ14H8 深40 mm，并保证表面粗糙度 Ra 为1.6 μm	Z5140		钻床、通用夹具	锥柄机用丝锥	内径百分尺	
30	A	1	钻大头端 ϕ30 mm 的通孔	Z5140		钻床、通用夹具	锥柄麻花钻	内径百分尺	
		2	扩 ϕ30H11 mm 的孔，并保证表面粗糙度 Ra 为6.3 μm	Z5140		钻床、通用夹具	锥柄扩孔钻	内径百分比	

表1.2　机械加工工序卡片实例

机械加工工序卡片		产品型号		零件图号		
		产品名称	联轴器	零件名称	联轴器	共7页 第1页

	车间	工序号	工序名	材料牌号
	金工	3	车	HT200
	毛坯种类	毛坯外形尺寸	每坯可制件数	每台件数
			1	1
	设备名称	设备型号	设备编号	同时加工件数
	卧式车床	CA6140		1
	夹具编号		夹具名称	切削液
			专用夹具	

工位器具编号	工位器具名称	工序工时	
		准终	单件

工步号	工步内容	工艺装备	主轴转速/$(r \cdot min^{-1})$	切削速度/$(m \cdot min^{-1})$	进给量/$(mm \cdot r^{-1})$	背吃刀量/mm	进给次数	工步工时	
								机动	辅助
1	以 $\phi55$ mm 外圆及其端面定位，粗车、半精车外圆 $\phi110$ mm及端面	专用夹具、高速钢刀具、游标卡尺	220	24	3	15	1		

描图

描校

底图号

装订号

								设计（日期）	审核（日期）	标准化（日期）	会签（日期）
标记	处数	更改文件号	签字	日期	标记	处数	更改文件号	签字	日期		

机械装配工艺过程：采用各种装配工艺方法，把组成产品的全部零件按照设计要求正确组合在一起的过程。

机械制造工艺规程：在机械产品的生产中，用来规定产品或零件制造工艺过程和操作方法等的工艺文件。

1.2.4　机械加工工艺规程设计的一般步骤

（1）阅读装配图和零件图。

（2）工艺审查。

审查图纸上的尺寸、视图和技术要求是否完整、正确，分析主要技术要求是否合理、适当；分析材料有关性能特点，审查零件结构工艺性。

（3）确定毛坯。

（4）选择定位基准。

（5）拟定加工工艺路线。

（6）选择满足各工序要求的工艺装备，包括机床、夹具、刀具、量具、辅助工具等。

（7）进行工序设计，该过程包括对各工序加工余量、工序尺寸和公差的确定，对切削用量参数的选择，对时间定额的确定。

（8）编制数控加工程序（针对数控加工）。

（9）评价工艺路线。

对所制定的工艺方案进行技术经济分析，并应对多种工艺方案进行比较，或采用优化方法，以确定出最优工艺方案。

（10）填写或打印工艺文件。

❋ 课程的设置

产品制造的整个生产流程主要涉及产品开发设计和加工工艺（规程）的设计及加工，其中前者由前导课程（如机械设计基础等）来承担，而后者主要由机械制造技术课程来承担，其中加工工艺（规程）的设计贯穿了整个课程的主脉。

小结

总的来说，机械制造过程是一个非常复杂和烦琐的过程，有些流程较长，包括阶段也较多。图 1.2.2 所示为一般机械制造过程。

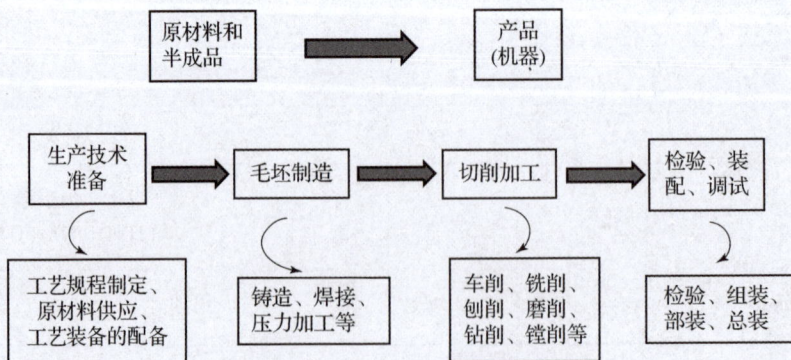

图 1.2.2　一般机械制造过程

小结

产品生产过程范围更广，包括阶段有别于机械制造过程。图 1.2.3 所示为一般生产过程。

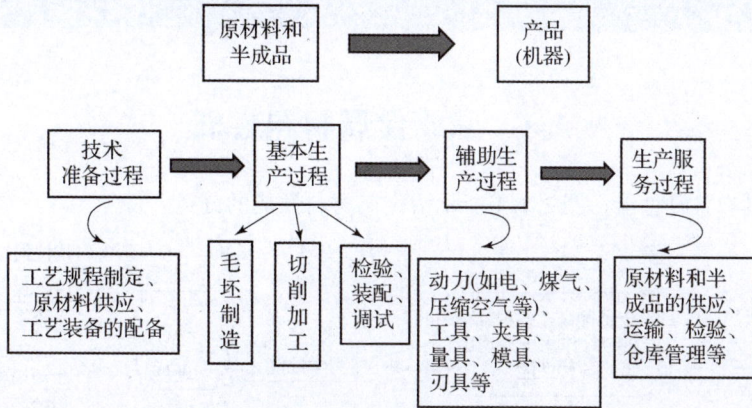

图 1.2.3　一般生产过程

模块二　金属材料基本知识

2.1　认识金属材料性能

金属材料具有各种性能，图2.1.1所示为金属材料性能的分类。

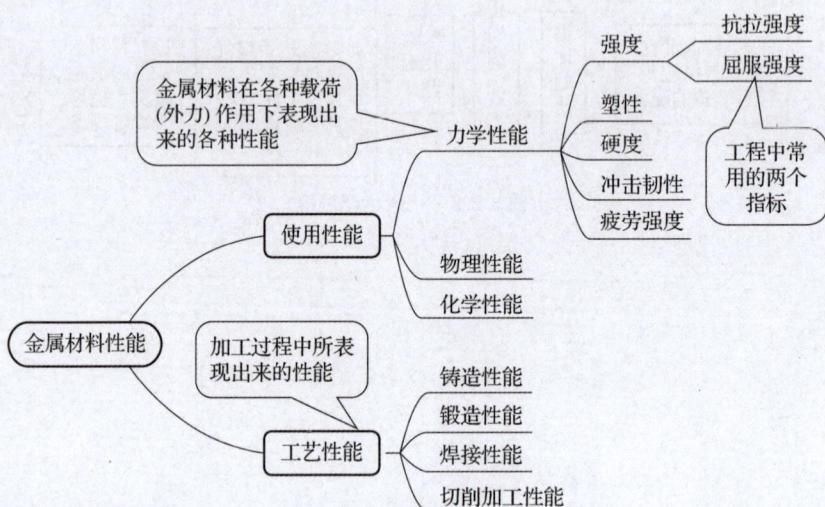

图 2.1.1　金属材料性能的分类

低碳钢拉伸曲线如图2.1.2所示。

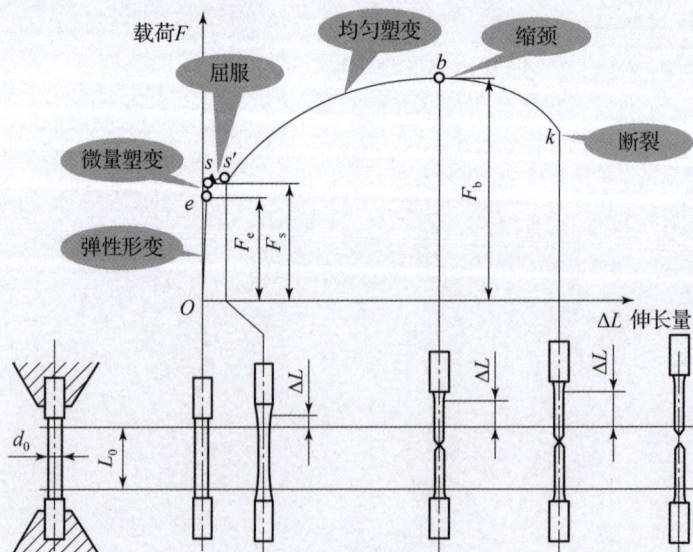

图 2.1.2　低碳钢拉伸曲线

2.1.1 强度和塑性

1. 强度

强度——金属材料在载荷（外力）作用下抵抗变形和断裂的能力。

工程上常用的强度指标有屈服强度、抗拉强度，这种指标通常采用拉伸试验法来测定，如图2.1.2 所示。

1）屈服强度（σ_s）（产生屈服现象的最小应力）

$$\sigma_s = F_s / A_0$$

式中，F_s 为材料屈服时的最小载荷；A_0 为截面面积。

屈服强度表示材料抵抗塑性变形的能力；塑性材料一般依据屈服强度进行选材。

2）抗拉强度（σ_b）（试样断裂前所承受的最大应力）

$$\sigma_b = F_b / A_0$$

式中，F_b 为试样断裂前所承受的最大载荷；A_0 为截面面积。

抗拉强度表示金属材料抵抗最大均匀塑性变形或断裂的能力。对于有些塑性较差的材料，抗拉强度作为衡量材料强度的一个重要指标。

2. 塑性

塑性——金属材料在载荷作用下产生断裂前所能承受的最大塑性变形（永久变形）的能力。材料在断裂之前，塑性变形越大，则塑性越好。常用的塑性指标有断后伸长率和断面收缩率。

2.1.2 硬度

硬度——金属材料抵抗硬物压入或划伤的能力，即抵抗局部塑性变形和破坏的能力。一般来说，硬度越高，耐磨性越好，强度也较高。

生产中应用最广泛的有布氏硬度和洛氏硬度两种测试法。（有关测试的实验扫二维码，其他类同）

1. 布氏硬度（HBW）

布氏硬度测定原理及值——用一定直径 D 的硬质合金球或碳化钢球作压头，用规定试验力 F 压入被测金属表面，保持规定的时间后卸除试验力，测量其形成的球形压痕直径并换算成表面积，载荷与其面积的比值称为布氏硬度值。

布氏硬度测试

2. 洛氏硬度（HR）

洛氏硬度的测定原理及值——用顶角为120°的金刚石圆锥压头或直径为1.588 mm 的淬火钢球压头，在初载荷与初、主载荷先后作用下，压入被测金属表面，保持规定的时间后卸除主载荷，残余压痕深度增量作为金属材料的硬度。各种硬度测量方法比较如表2.1 所示。

表2.1 各种硬度测量方法比较

方法	压头类型	符号	测量类型	优点	缺点	应用范围
布氏硬度	硬质合金球	HBW	压痕面积	测量准确	损伤大	可用于测量铸铁、有色金属、硬度较低的钢的原材料与半成品
洛氏硬度	金刚石圆锥	HRA	压痕深度	损伤小、较迅速	不够准确、不连续	硬质合金、碳化物、浅层表面硬化钢等
	淬火钢球	HRB				退火、正火钢、铝合金、铜合金、铸铁
	金刚石圆锥	HRC				淬火钢、深层表面硬化钢等
维氏硬度	金刚石四棱锥	HV	压痕对角线长度	准确、连续性	不适于成批	可测量较薄的材料

2.1.3　冲击韧性

冲头等工具常常工作在冲击载荷作用下，与强度、塑性、硬度在静载荷作用下测量的力学性能指标有区别。

冲击韧性——金属抵抗冲击载荷作用而不破坏的能力，金属材料的冲击韧性可以通过冲击试验测定。

冲击韧性

2.1.4　疲劳强度

交变载荷——受到大小和方向做周期性变化的载荷作用，如发动机曲轴、连杆、齿轮、弹簧等机械零件工作中的受力现象。零件在交变载荷的作用下，经过多次循环后，即使所承受的最大应力值远小于其屈服点，零件在无显著的外观变形情况下也会发生断裂，这种断裂称为疲劳断裂。断裂往往具有突然性、危险性，常常会造成严重事故。

疲劳强度——金属材料经受交变载荷作用，但未引起断裂的最大应力。

2.2　认识金属材料性能差异的机理

金属材料应用广泛，性能多样是主要原因，而材料的性能又主要取决于其化学成分和内部组织结构。下面主要介绍内部组织结构。

2.2.1　金属的晶体结构

固态物质根据原子排列的特征，可分为晶体和非晶体两类。非晶体如普通玻璃、松香（本处不做详细介绍）；晶体如金属。

晶体是指其原子（离子或分子）在空间呈规则排列的物体。

2.2.2　金属晶格的类型

晶格——把晶体点阵中的结点假想用一系列平行直线连接起来构成空间格子的各种类型排列。图 2.2.1 所示为金属晶格的类型。

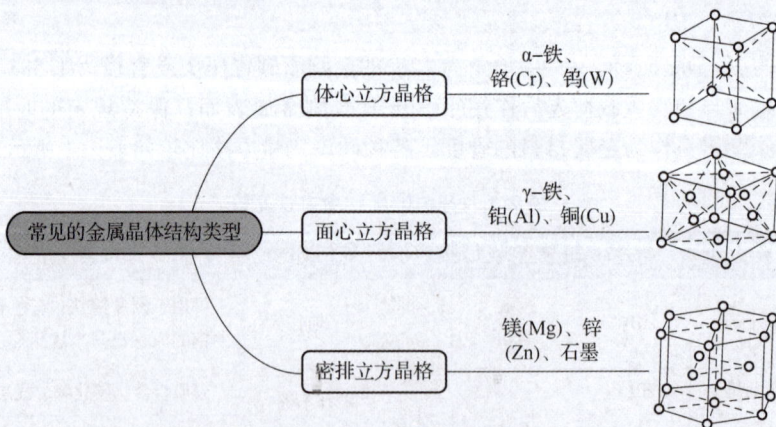

图 2.2.1　金属晶格的类型

晶胞——晶体中原子具有一定特征的排列，存在着重复性，其最小的几何单元称为晶胞。各种晶体物质，由于晶格类型与晶格常数不同，表现出不同的物理性能、化学性能和力学性能。

从图 2.2.1 可以看出，不同的晶格类型，原子排列的致密度不同，体心立方晶格 > 面心立方晶格和密排立方晶格，这些将引起金属体积和性能的变化。

（1）晶粒——由很多大小、外形和晶格排列方向均不相同组成的小晶体。

（2）晶界——晶粒间交界的地方。

（3）多晶体——由许多杂乱无章排列着的小晶体组成的多晶体。普通金属材料都是多晶体。

（4）单晶体——只由一个晶粒组成的晶体，如单晶硅。

2.2.3 晶体缺陷

晶体缺陷——晶体中出现的各种不规则的原子堆积的现象。图2.2.2～图2.2.4所示为各种类型的晶体缺陷。

1. 空位、间隙原子和置换原子

晶体中的空位、间隙原子、置换原子都是点缺陷，如图2.2.2所示。

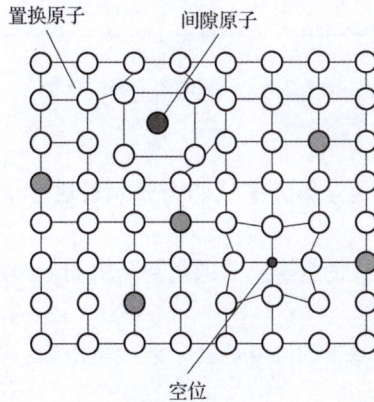

图 2.2.2　点缺陷

2. 位错

位错是晶格中一部分晶体相对于另一部分晶体发生局部滑移而造成的。滑移部分与未滑移部分的交界线即位错线，如图2.2.3所示。位错是线缺陷。

3. 晶界和亚晶界

晶界和亚晶界如图2.2.4所示。

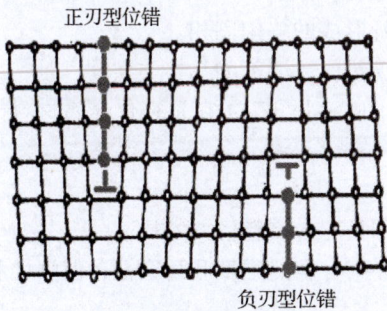

图 2.2.3　位错

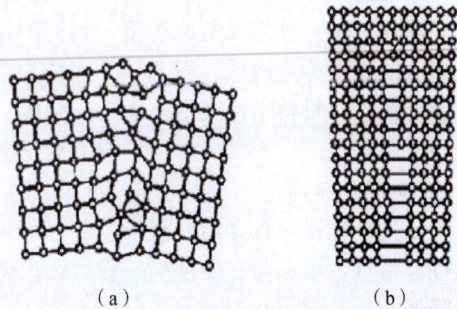

图 2.2.4　晶界和亚晶界

（a）大角度晶界——晶界；（b）小角度晶界——亚晶界

2.2.4 同素异构转变

同素异构转变——金属在固态下，随温度的改变由一种晶格转变为另一种晶格的现象。

同一金属如果由稳定温度的低温到高温间，存在同素异构晶体，那么用希腊字母 α、β、γ、δ 等表示不同形式。图2.2.5所示为纯铁的同素异构转变。

同素异构转变是钢铁材料的一个重要特性，是钢铁材料能采用热处理的方法来改变其性能的内因和依据，也是钢铁材料的性能多种多样、用途广泛的主要原因之一。

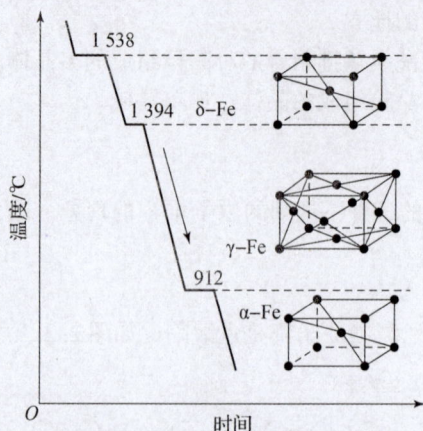

图 2.2.5　纯铁的同素异构转变

2.2.5　合金的概念

合金——一种金属元素与其他金属元素或非金属元素通过熔炼或其他方法结合而成的具有金属特性的物质。

例如，碳素钢是由铁和碳组成的合金；普通黄铜是由铜、锌两种金属元素组成的合金。

1. 组元或元的概念

组元或元——组成合金的最基本的独立物质。硬铝是由铝、铜、镁或铝、铜、锰组成的三元合金。

2. 相的概念

相——在合金中成分、结构及性能相同的组成部分。

注意：合金的性能一般都是由组成合金的各相性能、数量、各相组合情况所决定的。

3. 组织的概念

组织——指合金中不同相之间相互组合配置的状态。

1）固溶体

固溶体——一种组元的原子溶入到另一组元的晶格中所形成的均匀固相。

溶入的元素称为溶质，而基体元素称为溶剂。固溶体仍然保持溶剂的晶格类型。

性能特点：材料塑性变形抗力↑→强度、硬度↑，即"固溶强化"（它是强化金属材料的重要途径之一）。

2）金属化合物

金属化合物——合金组元间发生相互作用而形成的一种具有金属特性的物质。

性能特点：熔点高、硬度高、脆性大。金属化合物能提高合金的硬度和耐磨性，但塑性和韧性会降低。

3）机械混合物

机械混合物——两种或两种以上的相按一定质量分数组成的物质。

注意：各相仍保持自己原来的晶格；其性能取决于各相的性能、形态、数量、大小。

4）固溶强化

固溶强化现象——由于溶质原子进入溶剂晶格的间隙或结点，使晶格发生畸变，固溶体硬度和强度升高的现象。

2.3　认识钢铁材料性能差异的机理

2.3.1　铁碳合金组织

本部分讲解铁碳合金的基本知识。图 2.3.1 所示为铁碳合金的组织分类。

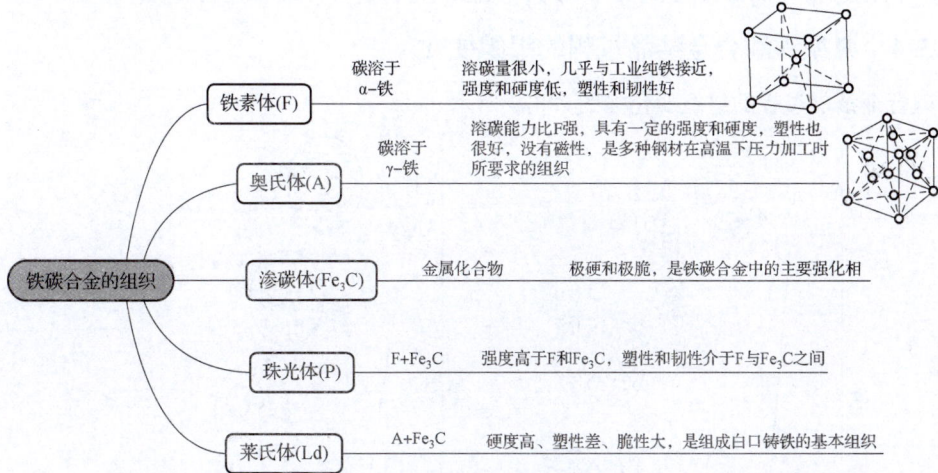

	碳溶于 α-铁	溶碳量很小，几乎与工业纯铁接近，强度和硬度低，塑性和韧性好
铁素体(F)		
奥氏体(A)	碳溶于 γ-铁	溶碳能力比F强，具有一定的强度和硬度，塑性也很好，没有磁性，是多种钢材在高温下压力加工时所要求的组织
铁碳合金的组织		
渗碳体(Fe_3C)	金属化合物	极硬和极脆，是铁碳合金中的主要强化相
珠光体(P)	$F+Fe_3C$	强度高于F和Fe_3C，塑性和韧性介于F与Fe_3C之间
莱氏体(Ld)	$A+Fe_3C$	硬度高、塑性差、脆性大，是组成白口铸铁的基本组织

图 2.3.1　铁碳合金的组织分类

2.3.2　铁碳相图

铁碳合金相图（简称铁碳相图）——指在极其缓慢冷却的条件下，铁碳合金的组织状态随温度变化的图解。图 2.3.2 所示为简化后的 $Fe-Fe_3C$ 相图。

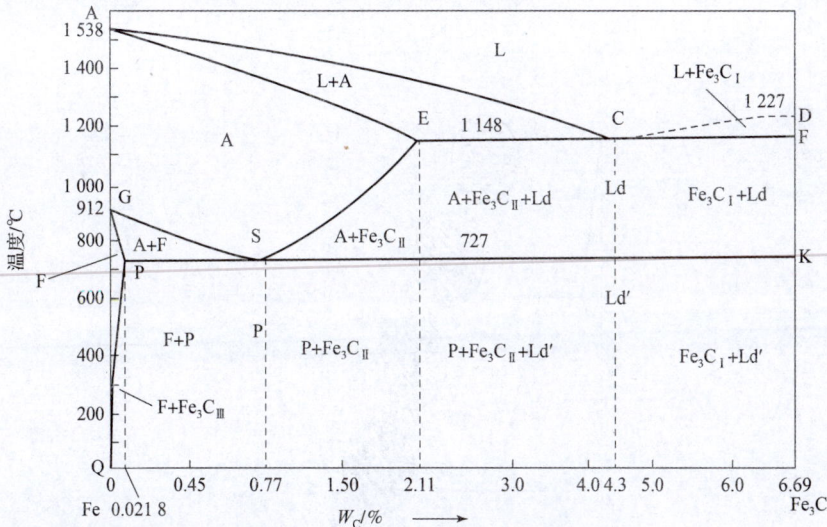

图 2.3.2　简化后的 $Fe-Fe_3C$ 相图

注：W_C 指碳的质量分数，平常叫作含碳量。

2.3.3　铁碳相图上的合金分类

（1）工业纯铁（$W_C < 0.021\ 8\%$）：其显微组织为铁素体晶粒，工业上很少应用。

（2）碳钢（$W_C = 0.021\ 8\% \sim 2.11\%$）：其特点是高温组织为单相 A，易于变形，碳钢又分为以下三种。

亚共析钢（$0.021\ 8\% \leqslant W_C < 0.77\%$）室温组织：铁素体和珠光体。

共析钢（$W_C = 0.77\%$）室温组织：珠光体。

过共析钢（$0.77\% < W_C \leqslant 2.11\%$）室温组织：珠光体和二次渗碳体。

（3）白口铸铁（$W_C = 2.11\% \sim 6.69\%$），其特点是铸造性能好，但硬而脆。

2.3.4　典型铁碳合金结晶过程的组织变化

铁碳合金结晶过程的组织变化如图 2.3.3 所示。

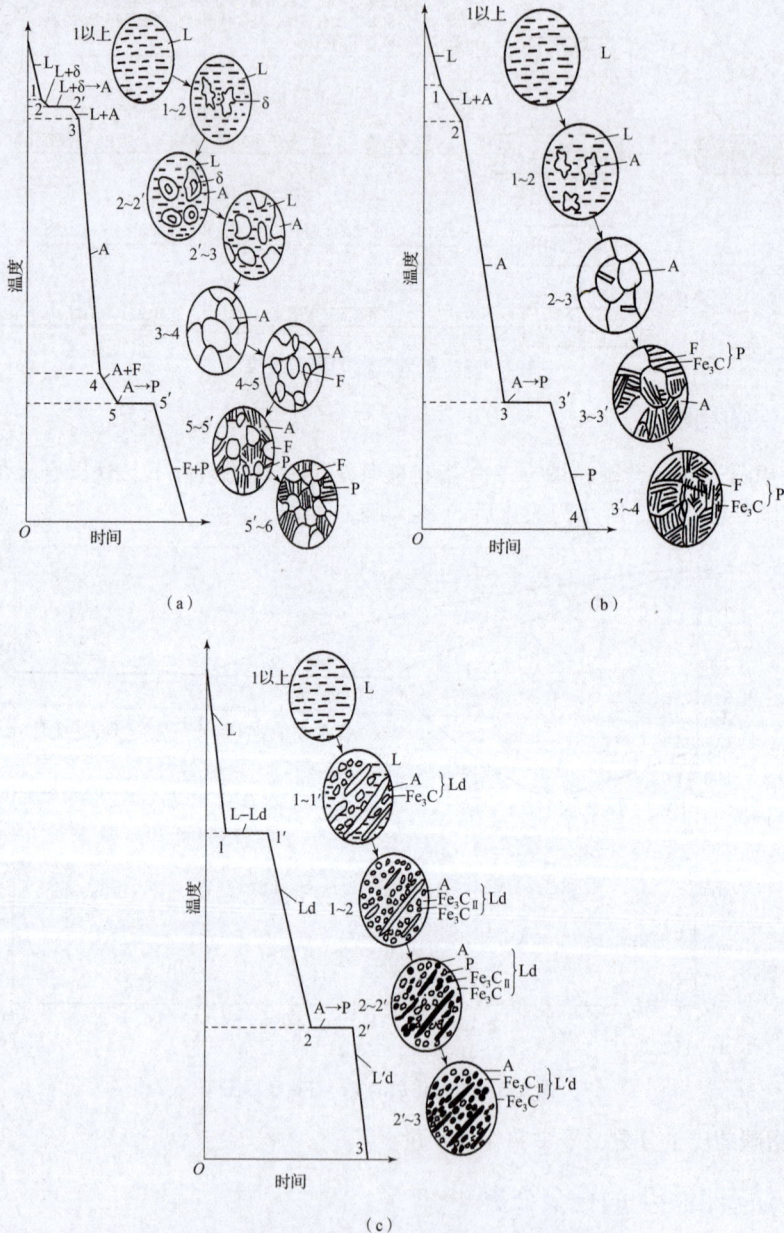

（a）

（b）

（c）

图 2.3.3　铁碳合金结晶过程的组织变化

（a）亚共析钢；（b）共析钢；（c）共晶白口铁

2.4 认识常用金属材料类型及性能特点

金属分为黑色金属和有色金属，而黑色金属（钢铁）又分为碳钢和铸铁。碳钢加入合金元素称为合金钢，碳钢和合金钢又俗称钢。钢按照功用的分类如图2.4.1所示。

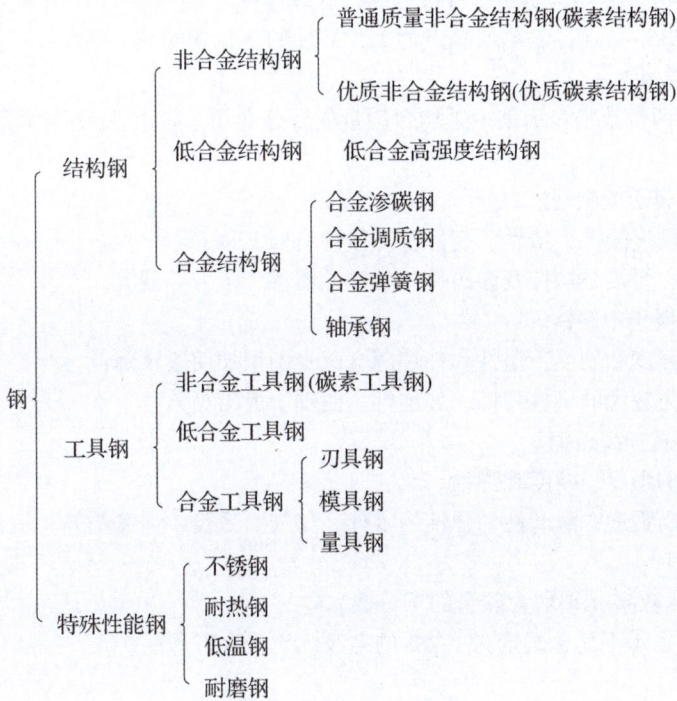

图 2.4.1 钢按照功用的分类

2.4.1 碳钢

1. 概念

碳钢——0.021 8% $< W_C <$ 2.11%，且不含有特意加入合金元素的铁碳合金，也称碳素钢。

2. 碳钢的分类

1）按含碳量分类

(1) 低碳钢：$W_C \leqslant 0.25\%$。

(2) 中碳钢：$0.25\% < W_C < 0.6\%$。

(3) 高碳钢：$W_C \geqslant 0.6\%$。

2）按质量分类

(1) 普通钢：$W_S \leqslant 0.05\%$，$W_P \leqslant 0.045\%$。

(2) 优质钢：$W_S \leqslant 0.035\%$，$W_P \leqslant 0.035\%$。

(3) 高级优质钢：$W_S \leqslant 0.025\%$，$W_P \leqslant 0.025\%$。

3）按用途分类

(1) 结构钢：主要用于制造各种机械零件和工程构件，$W_C < 0.7\%$。

(2) 工具钢：主要用于制造各种刀具、模具和量具，$W_C > 0.70\%$。

（3）特殊性能钢：不锈钢、耐热钢、低温钢和耐磨钢。

3. 碳钢的牌号及用途

1）碳素结构钢

（1）牌号：Q + 屈服点数值 + 质量等级符号 + 脱氧方法符号。

（2）性能：一般。

（3）应用：厂房、桥梁、船舶、铆钉、螺钉、螺母等。

（4）例如，Q235 – A. F：表示屈服点为 235 MPa 的 A 级沸腾钢。

2）优质碳素结构钢

（1）牌号：用两位数字表示钢中平均含碳量的万分之几，如 45 号钢表示含碳量为 0.45%。

（2）分类。

①08 ~ 25 钢，属于低碳钢。

性能：强度、硬度较低，塑性、韧性及焊接性良好。

用途：冲压件、焊接结构件及渗碳件，如深冲器件、压力容器等。

②30 ~ 55 钢，属于中碳钢。

性能：较高的强度和硬度，塑性和韧性随含碳量的增加而逐步降低。

用途：制作受力较大的机械零件，如连杆、曲轴、齿轮等。

③60 钢以上，属于高碳钢。

性能：有较高的强度、硬度和弹性。

用途：制造较高强度、耐磨性和弹性的零件，如气门弹簧、弹簧垫等。

3）碳素工具钢

（1）牌号：T + 数字（平均含碳的千分数）。

例如，T12A：表示平均含碳量为 1.2% 的高级优质碳素工具钢。

（2）应用。

T7 ~ T8：钻头、模具等。

T9 ~ T10：丝锥、板牙等。

T11 ~ T13：锉刀、切削刀等。

4）铸造碳钢

（1）牌号：ZG + 数字 – 数字；第一组数字：屈服点；第二组数字：抗拉强度值，如 ZG270 – 500。

（2）应用：制造形状复杂、力学性能要求较高的机械零件。

（3）特点：以铁、碳为主要合金元素并含有少量其他元素的铸钢，因此相比合金钢成本较低。

2.4.2 合金钢

1. 概述

碳钢的不足：

（1）淬透性差。

（2）回火稳定性差。

（3）综合机械性能差。

（4）不能满足某些特殊场合的要求。

合金钢——在碳钢的基础上，改善钢的性能，在冶炼时有目的地加入一种或数种合金元素的钢。

2. 合金元素在钢中的主要作用

（1）强化铁素体。

（2）形成合金碳化物、合金渗碳体、特殊碳化物。

（3）细化晶粒。

（4）提高钢的淬透性。

（5）提高钢的回火稳定性。

3. 合金钢分类

1）按用途分类（图2.4.2）

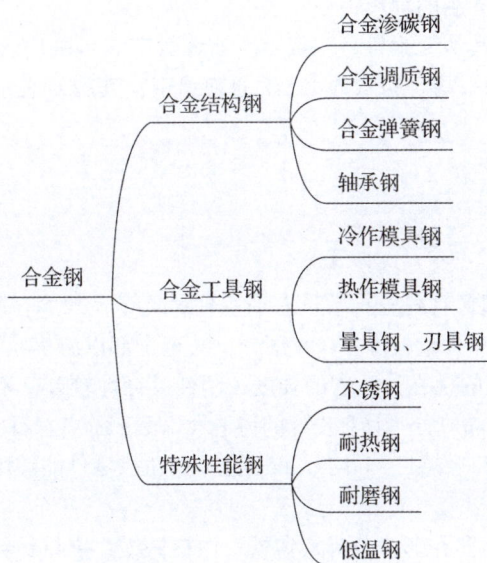

图 2.4.2　合金钢按用途分类

合金结构钢：主要用于工程结构、机械零件的制造。

合金工具钢：主要用于刀具、模具、量具等的制造。

特殊性能钢：具有特殊物理、化学性能的钢。

2）按合金元素总量分类

（1）低合金钢：合金元素总量 <5%。

（2）中合金钢：合金元素总量 =5%～10%。

（3）高合金钢：合金元素总量 >10%。

4. 合金钢的牌号

1）合金结构钢

合金结构钢主要用于工程用钢、机械零件制造用钢。

牌号：两位数（表示平均含碳量的万分之几）+合金元素+数字。

当 W_C 为 1.5%～2.49%、2.5%～3.49%…时，数字写成2、3…（W_C < 1.5% 不标），如 20CrMnTi、60Si2Mn。

2）合金工具钢

牌号：一位数（当 W_C ≥1% 时不标，当 W_C <1% 时以千分之几计）+合金元素+数字；主加合金元素表示方法和合金结构钢相同，如 W18Cr4V（常称为"白钢"或"锋钢"）、9SiCr、CrWMn。但对铬含量较低的合金工具钢，其铬含量以千分之几表示，并在表示含量的数字前加"0"，如 Cr06。

3）特殊性能钢——如常用的不锈钢、耐热钢、耐磨钢等

牌号：一位数（当 $W_c \geq 1\%$ 时不标，当 $W_c < 1\%$ 时以千分之几计）+合金元素+数字。

（1）钢号中含碳量以千分之几表示。例如，"2Cr13"钢的平均含碳量为 0.2%。当 $W_c \leq 0.08\%$ 时，牌号冠首加"0"；当 $W_c \leq 0.03\%$ 时，牌号冠首加"00"，如 00Cr17Ni14Mo2。

（2）对钢中主要合金元素以百分之几表示，具体和上述的结构钢表示方法相同。

不锈钢按热处理后的显微组织又可分为五大类，即铁素体不锈钢、马氏体不锈钢、奥氏体不锈钢、奥氏体–铁素体不锈钢及沉淀硬化不锈钢。（具体内容见有关数字资源）

注：不锈钢中 $W_c\%\uparrow$，强度↑，硬度↑，而耐腐蚀性↓。

4）特殊专用钢——如常用的轴承钢

牌号：G+Cr+数字+其他元素符号+数字，前者数字表示平均含铬量的千分之几；主加元素，元素平均百分含量。如平均含铬量为 1.5% 的轴承钢，其牌号表示为 GCr15。其他性能之类的基本知识见数字资源。

2.4.3　铸铁

1. 概述

铸铁——$W_c > 2.11\%$ 的铁碳合金；其特点是含有较高的 C 和 Si，同时也含有一定的 Mn、P、S 等杂质元素；铸铁中 C、Si 含量较高，C 大部分、甚至全部以游离状态石墨形式存在。

铸铁的缺点：由于石墨的存在，使它的强度、塑性及韧性较差，不能锻造。

铸铁的优点：其接近共晶成分，具有良好的铸造性；由于游离态石墨存在，使铸铁具有高的减摩性、切削加工性和低的缺口敏感性。目前，许多重要的机械零件能够用球墨铸铁来代替合金钢。

2. 铸铁的分类

（1）根据碳在铸铁中的存在形式分为灰铸铁、白口铸铁、麻口铸铁。

（2）根据石墨形态分为普通灰铸铁、可锻铸铁、球墨铸铁。

3. 各类铸铁基本知识

1）灰铸铁

（1）灰铸铁的成分与组织。

成分：$W_c = 2.7\% \sim 3.6\%$；$W_{Si} = 1.0\% \sim 2.2\%$；$W_S < 0.15\%$；$W_P < 0.3\%$。

组织：由金属基体和在基体中分布的片状石墨组成，如铁素体灰铸铁、铁素体–珠光体灰铸铁、珠光体灰铸铁。

（2）灰铸铁的性能和孕育处理。

性能：良好的切削加工性能、铸造性能、耐磨性、减振性，以及低的缺口敏感性。

孕育处理：在浇注前往铁水中投入少量的硅铁、硅钙合金等作为孕育剂，使铁水内产生大量均匀分布的晶核，使石墨及基体组织得到细化。

（3）灰铸铁的牌号。

HT（灰铁）+三位数字（表示最小抗拉强度数值）。

2）可锻铸铁

俗称马钢、玛钢，是白口铸铁通过石墨化退火，使渗碳体分解成团絮状的石墨而获得的。

（1）可锻铸铁的组织与性能。

生产过程：首先铸造成白口铸铁件，然后进行长时间的石墨化退火。

根据退火的工艺不同，可形成铁素体基体的可锻铸铁、铁素体–珠光体基体的可锻铸铁、珠光体可锻铸铁。

成分：$W_C = 2\% \sim 2.8\%$；$W_{Si} = 1.2\% \sim 1.8\%$；$W_{Mn} = 0.4\% \sim 0.6\%$；$W_P < 0.1\%$；$W_S < 0.25\%$。

（2）可锻铸铁的牌号。

由三个字母及两组数字组成。KT（可铁）+第三个字母表示可锻铸铁的类别：H表示黑心可锻铸铁，Z表示珠光体可锻铸铁。两组数字分别表示最低抗拉强度和断后伸长率。

3）球墨铸铁

球墨铸铁是铁水在浇注前经球化处理，使析出的石墨大部分或全部呈球状的铸铁。加入球化剂，如纯镁、镁合金、稀土镁合金等。

（1）球墨铸铁的组织与性能。

成分：$W_C = 3.6\% \sim 3.9\%$；$W_{Si} = 2.0\% \sim 2.8\%$；$W_{Mn} = 0.6\% \sim 0.8\%$；$W_S < 0.07\%$；$W_P < 0.1\%$。

组织：石墨呈球状。

按其基体组织不同，可分为铁素体球墨铸铁、铁素体－珠光体球墨铸铁和珠光体球墨铸铁。

（2）球墨铸铁的牌号。

由QT（球铁）+两组数字组成，两组数字分别代表最低抗拉强度和断后伸长率。

4）蠕墨铸铁

（1）在高碳、低硫、低磷的铁水中加入蠕化剂（目前采用的蠕化剂有镁钛合金、稀土镁钛合金或稀土镁钙合金），经过蠕化处理后，使石墨变成蠕虫状的高强度铸铁。

（2）性能：介于片状石墨和球状石墨之间。

（3）牌号：RUT+三位数字（数字表示最低抗拉强度）。

各类铸铁的主要性能对比如图2.4.3所示。

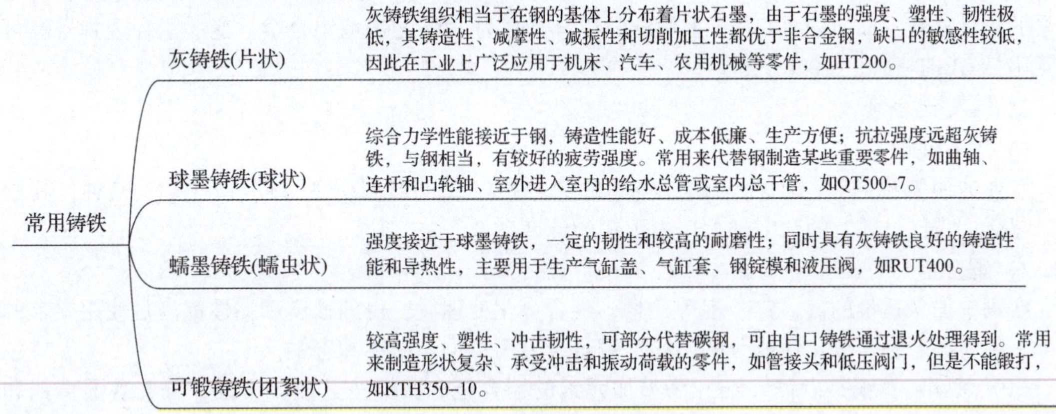

图2.4.3　各类铸铁的主要性能对比

2.4.4　有色金属

广义的有色金属是指除了铁、锰、铬以外的其他非铁金属，还包括有色合金。部分常见有色金属的分类及其性能特点如图2.4.4所示，下面主要针对牌号等进行介绍。

1. 铝及铝合金

1）工业纯铝（简称纯铝）

纯铝可分为铸造纯铝和变形纯铝两种。铸造纯铝的牌号由"ZAl+数字"组成，其中数字表示铝的质量分数，如ZAl99.5表示铝含量不低于99.5%的铸造纯铝。变形纯铝有关内容可查阅国标GB/T 3190—2020。

部分常见有色金属	性能特点
铝及铝合金	密度小（ρ=2.7 g/cm³），比强度高，耐蚀性好，导电、导热、反光性能良好，磁化率极低，塑性好，易加工成形，易铸造成各种形状的零件。
铜及铜合金	有优良的导电性和导热性、较好的耐蚀性和抗磁性、优良的减摩性和耐磨性、较高的强度和塑性、高的弹性极限和疲劳极限，易加工成形，易铸造成各种形状的零件。
镍及镍合金	有高的力学性能和耐热性，且耐蚀性好，具有特殊的电、磁和热膨胀性能。
	各种苛刻环境下能使用，是比较理想的金属材料，力学性能好，塑性、韧性优良，能适应多种腐蚀环境。
钛及钛合金	密度小（ρ=4.5 g/cm³）、比强度高、高温强度高、硬度高、耐蚀性优良。
	高温下化学活性极高，仅在540 ℃以下具有良好的耐热性；具有较好的低温性；有极好的抗蚀性，但在任何浓度的氢氟酸中迅速溶解。
铅及铅合金	熔点低、耐磨和减摩性能好、耐蚀性高、抗X射线和γ射线穿透能力强、塑性好、强度低。
镁及镁合金	不耐硝酸的腐蚀，在盐酸中也不稳定。

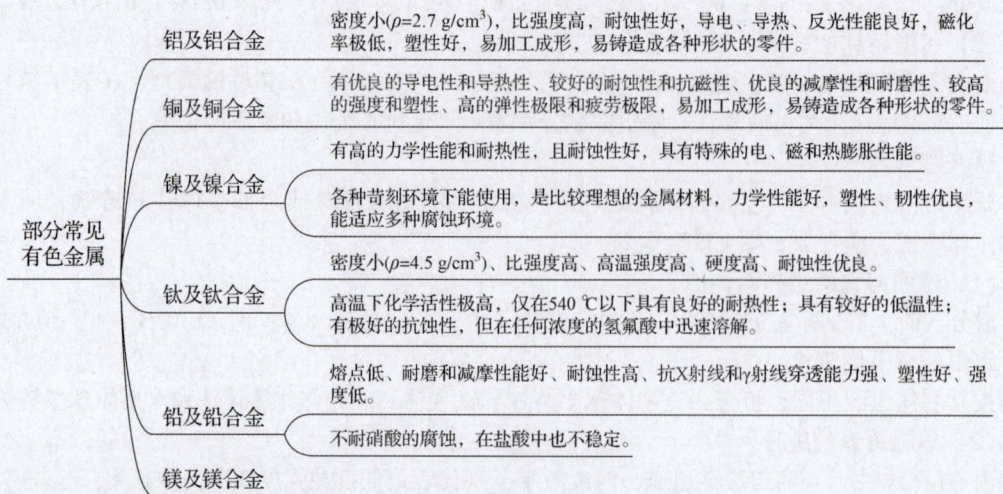

图 2.4.4　部分常见有色金属的分类及其性能特点

2）铝合金

在铝中加入适量的 Cu、Si、Mg、Zn、Mn 等合金元素，通过固溶强化等方法得到的合金称为铝合金。它有较高强度，但仍保持密度较小等特性。铝合金可分为变形铝合金和铸造铝合金。

铝合金牌号：铸造铝合金的牌号由"ZAl + 合金元素符号 + 数字"组成，其中数字是该合金元素的质量分数。如 ZAlSi12 表示平均硅的质量分数为 12% 的铸造铝合金。变形铝合金牌号等可查阅国标 GB/T 3190—2020。

2. 铜及铜合金

1）工业纯铜

工业纯铜简称纯铜，也称紫铜。纯铜的牌号按杂质的含量分为 T1、T2 和 T3 三种，其中"T"表示"铜"，其后的数字越大，表示铜的纯度越低。

2）铜合金

在铜中加入适量的硅、锌、铝等元素，经合金化处理后，得到强度和韧性都满足使用要求的合金，称为铜合金。按化学成分的不同，铜合金分为黄铜、白铜和青铜。

（1）黄铜：黄铜是以锌（Zn）为主加元素的铜合金。黄铜按其成分不同，分为普通黄铜和特殊黄铜。

①普通黄铜是铜与锌组成的二元合金，分为加工黄铜和铸造黄铜。

加工黄铜的牌号用"H + 数字"表示，数字是铜元素的质量分数，如 H68 表示平均铜的质量分数为 68%。铸造黄铜的牌号用"ZCu + 合金元素符号 + 数字"表示，其中数字表示该合金元素的质量分数，如 ZCuZn38 表示平均锌的质量分数为 38%。

②特殊黄铜的牌号等知识见有关数字资源。

（2）青铜是除黄铜、白铜（铜 – 镍合金）以外的其他铜合金，可分为加工青铜和铸造青铜。

加工青铜的牌号用"Q + 第一个主加元素符号 + 数字"表示，如 QSn4 – 3 表示 W_{Sn} =4%，其他合金元素的含量为 3%。

铸造青铜的牌号用"ZCu + 合金元素符号 + 数字"表示，其中数字表示该元素的质量分数，如 ZCuSn10Zn2。

模块三　毛坯制造及热处理基本知识

3.1　生产纲领与生产类型及工艺特征

3.1.1　生产纲领

生产纲领是指企业在计划期内应当生产的产品产量。

零件在计划期一年中的生产纲领 N 可按下式计算：

$$N = Qn(1 + \alpha)(1 + \beta)$$

式中，Q——产品年产量（件/年）；

　　　n——每台产品中该零件数量（件/台）；

　　　α——备品率（%）；

　　　β——废品率（%）。

3.1.2　生产类型

生产类型是指企业（或车间、工段、班组、工作地）生产专业化程度的分类，一般有大量生产、成批生产和单件生产三种类型。生产类型和生产纲领的关系如表 3.1 所示。

表 3.1　生产类型和生产纲领的关系

生产类型		生产纲领/（台·年$^{-1}$）或（件·年$^{-1}$）			工作地每月担负的工序数/（工序数·月$^{-1}$）
		重型机械或重型零件（>100 kg）	中型机械或中型零件（10~100 kg）	小型机械或轻型零件（<10 kg）	
单件生产		<5	<10	<100	不做规定
成批生产	小批	5~10	10~200	100~500	>20~40
	中批	100~300	200~500	500~5 000	>10~20
	大批	300~1 000	500~5 000	5 000~50 000	>1~10
大量生产		>1 000	>5 000	>50 000	>1

1. 单件生产

产品数量少，但种类、规格较多，多数产品只能单个或少数几个生产，很少重复。例如，重型机械、大型船舶制造及新产品试制等常属于这种生产类型。

2. 成批生产

产品数量较多，每年生产的产品结构和规格可以预先确定，而且在某一段时间内是比较固

模块三　毛坯制造及热处理基本知识　■　21

定的，生产可以分批进行，大部分工作地的加工对象是周期轮换的。

根据批量的大小，成批生产又可分为小批生产、中批生产和大批生产。例如，通用机床（一般为车床、铣床、刨床、钻床、磨床）等产品制造往往属于这种生产类型。

批量：同一产品（或零件）每批投入生产的数量。

3. 大量生产

产品的数量很大，产品的结构和规格比较固定，产品生产可以连续进行，大部分工作地的加工对象是单一不变的。

例如，汽车、拖拉机、轴承等产品的制造，通常是以大量生产方式进行的。

3.1.3 生产类型对工艺过程的影响

当生产类型不同时，生产组织、生产管理、车间的机床布置、毛坯的制造方法、采用的工艺装备（刀、夹、量具）、加工方法以及工人的熟练程度等都有很大的不同，因此在制定工艺路线之前必须明确该产品的生产类型。各种生产类型的工艺过程特点如表3.2所示。

表3.2 各种生产类型的工艺过程特点

生产类型 工艺过程特点	单件生产	成批生产	大量生产
工件的互换性	一般是配对制造，没有互换性，广泛用钳工修配	大部分有互换性，少数用钳工修配	全部有互换性。某些精度较高的配合件用分组选择装配法
毛坯的制造方法及加工余量	铸件采用木模手工造型，锻件采用自由锻，毛坯精度低、加工余量大	部分铸件采用金属模机器造型；部分锻件用模锻；毛坯精度中等，加工余量中等	铸件广泛采用金属模机器造型，锻件广泛采用模锻，以及其他高生产率的毛坯制造方法。毛坯精度高，加工余量小
机床设备	通用机床，按机床种类及大小采用"机群式"排列	部分通用机床和部分高生产率机床。按加工零件类别分工段排列	广泛采用高生产率的专用机床及自动机床。按流水线形式排列
夹具	多用标准附件，极少采用夹具，靠划线及试切法达到精度要求	广泛采用夹具，部分靠划线法达到精度要求	广泛采用高生产率夹具，靠夹具及调整法达到精度要求
刀具与量具	采用通用刀具和万能量具	较多采用专用刀具及专用量具	广泛采用高生产率刀具和量具

生产类型 工艺过程特点	单件生产	成批生产	大量生产
对工人的技术要求	需要技术熟练的工人	需要一定熟练程度的工人	对操作工人的技术要求较低，对调整工人的技术要求较高
工艺规程	有简单的工艺路线卡	有工艺规程，对关键零件有详细的工艺规程	有详细的工艺规程

划分生产类型，既要根据生产纲领，还要考虑零件的体积、质量等因素。

3.2 毛坯类型及成形方法

毛坯类型及成形（制造）方法较多。图3.2.1所示为常用的毛坯类型及成形方法。

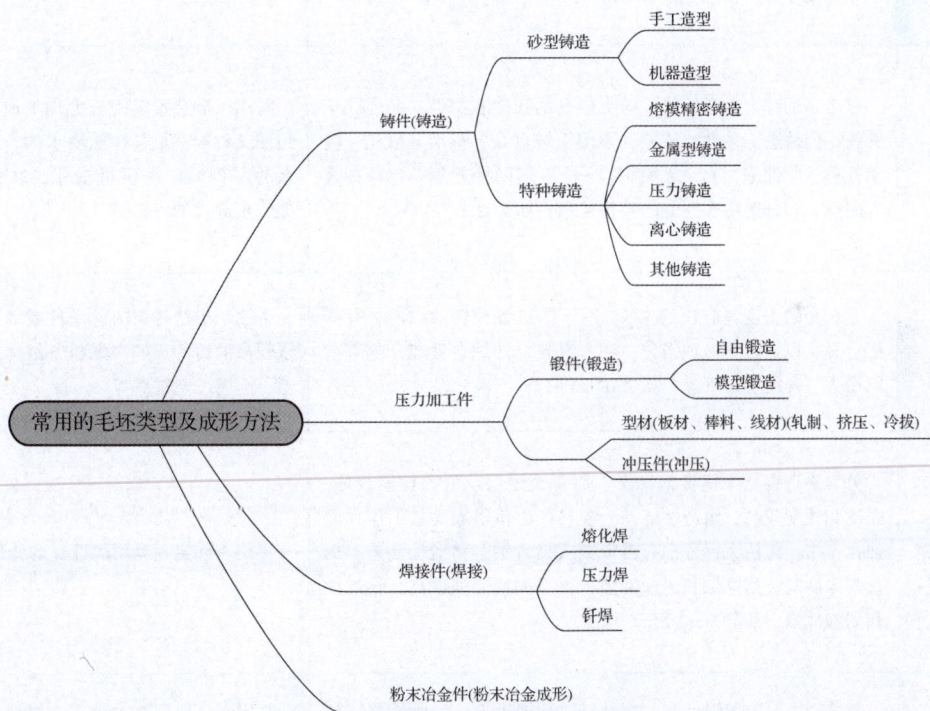

图 3.2.1 常用的毛坯类型及成形方法

3.2.1 铸造

3.2.1.1 概述

铸造加工需要特殊的材料，表3.3所示为常用铸造材料的特点及应用举例。

表 3.3　常用铸造材料的特点及应用举例

材料	特点	应用举例
灰铸铁	流动性好，冷却时收缩率小，铸造性优于非合金钢，强度、塑性、韧性都较低，抗压强度比抗拉强度高，耐磨性、吸振性好。对切口不敏感，切削加工性能好；焊接性能很差；占铸铁件的85%~90%，如 HT200	常利用灰铸铁的吸振和抗压性能，制作机床底座、床身、工作台、导轨、箱体等
可锻铸铁	铸造性能比灰铸铁差，比铸钢好；耐蚀性较好，加工性能良好。冲击韧度比灰铸铁大 3~4 倍，如 KTH300-06	常用于形状复杂、承受冲击和振动载荷的小型薄壁零件，如汽车的后桥外壳、管接头、低压阀门、扳手等
球墨铸铁	铸造性能比灰铸铁差，易产生缺陷。切削加工性能好。抗拉强度比铸铁、铸钢高；屈服强度与抗拉强度之比，要比可锻铸铁和钢高。其塑性是铸铁中最好的，冲击韧度不如钢，但远大于灰铸铁。疲劳强度高，耐磨、耐热、耐蚀性较好；广泛地用于制造重要零件，如 QT450-10	常用于受力复杂、负荷较大、要求耐磨的铸件；如制造汽车、拖拉机底盘零件，机油泵齿轮、柴油机或内燃机的曲轴、连杆、轧辊、凸轮轴等
铸钢	有较高的综合力学性能，即有较高的强度和塑性，韧性高于铸铁，但铸造工艺性比较差（原因：熔点高、钢液易氧化、流动性差、收缩率大）。抗拉强度与抗压强度接近相等；存在具有耐热、耐蚀等特殊性能的特种铸钢，如 ZG200-400	常用于制造难以用压力加工成形、用铸铁又不能满足其性能要求的、形状复杂的零件，如水压机横梁、轧钢机机架、重载大的齿轮等
铸造铝合金	铝合金的密度只有铁的 1/3，用于制造各种轻的构件。有些铝合金可以通过热处理强化，使它有较好的综合性能，随着壁厚增大，强度明显下降，如 ZAlMg5Si1	常用于形状复杂的薄壁件或气密性要求较高的铸件，如内燃机气缸体、化油器、活塞、气缸头等
铸造青铜	分为锡青铜与无锡青铜两类。锡青铜耐磨、耐蚀性能很好，强度和硬度较高，铸造性能差，容易产生偏析和缩松；淬火无强化作用；常用无锡青铜有铝青铜或铅青铜，铸造性能差；铝青铜强度高，耐磨性和耐蚀性强；铅青铜疲劳强度高，导热性和耐酸性强，如 ZCuSn10Zn2	常用于如宝剑等耐磨性好的铸件
铸造黄铜	收缩较大，一般强度高，塑性好，耐腐蚀性、耐磨性好。切削加工性能较好，如 ZCuZn38	常用于一般用途的轴瓦、衬套、齿轮等耐磨件及阀门等耐蚀件

　　铸造是将液态金属浇注到与零件的形状、尺寸相适应的铸型型腔中，待其冷却凝固后获得具有一定形状和性能铸件（毛坯或零件）的成形方法。它是生产毛坯或零件的主要方法之一。图 3.2.2 所示为浇注示意图及铸造产品举例。

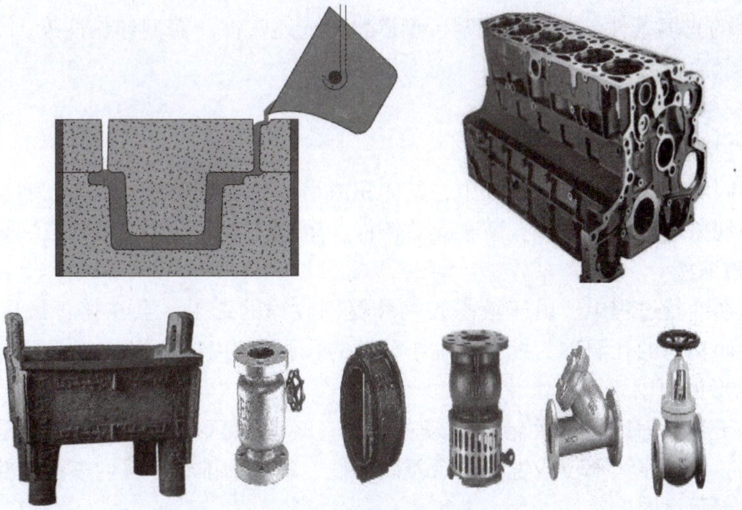

图 3.2.2　浇注示意图及铸造产品举例

3.2.1.2　铸造工艺基础

1. 液态合金的充型

1）充型

液态合金填充铸型的过程，称为充型。液态合金充满铸型型腔，获得形状完整、轮廓清晰铸件的能力，称为液态合金的充型能力。

2）充型能力的影响因素

（1）合金的流动性：流动性越好，充型能力越好，越便于浇铸出轮廓清晰、薄而复杂的铸件；流动性好有助于液态合金在铸型中收缩时得到补充，从而防止铸件中产生缩孔、缩松等缺陷。影响合金流动性的主要因素是合金的化学成分。图 3.2.3 所示为液态合金流动性试验示意图。

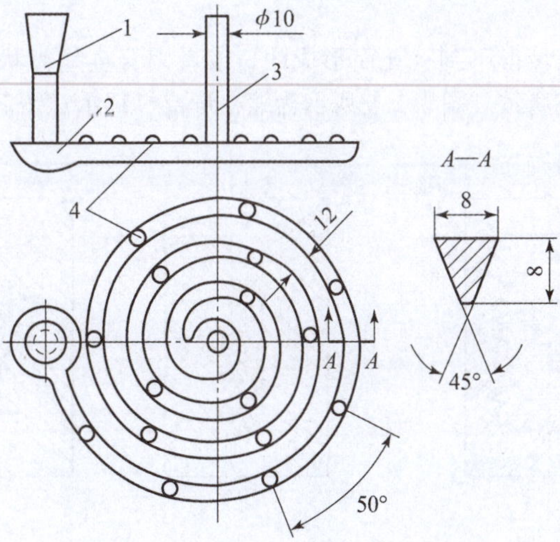

图 3.2.3　液态合金流动性试验示意图
1—浇口；2—试样铸件；3—冒口；4—试样凸点

（2）浇注条件（浇注温度和充型压力）：浇注温度越高，充型压力越大，则充型能力越好。

（3）铸型的充填条件：型腔的宽窄、型砂水分或透气性、铸型导热性等。

充型能力低而引起的缺陷有冷隔、浇不足。

2. 合金的凝固与收缩

1）收缩性概念

铸件在凝固和冷却至室温的过程中，其体积或尺寸减小的现象，称为收缩。如果在铸造过程中不能对收缩现象进行有效控制，就会导致铸件产生缩孔、缩松、变形和裂纹等缺陷。

2）缩孔和缩松

液态金属在冷凝过程中，由于液态收缩和凝固收缩的结果，会在铸件最后凝固的部位形成孔洞。容积大而集中的孔洞称为缩孔；细小分散的孔洞称为缩松。

（1）缩孔形成原因。

主要是由于先凝固区域堵住液体流动的通道，后凝固区域收缩所缩减的容积得不到补充。缩孔常产生在铸件的厚大部位或上部最后凝固部位，常呈倒锥状，且内表面粗糙。图 3.2.4 所示为缩孔形成过程示意图。

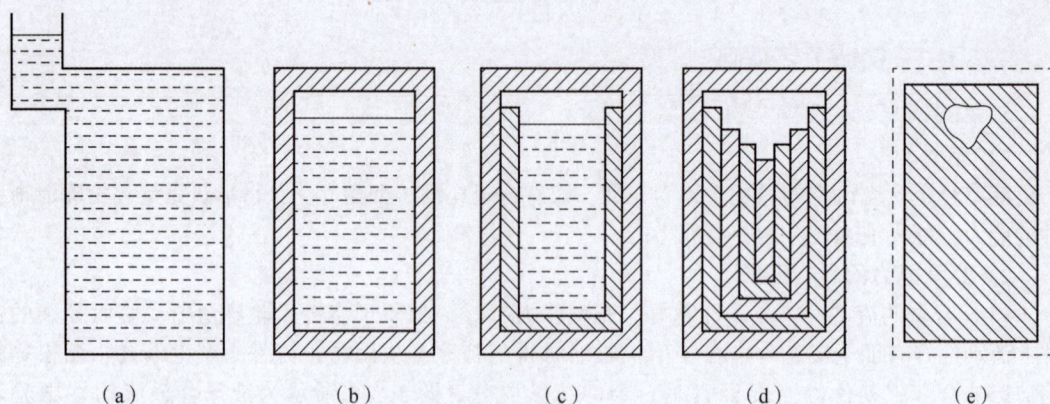

（a）　　　　　（b）　　　　　（c）　　　　　（d）　　　　　（e）

图 3.2.4　缩孔形成过程示意图

（2）缩松形成原因。

由于铸件最后凝固区域得不到补充而形成的，或者因合金呈糊状凝固，被树枝状晶体分隔的小液体区难以得到补缩所致。图 3.2.5 所示为缩松形成过程示意图。

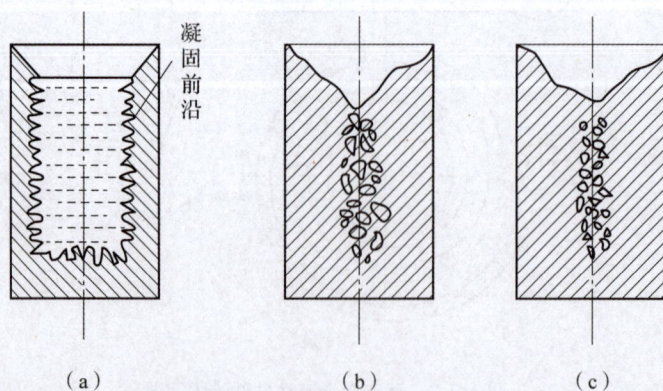

（a）　　　　　　　（b）　　　　　　　（c）

图 3.2.5　缩松形成过程示意图

（3）缩孔和缩松的防止措施。

①适当地降低浇注温度和浇注速度。

②采用顺序凝固、冒口补缩（顺序凝固原则），如图3.2.6所示。

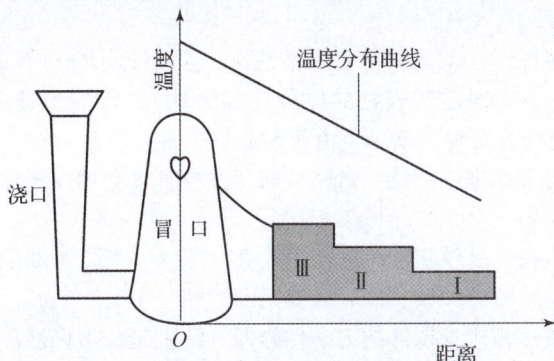

图 3.2.6　顺序凝固示意

③合理地采用冷铁、金属型等措施。

3）浇注系统

浇注系统是指引导液态金属流入型腔的一系列通道的总称，是铸型的重要组成部分，对铸件质量影响很大。典型的浇注系统一般由浇口盆（或杯）、直浇道、横浇道、内浇道及冒口组成，如图3.2.7所示。

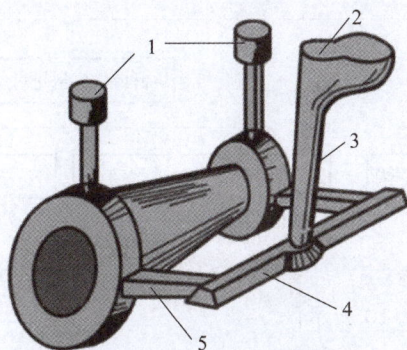

图 3.2.7　浇注系统示意图

1—冒口；2—浇口盆；3—直浇道；4—横浇道；5—内浇道

3. 变形与开裂

铸造应力——铸件在凝固后的继续冷却过程中，还会不断产生收缩。如果这种收缩受到阻碍或牵制而不能自由收缩时，就会在铸件内部产生作用力。

铸造应力达到一定数值时，便会使铸件变形或开裂，导致铸件报废。

铸件各部分的壁厚相差越大，在凝固、冷却过程中各部分的温差也越大，这种阻碍作用就越大。生产中为了防止铸件变形或开裂，常常从改进铸件结构入手，如尽量使铸件壁厚均匀、结构对称等。

气孔——气体在铸件中形成的孔洞。气孔是铸件中最常见的缺陷，如图3.2.8所示。

图 3.2.8　铸件中的气孔

4. 铸造成形工艺特点

1）优点

（1）适合制造形状复杂、特别是内腔形状复杂的毛坯或零件，如气缸、箱体、泵体、阀体、叶轮等。

（2）铸造生产的适应性广，工艺简单、灵活性大。工业上几乎所有的金属材料均可用来进行铸造，特别是低塑性及不能锻造和焊接的材料（如铸铁），铸造是其毛坯生产的唯一成形工艺；铸件的质量可由几克到几百吨，壁厚可由 0.5 mm～1 m。

（3）铸造用的原材料大都来源广泛、价格低廉，并可直接利用废机件，故铸件成本较低。

2）缺点

（1）铸件内部组织疏松、晶粒粗大，易产生缩孔、缩松、气孔等缺陷。

（2）铸件外部易产生粘砂、夹砂、砂眼等缺陷。

（3）与同样材料的锻件相比，铸件的力学性能低，特别是冲击韧性。

（4）铸造工序多，难以精确控制，使铸件品质不够稳定。

3.2.1.3　各类常见的铸造

铸造主要分为砂型铸造和特种铸造两大类，如图3.2.9所示，其中特种铸造罗列了常见种类。砂型铸造是铸造生产中最基本的方法。

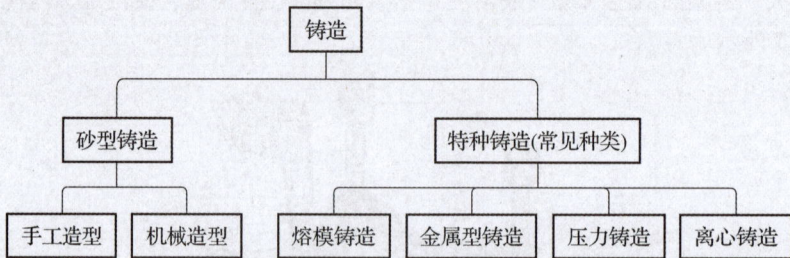

图 3.2.9　铸造的分类

1. 砂型铸造

砂型铸造工艺过程如图3.2.10所示。

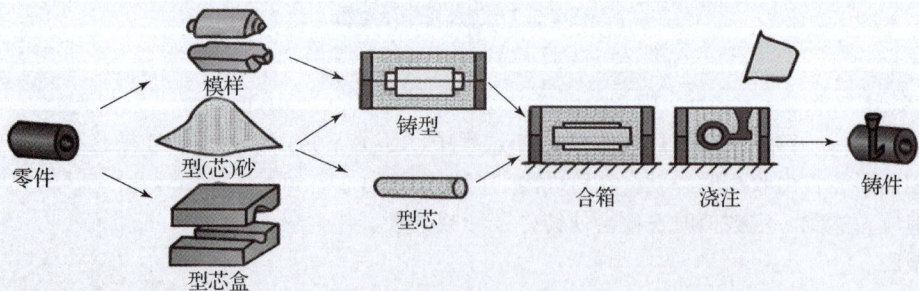

图 3.2.10　砂型铸造工艺过程

1）概述

砂型铸造——用型砂紧实成形的铸造方法。

砂型铸造是应用最广泛的一种铸造方法，其主要工序包括制造模样、制备造型材料、造型、造芯、合型、熔炼、浇注、落砂、清理与检验等。

特点：

（1）可以制造形状复杂的毛坯或零件。

（2）加工余量小，金属利用率高。

（3）适应性强、应用面广，用于制造常用金属及合金的铸铁件；铸件的成本低。

（4）铸件的晶粒比较粗大，组织疏松，常存在气孔、夹渣等铸造缺陷，机械性能比锻件差。

（5）铸造生产工序多，铸件质量不够稳定，废品率较高。

（6）铸件表面较粗糙，多用于制造毛坯。

2）砂型铸造的造型

造型——用造型混合料及模样等工艺装备制造铸型的过程。造型是砂型铸造最基本的工序。砂型铸造的造型通常分为手工造型和机器造型两大类。

（1）手工造型。

特点：操作灵活、适应性广、工艺装备简单、成本低，劳动强度大，劳动生产率低，铸件缺陷率较高。

应用：适用于重型铸件和形状复杂铸件的单件、小批生产。

常见的手工造型方法分类如图 3.2.11 所示。

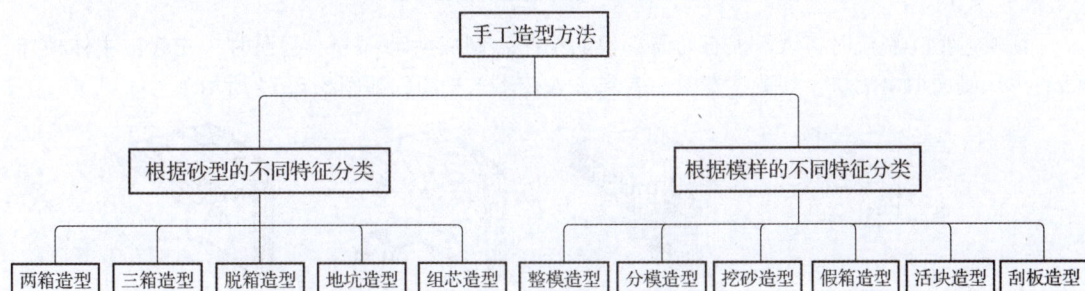

图 3.2.11　常见的手工造型方法分类

整模造型：模样是整体的，分型面是平面，铸型型腔全部在半个铸型内。其造型简单，铸件不会产生错型缺陷，如图 3.2.12 所示。

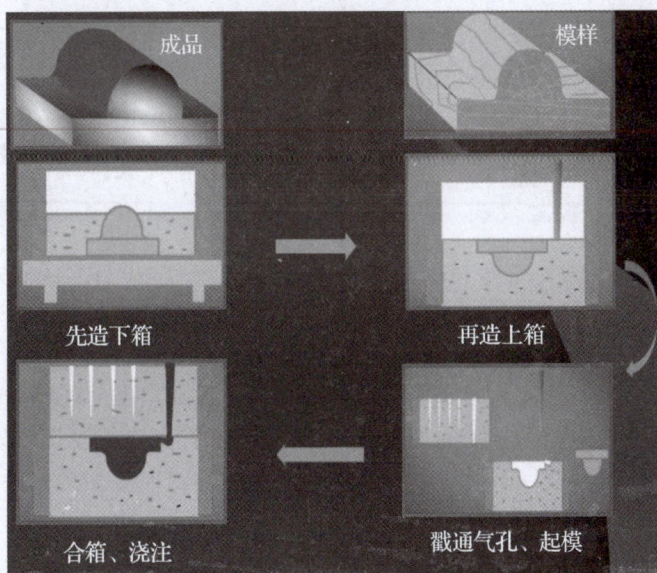

图 3.2.12　整模造型的工艺过程

挖砂造型：模样虽然是整体的，但铸件分型面是曲面，为了能起出模样，造型使用手工挖去阻碍起模的型砂，如图 3.2.13 所示。

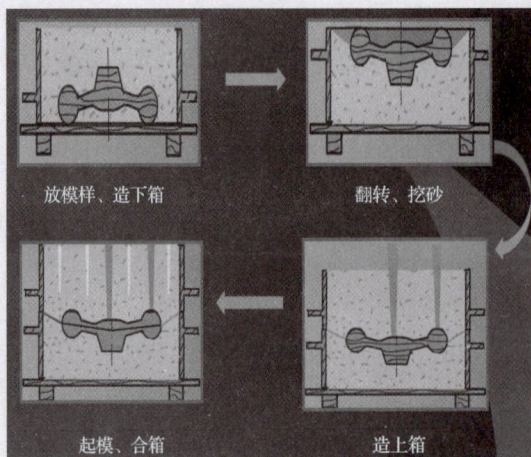

放模样、造下箱　　　　翻转、挖砂

起模、合箱　　　　造上箱

图 3.2.13　挖砂造型的工艺过程

活块造型：制模时将铸件上有妨碍起模的小凸台制成活动部分。起模时，先起出主体模样，然后再从侧面取出活块。其造型费时，要求工人技术水平高，如图 3.2.14 所示。

（a）　　　　（b）　　　　（c）　　　　

（d）　　　　（e）　　　　（f）

图 3.2.14　活块造型

（a）零件图；（b）铸件；（c）模样；（d）造下型，拔出钉子；（e）取出模样主体；（f）取出活块
1—用钉子连接的活块；2—用燕尾槽连接的活块

（2）机器造型。

机器造型：指用机器全部完成或至少完成紧砂操作的造型工序。机器造型机如图 3.2.15 所示。机器造型铸件尺寸精确、表面质量好、加工余量小，但需要专用设备、投资较大，适合大批生产。

常用的机器造型方法有压实式、振实式、抛砂式、射压式等。

特点：

①生产率高，劳动条件得到改善。

②精度比手工造型铸件高。

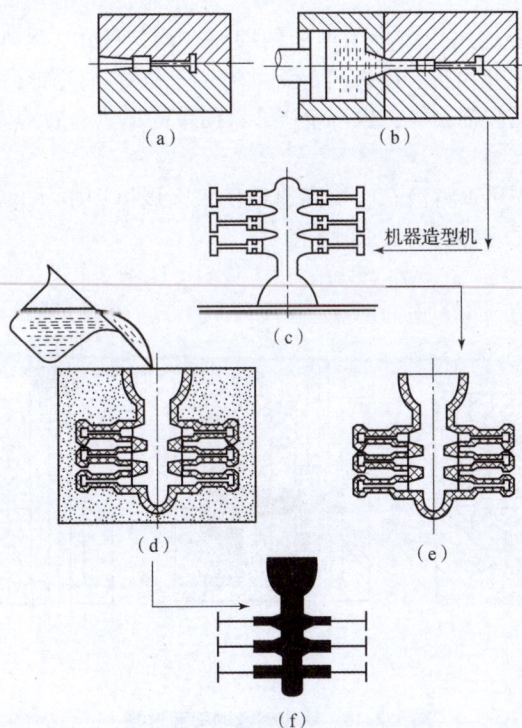

图 3.2.15　机器造型机

③设备投资较大，适于形状不太复杂但生产批量较大的铸件的生产。

2. 特种铸造

特种铸造：铸型用砂较少或不用砂，采用特殊工艺装备进行铸造，与普通砂型铸造有显著区别的一些铸造方法。

特点：特种铸造具有铸件精度和表面质量高、铸件内在性能好、原材料消耗低、工作环境好等优点。但铸件的结构、形状、尺寸、质量、材料种类往往受到一定限制。

目前特种铸造的方法较多，较常见的有熔模铸造、金属型铸造、压力铸造、离心铸造等。

1）熔模铸造

铸造方法：利用易熔材料制成模型，并在模型表面黏结一定厚度的耐火材料，然后将模型熔化而使金属液充满型腔的铸造方法，如图 3.2.16 所示。

熔模铸造

图 3.2.16　熔模铸造的工艺过程
（a）压型；（b）压制蜡膜；（c）焊蜡模组；（d）浇注；（e）结壳、脱模；（f）带浇口的铸件

特点：铸件质量好；可铸造各种合金铸件；可铸造形状较复杂、轮廓清晰的薄壁铸件，可铸造 0.5 mm 小孔、0.3 mm 壁厚；生产批量不受限制，是最常用的精密铸造方法之一。

应用：主要用来生产形状复杂、精度要求高、很难进行切削加工的小型零件，如发动机叶片，汽车、拖拉机、机床上的小型零件，并在电信、机械、仪表、刀具等制造行业中得到广泛应用。

2）金属型铸造

铸造方法：将液态金属浇入用金属制作的铸型中获得铸件的方法，也称永久型铸造，如图 3.2.17 所示。

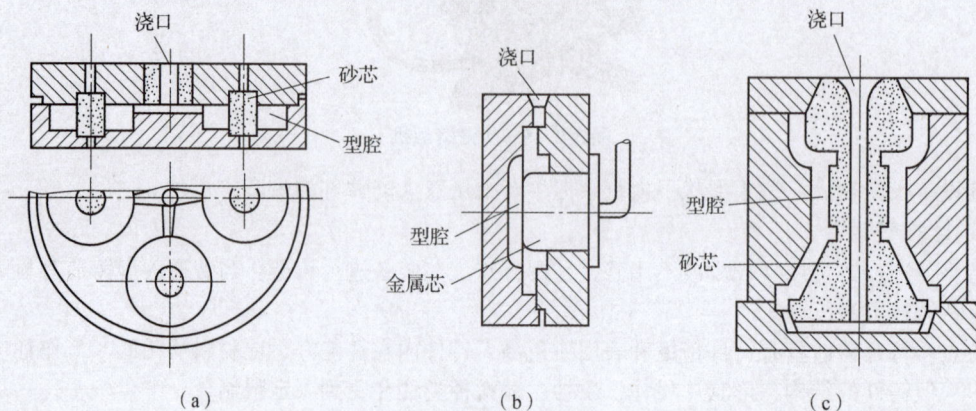

图 3.2.17　金属型铸造的工艺过程
（a）水平分型式；（b）垂直分型式；（c）复合分型式

特点：可实现"一型多铸"，生产率高；铸件的晶粒细小、组织致密、力学性能较高；铸件的尺寸精度高，表面质量好。

应用：金属型铸造主要适用于大批生产中的壁厚较均匀的中、小型有色金属（如铝、镁、铜等）合金铸件，如汽车、拖拉机、内燃机的铝活塞、气缸体、气缸盖、电机壳体、出线盒盖、铜合金轴瓦和轴套等，也可生产形状简单的黑色金属铸件。

压力铸造

3）压力铸造

铸造方法：指在高压作用下将液态金属高速地压入金属铸型中，并在压力作用下凝固而获得铸件的方法，如图 3.2.18 所示。

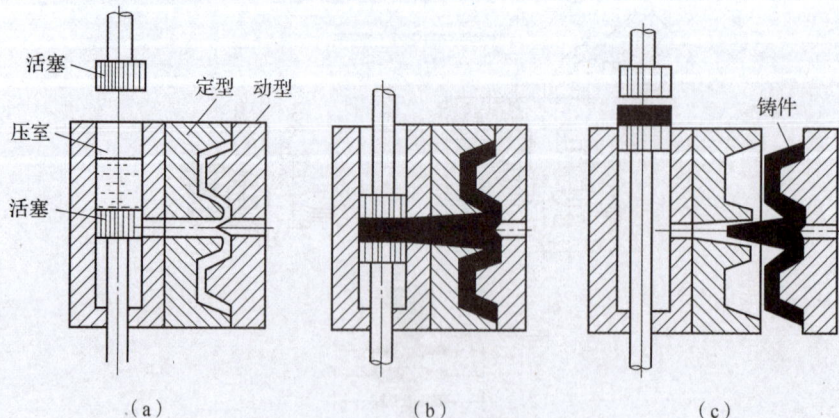

图 3.2.18　压力铸造的工艺过程
（a）合型、浇注；（b）压射；（c）开型、顶件

特点：铸件质量好；铸件强度、表面硬度高；可直接铸出形状较复杂的薄壁件或带有小孔、螺纹的铸件，如铝合金压铸件壁厚可达 0.5 mm，最小的铸出孔直径可达 0.7 mm，可铸螺纹的最小螺距为 0.75 mm；可压铸出镶嵌其他材料的零件；生产率很高，生产过程易于实现机械化和自动化。

应用：压力铸造在汽车、拖拉机、仪表、电子仪器、国防工业、医疗器械等制造业都得到广泛应用，如发动机气缸体、气缸盖、变速器箱体、发动机罩、仪表和照相机的壳体与支架、管接头、齿轮等。目前主要用于大批、大量生产中的小型（10 t 以下）有色金属铸件，其中以锌合金、铝合金压铸件应用最为广泛。

4）离心铸造

铸造方法：将液态金属浇入高速旋转的铸型中，使其在离心力作用下充满铸型并凝固的铸造方法，如图 3.2.19 所示。

特点：

（1）铸件质量好，组织紧密，内部不易产生缩孔、气孔、夹渣等缺陷。同时，冷却快，铸件晶粒细小，力学性能较高。

（2）制造空心筒状铸件时，不需要型芯，节省了工时和材料，也不存在浇注系统，金属液的利用率较高。

（3）金属液的充型能力好，可以铸造薄壁铸件和流动性较差的合金铸件。

（4）能铸造性能不同的双金属铸件，如钢套铜衬轴瓦（又称镶铜轴瓦）。

应用：主要用于制造回转体的中空铸件，如缸套、轴套等。此外，还可以铸造各种要求组织致密、强度要求较高的成形铸件，如小叶轮、成形刃具等。再是适用于各种金属材料，如可获得最大质量达几吨的铸件，也可获得最小孔径为7 mm 的铸件。

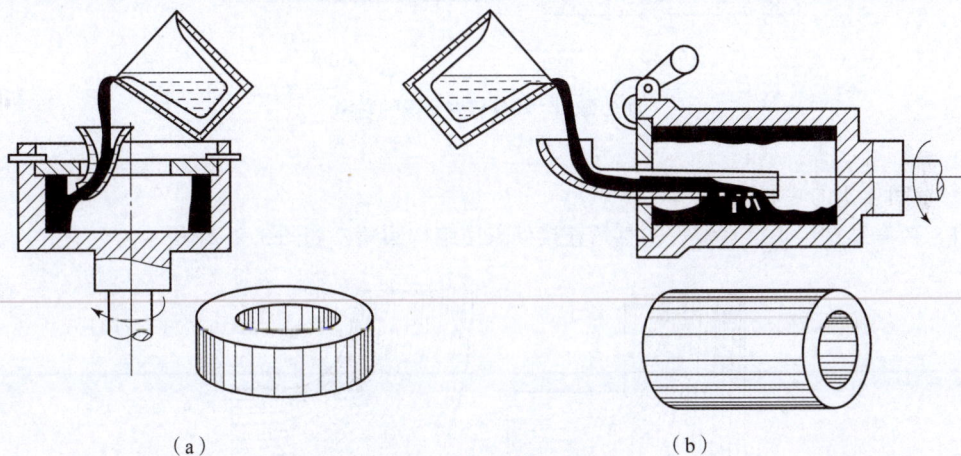

图 3.2.19 离心铸造示意图
（a）立式；（b）卧式

3.2.1.4 铸件的结构工艺性

1. 合金铸造性能对铸件结构的要求

铸件结构的合理性直接影响铸件的质量（应具有轮廓清晰、尺寸精确、组织致密、晶粒细小等特点），因此毛坯成形方法如果是铸造的零件，在分析零件图纸时，应仔细核对图纸上的零件结构的合理性。一般情况下，应当从以下几个方面考虑。

1）允许的最小壁厚

在一定的铸造条件下，铸件的最小壁厚取决于合金的种类和铸件大小。若铸件壁厚过小，容易产生浇不足、冷隔等缺陷；若壁厚过大，则容易产生粗晶、缩孔、缩松、偏析等缺陷。具体壁厚查有关手册。

2）铸件壁厚的合理性

合金由于受流动性的影响，铸件的壁不能太薄，但也不能过厚。在同一铸件中内壁和加强肋的厚度均应略小于外壁厚度。铸件各处的壁厚不能相差过大，壁间连接要合理，如图 3.2.20 所示。

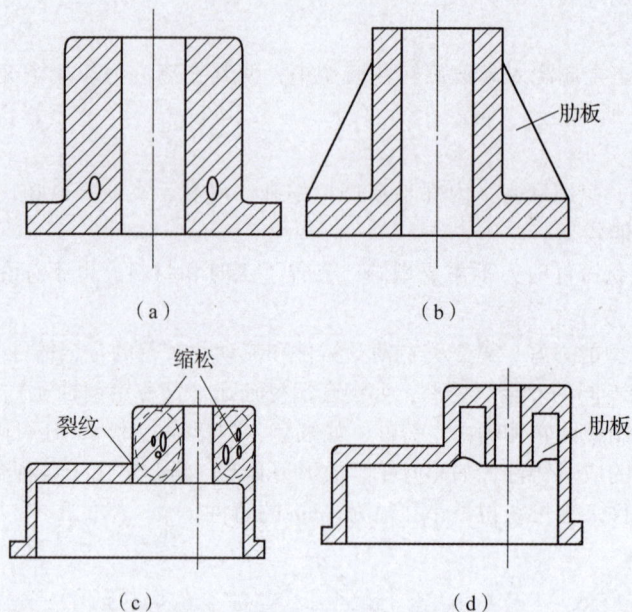

图 3.2.20　铸件壁厚合理性举例

（a）、（c）不合理；（b）、（d）合理

3）壁间连接的注意事项

（1）要有结构圆角，在铸件的直角连接处采用结构圆角，如图 3.2.21 所示。

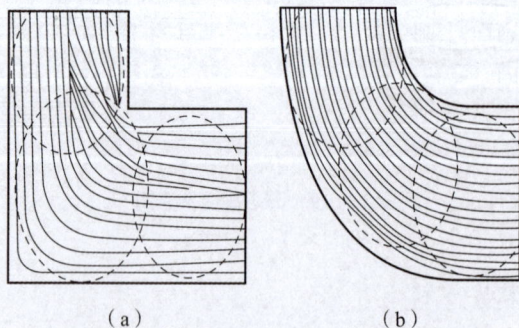

图 3.2.21　铸件壁的连接应有结构圆角

（a）不合理；（b）合理

（2）壁间连接应避免交叉结构和锐角相交以防止缩孔缺陷，如图 3.2.22 所示。

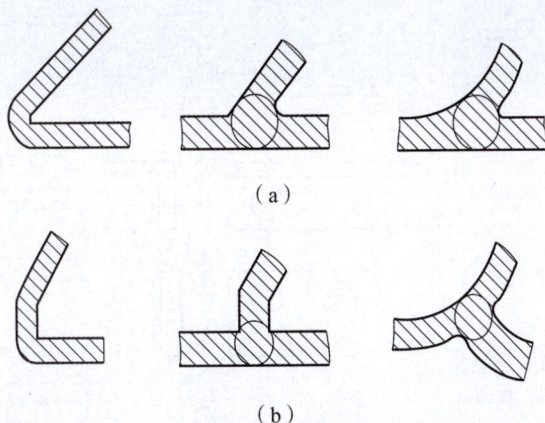

（a）

（b）

图 3.2.22　铸件壁间应避免锐角相交
（a）不合理；（b）合理

（3）壁的厚薄交界处应合理过渡，如图 3.2.23 所示。

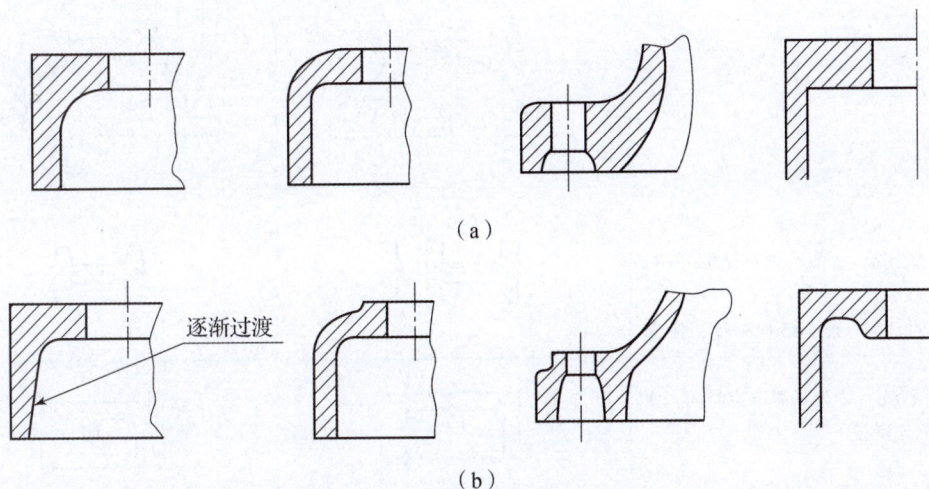

（a）

逐渐过渡

（b）

图 3.2.23　铸件壁厚过渡的举例
（a）不合理；（b）合理

2. 铸造工艺对铸件结构的要求

为了提高生产率和降低成本，铸件结构应考虑铸造工艺的要求，以达到省工省料的目的，一般情况下应当遵守以下几项原则：

（1）简化铸件结构，减少分型面。

（2）铸件外形要便于铸造。

（3）尽量减少或不用型芯。

（4）尽量避免造型时取活块。

（5）垂直壁应考虑结构斜度。

（6）此外还应考虑切削加工对铸件结构的要求。

表 3.4 所示为铸件结构是否合理的对比举例。

表 3.4　铸件结构是否合理的对比举例

对铸件结构的要求	图例	
	（a）不合理	（b）合理
1. 凸台和筋条结构应便于起模。 （1）图（a）需用活块或增加外部型芯才能起模。图（b）改进后，将凸台延长到分型面，省去了活块或型芯。 （2）图（a）筋条和凸台阴影处阻碍起模。图（b）将筋条和凸台顺着起模方向布置，容易起模		
2. 垂直分型面上的不加工表面最好有结构斜度。 （1）图（b）具有结构斜度，便于起模。 （2）图（b）内壁具有结构斜度，便于砂垛取代型芯		
3. 尽量不用和少用型芯。 （1）图（a）采用中空结构，需要悬臂型芯和型芯撑加固，图（b）采用开式结构，省去了型芯。 （2）图（a）因出口尺寸小，要用型芯形成内腔。图（b）扩大了出口，且 $D > H$，故可用砂垛（自带型芯）形成内腔，从而省掉型芯		

3. 铸造工艺参数

铸造工艺参数主要有机械加工余量、起模斜度、最小铸出孔和槽等。

4. 铸件常见的缺陷

表 3.5 所示为铸件常见的缺陷。

表 3.5　铸件常见的缺陷

缺陷名称和特征	产生的主要原因	缺陷名称和特征	产生的主要原因
气孔 气泡 气孔：孔内表面圆滑	春砂太紧或型砂透气性差；起模修型刷水过多，芯子通气孔堵塞或芯子未烘干	缩孔：孔的内部粗糙 补缩冒口 缩孔	铸件设计不合理，壁厚不均匀；浇口、冒口开设的位置不对或冒口太小；浇注温度太高或铁水成分不对，收缩过大
砂眼 砂眼：孔内充塞型砂	型腔或浇口内散砂未吹净；芯子强度不够，被铁水冲坏，型砂未紧被铁水冲垮或卷入；合型时砂型局部破坏	粘砂：铸件表面粗糙，粘有烧结砂粒 粘砂	浇注温度太高，未刷涂料或涂料太薄；砂砾中含 SiO_2 太少，耐火性差
渣眼 渣眼：孔型不规则，孔内充塞熔渣	浇口尺寸不对；浇注温度过低，渣不易上浮等挡渣不良	夹砂：铸件表面上有一层金属片状物，在金属片和铸件之间夹有一层型砂 结疤 砂块 铸件 夹砂 结疤	砂型温度太高、黏土太多；浇注温度高，浇注速度太慢；铁水流动方向不合理，砂型受铁水烘烤的时间过长
错箱：铸件沿分型面有相对位置错移	合形时上下箱未对准；记号标准线不准确；分模的上半模和下半模未对好	冷隔：铸件表面有一种未完全融合的缝隙和洼坑，其交接边缘圆滑	浇注温度太低，浇注速度太慢，浇注时有中断；浇口位置开设不当或浇口太小
偏心：铸件上孔的位置偏离中心线	下芯子时将芯子下偏了；芯子本身弯曲变形；芯座尺寸不对；浇口位置不当；铁水将芯子冲歪	裂纹：铸件开裂，裂纹处有时有氧化色 裂纹	铸件壁厚相差太大；浇口位置开设不当；芯子或砂型压得太紧

缺陷名称和特征	产生的主要原因	缺陷名称和特征	产生的主要原因
浇不足： 铸件未浇满	浇注温度太低；浇口太小或未开出气口；铸件太薄；铁水包内铁水不够	铸件出现白口。其端面呈银白色，性能硬脆难以机械加工	铁水化学成分不对；落砂过早。铸件冷却过快，铸件壁太薄

3.2.2　压力成形

3.2.2.1　概述

压力成形工艺——利用外力使固态金属材料产生塑性变形，以改变其尺寸、形状和力学性能制成机械零件或毛坯的成形方法。

压力成形的制品较常见，如图3.2.24所示。生产方式也较多，具体如图3.2.25所示，本处主要介绍锻打中的自由锻、模锻以及冲压。

（a）

（b）

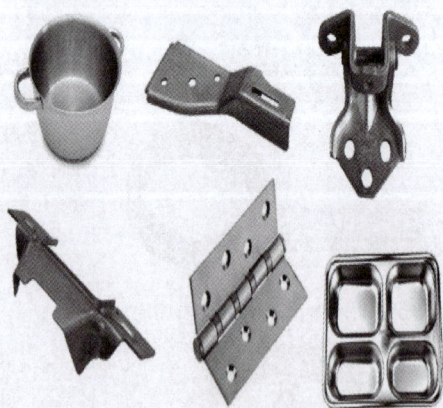

（c）

（d）

图3.2.24　压力成形制品举例

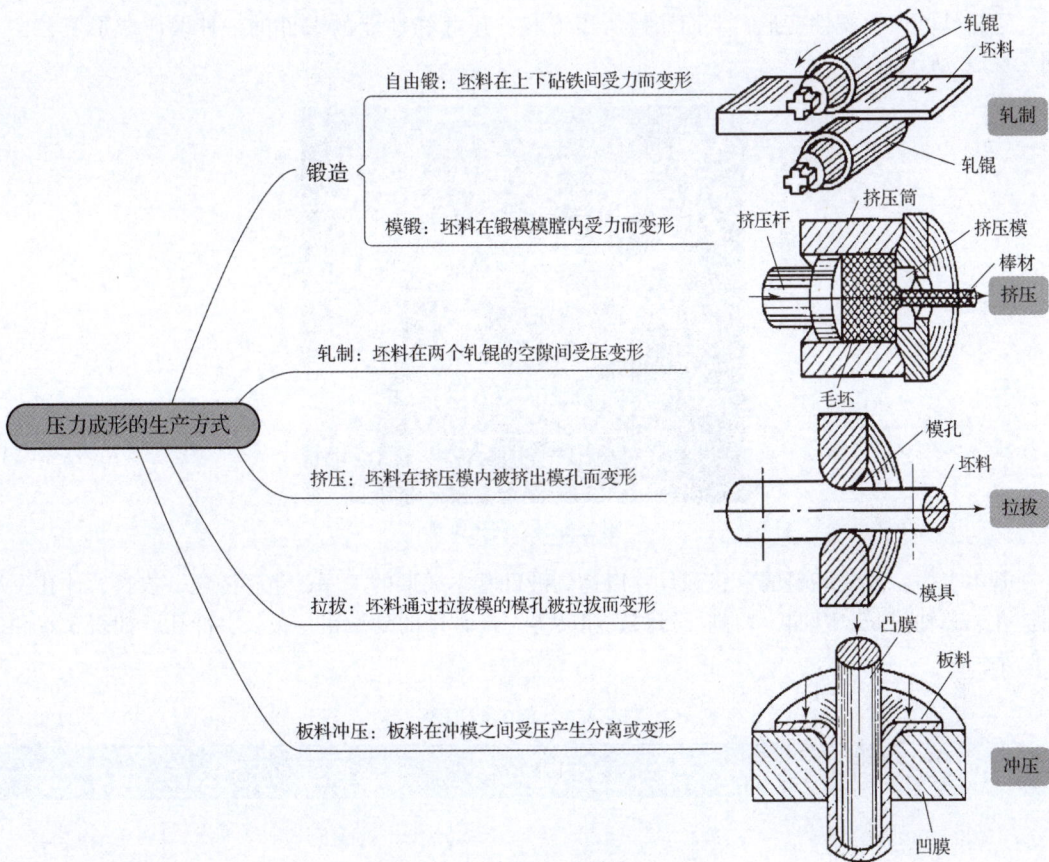

图 3.2.25　压力成形的生产方式

常用种类有自由锻、模锻和板料冲压等。

压力成形工艺具有以下特点：

1．优点

（1）它可以将坯料中的疏松处（如微小裂纹、气孔）压合，提高金属组织的致密度；通过再结晶可以使粗大的晶粒细化，改善金属的组织，提高金属的力学性能，从而使零件的力学性能得到提高。

（2）节省金属材料和机械加工工时。

（3）具有较高生产率。

（4）适应性较强。

2．缺点

（1）尺寸精度、形状精度和表面质量较低，尤其是自由锻件。

（2）胎模锻、锤上模锻的模具费用较高，且加工设备也比较昂贵。

（3）与铸造相比，难以生产既有复杂外形又有复杂内腔的毛坯。

（4）压力材料有选择性，即材料既要有较高的塑性，又要有较小的变形抗力，这样的材料可锻性较好。

3.2.2.2　常见锻打的类型

1．自由锻造

自由锻造：利用通用设备和简单通用工具，使加热后的金属坯料在冲击力或压力作用下在上、下砧铁间产生塑性变形，从而获得所需形状、尺寸和性能的锻件的一种锻压成形工艺，如图 3.2.26 所示。

图 3.2.26 自由锻造

基本工序：改变坯料的形状和尺寸以达到锻件基本成形的工序；包括镦粗、拔长、冲孔、芯轴扩孔、芯轴拔长、弯曲、切割、错移、扭转等。最常用的是镦粗、拔长、冲孔，如表 3.6 和表 3.7 所示。

表 3.6 自由锻工序

基本工序							
镦粗		拔长		冲孔			
芯轴扩孔		芯轴拔长		弯曲			
切割		错移		扭转			
辅助工序							
压钳把		倒棱		压痕			
修整工序							
校正		滚圆		平整			

表 3.7　自由锻造一般锻件工序分类

锻件类别	图例	锻造工序
盘类锻件		镦粗（或拔长及镦粗），冲孔
轴类零件		拔长（或镦粗及拔长），切肩和锻台阶
简类零件		镦粗（或拔长及镦粗），冲孔，在芯轴上拔长
环类零件		镦粗（或拔长及镦粗），冲孔，在芯轴上扩孔

优点：工具简单，通用性强，生产准备周期短，灵活性大，特别适用于单件、小批生产的锻件，以及载荷大、机械性能要求较高的大型工件（如大型连杆、水轮机主轴、多拐曲轴等）。

缺点：对操作工人的技术要求较高，生产率较低、工人劳动强度较大，且锻件形状简单、精度较低，后续机械加工余量较大。

2. 模型锻造

模型锻造（简称模锻）：利用锻造模具强迫经过加热后的金属坯料在锻模的模膛内受压，产生塑性变形并充满模膛，从而获得与模膛形状、尺寸一致的锻件的锻造工艺。图 3.2.27 所示为弯曲速杆模锻的工艺过程。

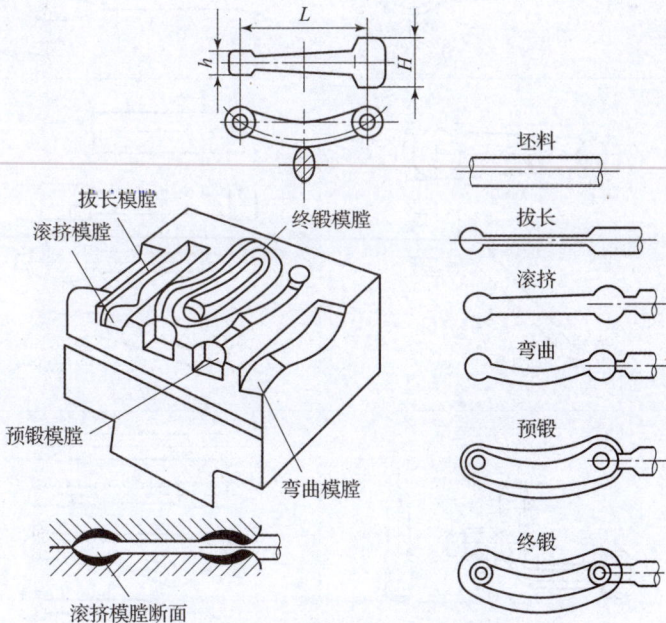

图 3.2.27　弯曲连杆模锻的工艺过程

模型锻造与自由锻造相比具有以下优缺点。

1）优点

（1）生产率高。

（2）锻件形状较复杂，尺寸精度较高；表面粗糙度比自由锻低。

（3）锻件的机械加工余量较小，材料利用率较高。

（4）可使流线分布更为完整合理，从而进一步提高零件的使用寿命。

（5）生产过程操作简便，劳动强度比自由锻小。

（6）锻件达到一定批量后，其成本降低。

2）缺点

（1）设备投资大。

（2）生产准备周期长，尤其是锻模制造周期都比较长，批量小的锻件在经济上不合算。

（3）锻模成本高，且寿命较低。

（4）工艺灵活性不如自由锻造。

应用：适用于中、小型锻件的成批和大量生产。

除了以上的主要锻压还有胎模锻，具体参数见平台上的资料。

表 3.8 所示为长形类模锻件制坯工步示例。

表 3.8　长形类模锻件制坯工步示例

模锻件类型	模锻件简图	制坯工步简图	制坯工步说明
直长轴锻件	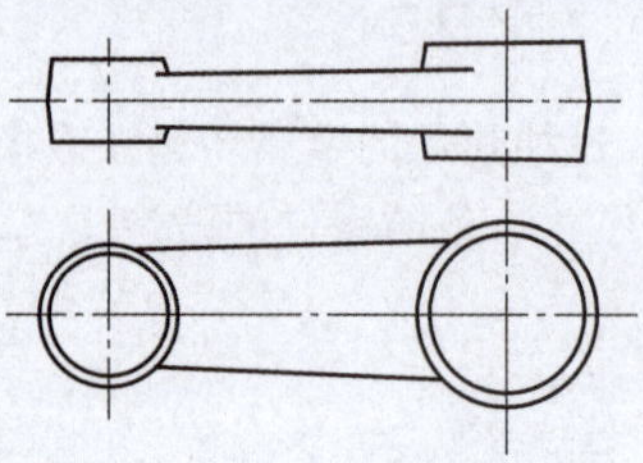	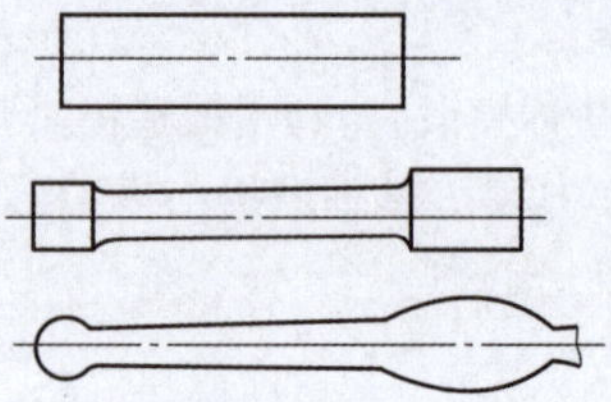	拔长、滚挤
弯曲轴锻件	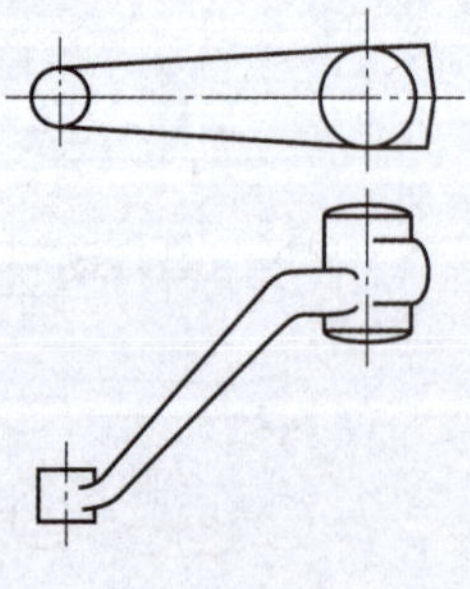	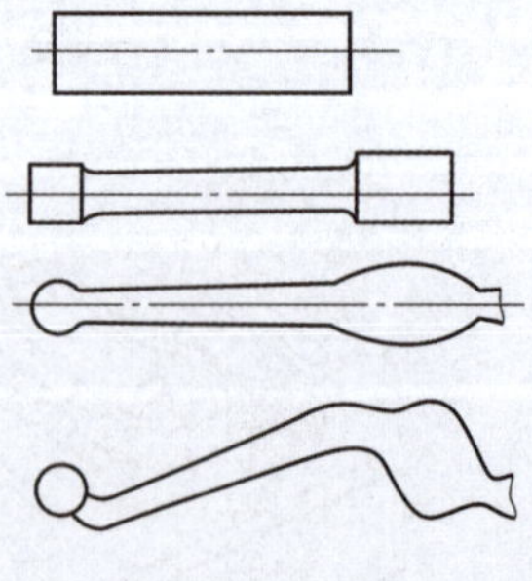	拔长、滚挤、弯曲
带枝芽长轴件	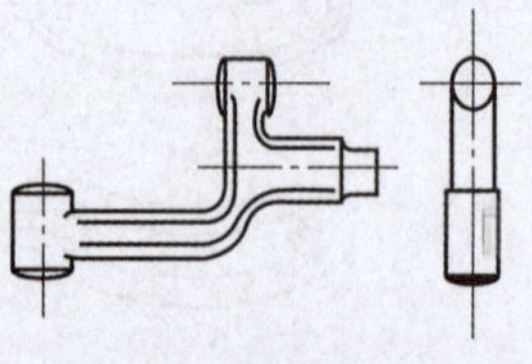	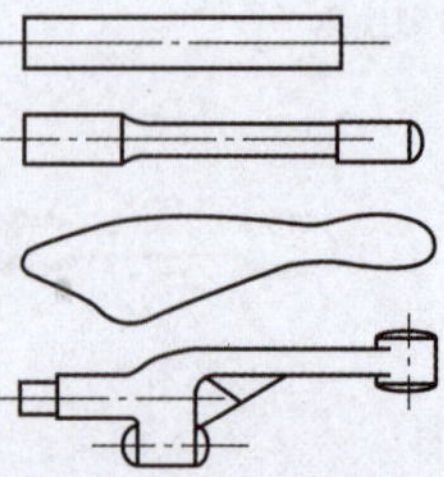	拔长、成形、预锻

表 3.9 所示为锻件的结构工艺性。

表 3.9　锻件的结构工艺性

结构工艺性要求	不合理	合理
锻件上应避免有锥形、斜面		
应避免出现加强肋、工字形截面等复杂结构		
应避免几何体间的交接处形成空间曲线		
应避免出现形状复杂的凸台等		
合理采用组合结构		

3.2.2.3　板料冲压

板料冲压（冷冲压）：利用冲模使板料产生分离或变形，从而获得所需零件或毛坯的成形工艺。

板料冲压常用剪床和冲床（图 3.2.28）完成，板料冲压常用的原材料有低碳钢、塑性好的低合金钢和非铁金属（铜、铝、镁）及其合金。

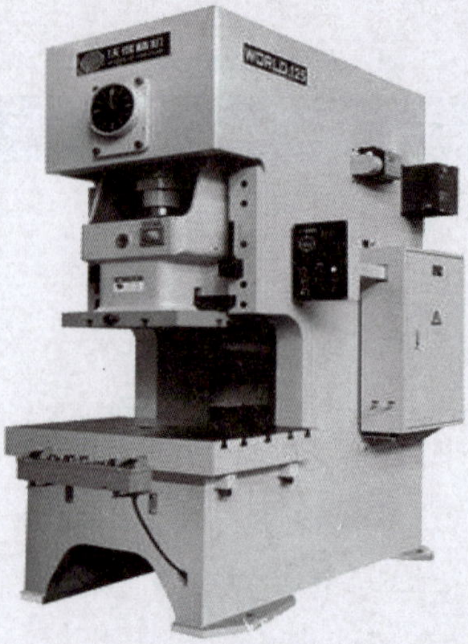

图 3.2.28　冲床

板料冲压的工序如表 3.10 所示。

表 3.10　板料冲压的工序

工序	图例	特点及应用范围
落料	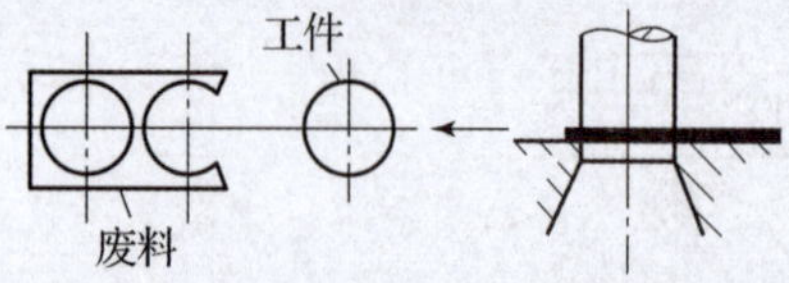	用模具沿封闭线冲切板料，冲下的部分为工件，其余部分为废料
冲孔	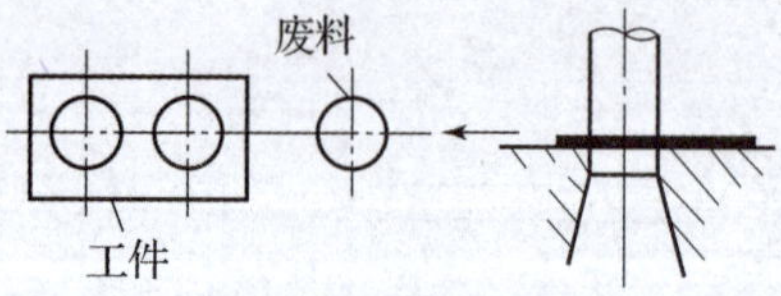	用模具沿封闭线冲切板材，冲下的部分是废料，其余部分为工件
剪切	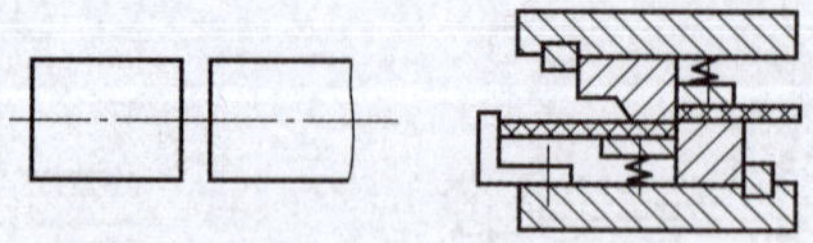	用剪刀或模具切断板材，切断线不封闭
切口	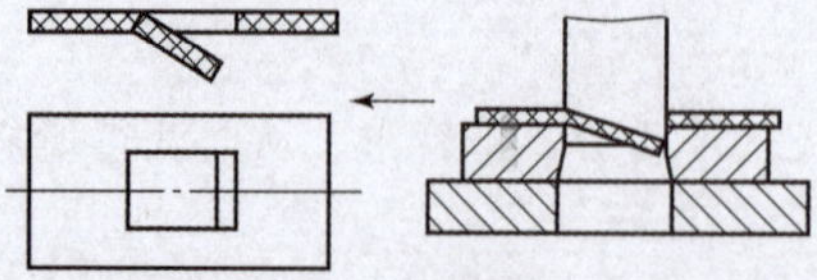	在坯料上将板材部分切开，切口部分发生弯曲

工序	图例	特点及应用范围
切边	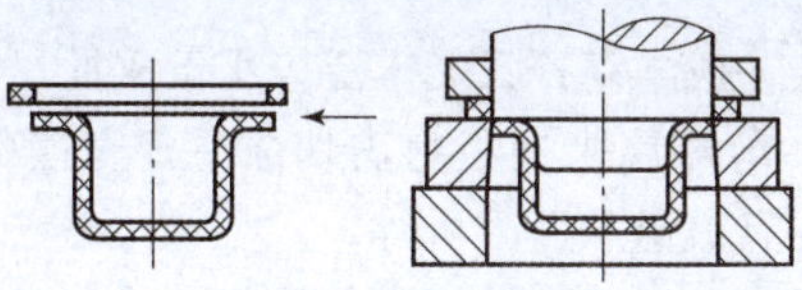	将拉深或成形后的半成品边缘部分的多余材料切掉
剖切	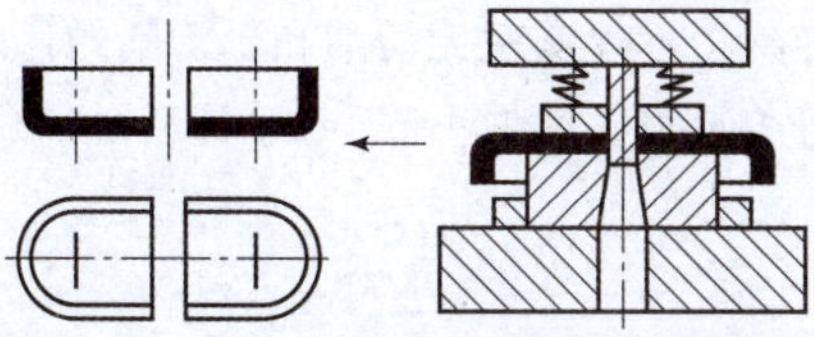	将半成品切开成为两个或几个工件,常用于成双冲压

表 3.11 所示为扭曲、拉深等工序。

表 3.11　扭曲、拉深等工序

工序	图例	特点及应用范围
扭曲	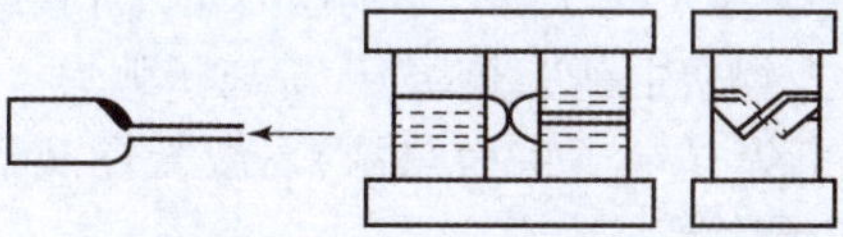	将平板毛坯的一部分相对于另一部分扭转一个角度
拉深	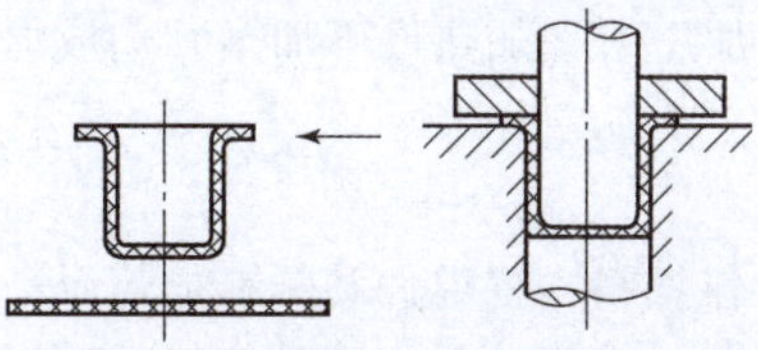	将板料毛坯压制成空心工件,壁厚基本不变
变薄拉深	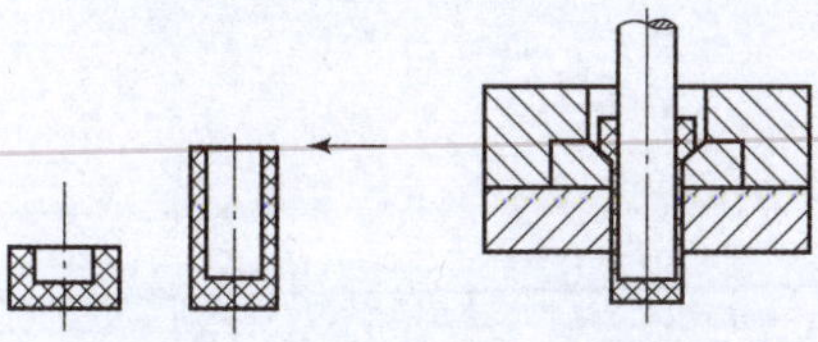	用减小壁厚,增加工件高度的方法来改变空心件的尺寸,得到符合要求的底厚、壁薄的工件

板料冲压与铸造、锻造、切削加工等方法相比,具有以下特点:

1. 优点

(1) 可加工的范围广。可加工低碳钢、高塑性合金钢、铜及铜合金、铝及铝合金、镁及镁合金等金属材料,也可加工石棉板、硬橡胶、绝缘纸、纤维板等非金属材料。

(2) 操作简单,生产率高,易于实现自动化。

(3) 产品质量轻、强度高(板料经塑性变形后其强度提高)、刚性好。

(4) 材料的利用率较高,一般可达 70%~85%。冲压件一般不需要再加工,因此节省能源消耗,在大批量生产中可降低制造成本。

(5) 产品质量稳定、精度高、表面粗糙度减小、互换性好。

（6）在航空、汽车、拖拉机、电机、电器、仪表以及日常用品工业中应用广泛，冲压件占有相当大的比例。

2. 缺点

不能加工低塑性金属；模具制造复杂、成本高；只能广泛应用于成批、大量生产中。

板料冲压常用的设备有剪床和冲床。剪床用来把板料剪切成一定宽度的板条料，以供冲压使用。冲床是冲压加工的主要设备，主要有锻锤和压力机等。

压力加工中还有更多的新技术、新工艺，如零件的挤压、轧制、精密锻造、旋转锻造、粉末锻造等，使锻压件的形状更加接近零件形状，不仅实现无切削和少切削的目的，而且提高了零件的力学性能和使用性能，大家可以查阅有关资料，此处不一一介绍。

3.2.3 焊接

3.2.3.1 概述

焊接是通过加热或加压或二者并用，并且用或不用填充材料，使焊件达到原子间结合的一种加工方法。金属的焊接种类很多，根据焊接时的物理冶金特征（原子间结合方式的不同）分为熔焊、压焊、钎焊三大类，目前，熔焊的应用最广泛。

1. 熔焊

熔焊是在焊接过程中，将焊件接头加热至熔化状态，不加压力完成焊接的方法。常用的熔焊按所用热源种类的不同，可分为电弧焊（焊接电弧为热源）、等离子弧焊（等离子弧为热源）、电渣焊（熔渣的电阻热为热源）、电子束焊（电子束为热源）、激光焊（激光为热源）、气焊（火焰为热源）等，其中又以电弧焊应用最广泛。

2. 压焊

压焊是在焊接过程中，对焊件通过施加压力（加热或不加热）完成焊接的方法。常用的压焊有电阻焊、摩擦焊等。

3. 钎焊

钎焊是采用比母材熔点低的金属材料作钎料，将焊件和钎料加热至高于钎料熔点、低于母材熔点的温度，利用液态钎料"润湿"母材，填充接头间隙，并与母材相互扩散实现连接焊件的方法。

3.2.3.2 各种焊接方法

1. 熔焊

1）电弧焊

电弧焊是以电弧作热源的熔化焊接方法，常见的电弧焊有焊条电弧焊、埋弧焊、气体保护焊等。

（1）焊条电弧焊。

焊条电弧焊是各种电弧焊方法中发展最早、目前仍广泛应用的一种焊接方法，主要适用于单件或小批生产，适宜焊接厚度为 3~20 mm 的焊件。活泼金属（如钛、锆等）和难熔金属（如钽、铌等）不能采用焊条电弧焊。图 3.2.29 所示为手工电弧焊的焊条，图 3.2.30 所示为手工电弧焊。

（2）埋弧焊。

埋弧焊是指电弧在焊剂层下燃烧进行焊接的电弧焊方法。焊接时，电弧的引燃、焊丝的送进和电弧沿焊缝的移动都是由设备自动完成的，如图 3.2.31 所示。

图 3.2.29 手工电弧焊的焊条

图 3.2.30 手工电弧焊

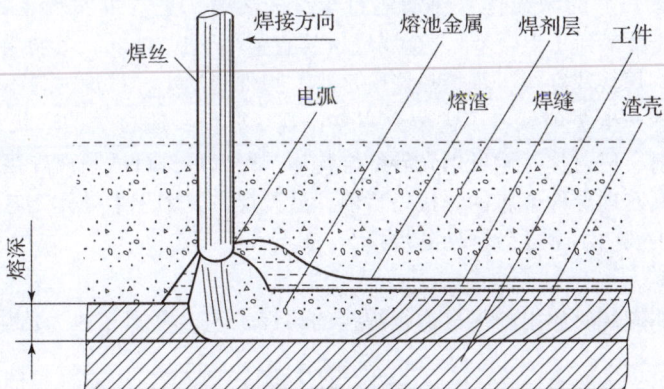

图 3.2.31 埋弧焊

与焊条电弧焊相比，埋弧焊具有焊接速度快、生产率高，焊接质量高且稳定，焊缝外形美观，劳动条件好等优点。其缺点是设备费用高，工艺装备复杂，不适宜焊接结构复杂的、有倾斜焊缝的焊件。因此，埋弧焊主要用于生产批量大、厚度较大（6～60 mm）且长直的平焊焊缝或较大直径的环形焊缝的焊接，适用的材料有低碳钢、低合金钢、不锈钢等金属板材。

（3）气体保护焊。

气体保护焊是指利用外加气体作为保护介质的一种电弧焊方法。它在特种材料焊接和焊接过程自动化方面，起着越来越重要的作用。与埋弧焊相比，其优点是电弧和熔池可见性好，操作方便，没有熔渣，在多层焊时节省大量焊后清渣工时，可实现全位置焊接。但在室外作业时，要采取专门的防风措施。

2）等离子弧焊

等离子弧焊是利用等离子弧作为热源进行的一种熔焊方法。焊接时在等离子弧周围通过保护气体，以保护熔池和焊缝不受空气的有害作用。

等离子弧焊可以焊接厚度为 0.01~1 mm 的箔材和薄板，且焊接速度快、生产率高、焊缝质量好、焊接热影响区小，焊件变形小。但焊接设备比较复杂，气体消耗大，不适于室外焊接，灵活性不如氩弧焊。

等离子弧焊适用于各种难熔、易氧化以及热敏性强的金属材料的焊接，如钼、钨、铍、铬、钽、镍、钛及其合金、不锈钢及其合金以及高强度钢等，目前主要应用于化工、原子能、电子、精密仪器仪表、火箭、航空和空间技术中。

3）电渣焊

电渣焊是利用电流通过液态熔渣时产生的电阻热作为热源，将工件局部和填充金属熔化、冷却凝固形成焊缝的熔化焊工艺。电渣焊和其他熔化焊相比的特点见有关数字资源。

4）电子束焊

电子束焊是利用加速和聚焦的电子束轰击焊件表面时所产生的热量使金属焊件局部熔化、冷却凝固形成焊缝的熔化焊工艺。焊件可以置于真空中，也可以在非真空中。

目前真空电子束焊已在航天航空、核能、汽车、化工、电子电力、机械制造等部门得到广泛应用。

非真空电子束焊在能源工业（如各种压缩机转子、叶轮组件、核反应堆壳体等）、航空工业（如发动机机座、转子部件等）、汽车制造业（如齿轮组合体、后桥、传动箱等）以及仪表、化工和金属结构制造等行业中得到广泛应用。

5）激光焊

激光焊是利用聚焦后的激光作为热源进行焊接的熔焊工艺。可实现金属箔材（厚度小于 0.5 mm）、薄膜（几微米到几十微米）、金属线材（直径小于 0.6 mm）等材料的焊接。

激光焊的特点：焊接速度快，焊接热影响区小，焊件变形小，被焊材料不易氧化等特点。与电子束比，激光焊不产生 X 射线，不需要真空室，观察方便，适合结构形状复杂和精密零部件的焊接。激光能反射、透射，甚至可用光导纤维传输，所以可进行远距离焊接，还可对已密封的电子管内部导线接头实现异种金属的焊接。目前，激光焊主要用于半导体、电讯器材、无线电工程、精密仪器、仪表部门小型或微型件的焊接。

6）气焊

气焊是利用气体燃烧时放出的热量进行焊接的熔焊工艺。可燃气体为乙炔、氢气、天然气、丙烷等。

碳化焰中有游离态的碳，可以补充焊接过程中碳的烧损，并有较强的还原作用和一定的渗碳作用。气焊主要用于焊接含碳量较高的高碳钢、高速钢、硬质合金等材料，也可用于铸铁的补焊。

气焊的特点：气焊火焰的温度比电弧焊低，加热和冷却速度缓慢，加热区域宽，焊接变形大，但无须用电，设备简单，通用性强。气焊适合于薄壁件的焊接，主要焊接板厚在 2 mm 左右的焊件。

2. 压焊

1) 电阻焊

电阻焊是利用电流通过接头的接触面产生的电阻热作为热源的压焊，电阻焊按电极形式和接头形式的不同分为点焊、缝焊和对焊三种。

2) 摩擦焊

摩擦焊是利用焊件表面相互摩擦产生的热量，使端面达到热塑性状态，然后迅速顶锻（顶部沿轴线方向施加压力），完成焊接的压焊工艺。

摩擦焊的特点：

（1）在摩擦过程中，焊件接触表面的氧化膜与杂质被清除，接头不易产生气孔、夹渣等缺陷，组织致密，接头质量好。

（2）可焊的材料范围较广，适用于异种材料的对接，如非金合钢与不锈钢、铝与铜、铝与陶瓷等。

（3）设备简单、耗电少、操作方便、不需焊接材料，易实现自动化，生产率高。

3. 钎焊

钎焊根据所用钎料的熔点不同，钎焊可分为硬钎焊和软钎焊两大类，具体不详细展开。

钎焊的特点：

（1）钎焊加热温度较低，接头光滑平整，焊件尺寸精确。

（2）可以焊接异种金属和焊件厚度相差较大的焊件。

（3）对焊件整体加热时，可同时钎焊由多条接头组成的、形状复杂的构件，生产率高。

（4）钎焊设备简单，生产投资费用少。但钎焊的接头强度较低、耐热性差，允许的工作温度不高，焊前清理要求严格，钎料价格较高。因此，钎焊主要用来焊接精密仪表、电气零部件、异种金属构件以及某些复杂薄板构件（如夹层构件和汽车散热器等），也常用来焊接各类导线及硬质合金刀具。

3.2.3.3　焊接电弧及设备

1. 焊接电弧

焊接电弧是指在焊件和焊条间的气体介质中产生的强烈而持久的放电现象。

1) 焊接电弧的产生

将焊条与焊件接触，由于电阻热接触处温度急剧升高。

将焊条微微提起，使焊条与焊件之间形成电场。

电场力作用下，阴极发射出大量电子，与两极之间的气体分子相撞击使之电离。带电粒子向两极高速运动形成电弧。

2) 电弧的热量分布

焊接电弧可分为阳极区、阴极区和弧柱区三部分，如图 3.2.32 所示。

通常，阳极区产生的热量占总热量的 43%，阴极区占 36%，弧柱区占 21%。直流电源接线方法的不同对焊接产生影响。

正接：焊件接电源正极，焊条接电源负极；正接时，焊件获得的热量多，有利于焊透，故适于焊接厚板。

负接：焊件接电源负极，焊条接电源正极；负接时，焊件获得的热量少，故适于焊接薄板，以免焊件烧穿。

图 3.2.32　阳极区、阴极区和弧柱区的分布

2. 焊接设备

1）交流弧焊机

交流弧焊机所提供的电源是交流电，其结构主要是一个特殊的降压变压器。

交流弧焊机结构简单、价格低廉、使用可靠、维修方便，故应用最广。交流弧焊机的缺点是焊接电弧不够稳定。

2）直流弧焊机

直流弧焊机所提供的电源是直流电。

3）焊条

焊条是涂有药皮的供手工电弧焊用的熔化电极，如图 3.2.33 所示。

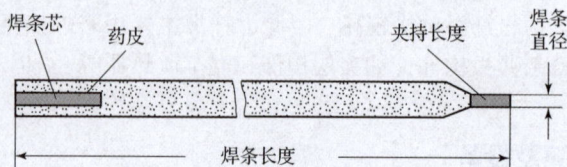

图 3.2.33　焊条

3.2.3.4　焊接工艺

1. 接头形式

由于焊件的形状、工作条件和厚度的不同，焊接时需要采用不同的接头形式，如图 3.2.34 所示。

对接接头受力均匀，焊接时容易保证质量，因此常用于重要的构件中。

搭接接头焊前准备和装配比较简单，在桥梁、屋架等结构中常采用。

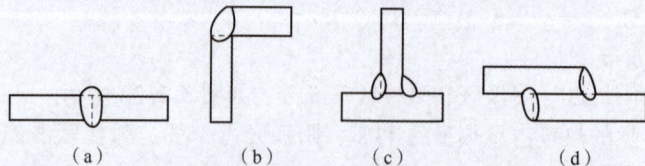

图 3.2.34　接头的基本形式

（a）对接接头；（b）角接接头；（c）T 形接头；（d）搭接接头

2. 坡口形式

为了保证焊件能被焊透，需根据设计或工艺需要，在焊件的待焊部位加工一定几何形状的沟槽，称为坡口。坡口采用气割或切削加工等方法制成，如图 3.2.35 所示。

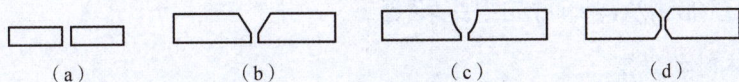

图 3.2.35　常见的坡口形式

(a) I 形；(b) V 形；(c) U 形；(d) X 形

3. 焊接位置

焊接位置是指施焊时焊件接缝所处的空间位置。平焊操作方便，焊缝成形良好，应尽量采用。在可能的情况下，应设法使其他焊接位置转变成平焊位置，然后进行焊接。常见的焊接位置如图 3.2.36 所示。

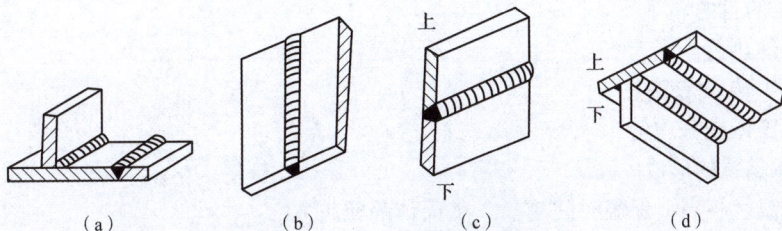

图 3.2.36　常见的焊接位置

(a) 平焊；(b) 立焊；(c) 横焊；(d) 仰焊

3.3　钢铁材料的热处理

3.3.1　概述

1. 热处理

热处理是将固态金属或合金采用适当的方式进行加热、保温和冷却以获得所需要的组织结构与性能的工艺。

2. 热处理的目的

①提高零件的使用性能；②充分发挥钢材的潜力；③延长零件的使用寿命；④改善工件的工艺性能，提高加工质量，减小刀具的磨损。

3. 热处理的方法

热处理的方法有退火、正火、淬火、回火及表面热处理。

任何一种热处理均由加热、保温、冷却三阶段组成，如图 3.3.1 所示。

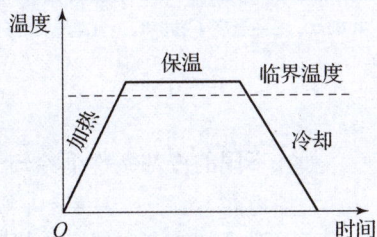

图 3.3.1　热处理工艺曲线示意图

4. 热处理使钢性能发生变化的原因

由于铁有同素异构转变，从而使钢在加热和冷却过程中发生了组织与结构变化。

3.3.2　钢在加热及冷却时的组织转变

1. 钢在加热时的转变

热处理中，钢加热为获得奥氏体（A）；且A晶粒的大小、成分、均匀程度，对钢冷却后的组织、性能有重要影响。

1）钢的奥氏体化

（1）奥氏体晶核的形成及长大。

（2）残余渗碳体的溶解。

（3）奥氏体的均匀化。

2）钢保温的目的

（1）使工件热透。

（2）使组织转变完全。

（3）使奥氏体成分均匀。

3）奥氏体晶粒的形成

（1）加热温度越高，保温时间越长，奥氏体晶粒越大。

（2）由 Fe - Fe₃C 相图可知，A1、A3、Acm 是钢在极缓慢加热（或冷却）时的临界点。但实际冷速、热速较快，钢转变总有滞后现象。

（3）实际加热，钢转变总高于相图临界点，分别用 Ac1、Ac3、Accm 表示，如图 3.3.2 所示；

（4）实际冷却，钢转变总低于相图临界点，分别用 Ar1、Ar3、Arcm 表示，如图 3.3.2 所示。

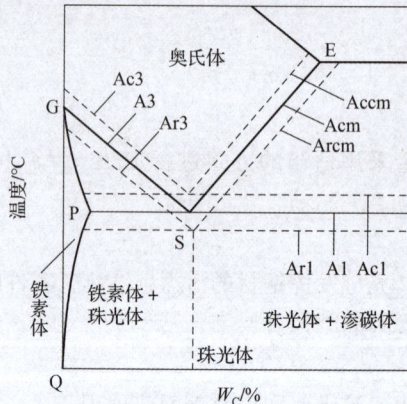

图 3.3.2　钢在加热及冷却时的主要组织转变

G—γ - Fe 和 α - Fe 相互转换的温度临界点；P—温度 727 ℃，含碳量 0.021 8%，碳在 α - Fe 中的最大溶解度；
　　S—温度 727 ℃，含碳量 0.77%，共析点；E—温度 1 148 ℃，含碳量 2.11%，碳在 γ - Fe 中的最大溶解度

2. 钢在冷却时的转变

1）概述

钢经过加热获得奥氏体组织后，如在不同的冷却条件下冷却，可使钢获得不同的力学性能，组织也有明显的不同。

热处理工艺中，常用的冷却方式有等温冷却转变和连续冷却转变。

2）过冷 A 的等温转变

（1）A 在临界点 A1 以下是不稳定的，必会发生转变，但不是冷却到 A1 以下立即发生，而是经一个孕育时期后才开始。

（2）这种在共析温度（A1）以下存在的 A，称为"过冷 A"。

（3）过冷 A 在不同温度进行转变，将获得不同组织。

（4）能表示过冷 A 的转变温度、转变时间、转变产物之间关系的曲线，称为等温转变图，简称 C 曲线。

3. 相图分析

过冷 A 在 A1 以下等温转变的温度不同，则转变产物不同，在 M_s 以上，可发生两种类型的转变，即等温冷却转变和连续冷却转变。以共析钢为例，图 3.3.3 所示为等温和连续冷却时的转变曲线。

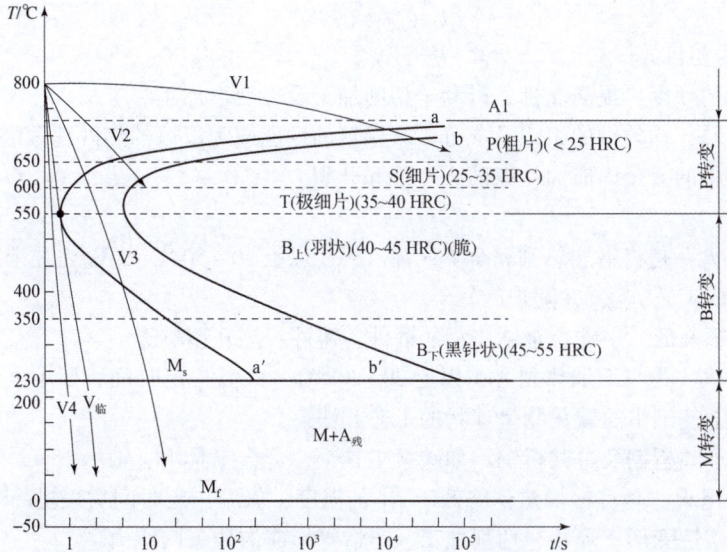

图 3.3.3　等温和连续冷却时的转变曲线

（1）珠光体（P）转变：A1～550 ℃等温。分解转变为 F、Fe_3C 片混合物。此 P 转变区内，当等温温度↙，则 P 片层越薄→产物塑变抗力↑、抗拉强度和硬度↑。

因为等温温度和片层间距由大到小，所以分别有以下产物：

P（A1～650 ℃）、S（650～600 ℃）、T（600～550 ℃）。

（2）贝氏体（B）转变：550 ℃～M_s 等温。形成含过饱和碳的 F + Fe_3C 组成的非片层混合物，称为"贝氏体"。

B 随 A 成分、转变温度不同有多种形态，常有：

①$B_上$——550～350 ℃等温，呈羽状，硬度为 40～45 HRC，塑性很差。

②$B_下$——350 ℃～Ms 等温，呈黑针状，硬度为 45～55 HRC，抗拉强度、塑性、韧性良好。

（3）马氏体（M）转变：是非扩散过程的转变。

M 是碳在 α – Fe 中的过饱和固溶体，当钢从 A 区急冷到 M_s 以下时，A 转变为 M。

转变温度低，原子扩散能力小，在 M 转变过程中，只有晶格改变 γ – Fe→α – Fe，而无碳原子的扩散。

M 晶格特点：体心立方晶格。

M 转变的特点：①转变是在一定的温度范围内（M_s～M_f）连续冷却中进行；②转变速度极快；③转变时体积发生膨胀，产生很大的内应力，工件易裂、变形；④转变不完全性，在 M_f 以下仍有残余奥氏体，使硬度、耐磨性降低。

M 组织形态：

针状 M：一般为 $W_c > 1.0\%$ 的钢淬火后所获得的高碳 M，其硬度高、脆性大。

板条 M：一般为 $W_c < 0.2\%$ 的钢淬火后所获得的低碳 M，具有良好的抗拉强度，较好韧性。当 $W_c = 0.2\% \sim 1.0\%$ 的钢淬火后可获得针状 M + 板条 M。

3.3.3 热处理的基础方法

1. 退火与正火

1）概念

将钢加热到适当温度，保温一定时间，然后缓慢冷却（一般随炉冷却）的热处理工艺称为退火。

2）退火的主要目的

（1）降低钢的硬度，提高塑性，以利于切削加工及冷变形加工。

（2）细化晶粒，均匀钢的组织及成分，改善钢的性能或为以后的热处理做组织上的准备。

（3）消除钢中的残余内应力，以防止变形和开裂。

3）退火方法

（1）完全退火：是将钢加热到完全奥氏体（Ac3 以上 $30 \sim 50\ ℃$），随之缓慢冷却，以获得接近平衡状态组织的工艺方法。（随炉冷）

应用：中碳钢及低、中碳合金结构钢的锻件、铸件、热轧型材等。

（2）球化退火：是将钢加热到 Ac1 以上 $20 \sim 30\ ℃$，保温一定时间，以不大于 $50\ ℃/h$ 的冷却速度随炉冷却，使钢中的碳化物呈球状的工艺方法。

应用：适用于共析钢及过共析钢，如碳素工具钢、合金工具钢、轴承钢等。

（3）去应力退火：是将钢加热到略低于 A1 的温度，保温一定时间后缓慢冷却的工艺方法。

应用：消除塑性变形、焊接、切削加工、铸造等形成的残余内应力。

2. 正火

1）概念

将钢加热到 Ac3 或 Accm 以上 $30 \sim 50\ ℃$，保温适当的时间，在空气中冷却的工艺方法。

正火的目的与退火基本相同。

2）正火的主要应用场合

（1）改善低碳钢和低碳合金钢的切削加工性。

（2）正火可细化晶粒。

（3）消除过共析钢中的网状渗碳体，改善钢的力学性能，并为球化退火做组织准备。

（4）代替中碳钢和低碳合金结构钢的退火。

3. 淬火

1）概念

将钢加热到 Ac3 或 Ac1 以上某一温度，保温一定时间，然后快速冷却，以获得马氏体或贝氏体组织的热处理工艺，称为淬火。

目的：主要获得马氏体，提高钢的刚性、硬度、耐磨性、疲劳强度以及韧性等。

2）淬火加热温度

亚共析钢的淬火加热温度：Ac3 以上 $30 \sim 50\ ℃$。

共析钢和过共析钢的淬火加热温度：Ac1 以上 $30 \sim 50\ ℃$。

3）淬火冷却介质

（1）淬火主要目的：冷却速度大于临界冷却速度，获得 M，但是如果冷却速度过快，工件体积收缩较快，组织转变剧烈→内应力↑→工件易变形、开裂。所以淬火介质的选择很重要。

（2）由 C 曲线可知，要获得 M 无须在整个冷却过程中都快冷，关键在 C 曲线鼻尖附近快冷。在高温段 650~550 ℃冷却速度要足够快，而低温段 300 ℃以下要足够慢。

（3）常用的淬火冷却介质：油、水、盐水、碱水等。

其中，碳钢适用冷却介质一般为水；合金钢为油。

4）淬火方法

（1）单液淬火法。

（2）双介质淬火：如先水后油、先水后空气。

（3）马氏体分级淬火。

（4）贝氏体等温淬火。

5）钢的淬透性、淬硬性

（1）淬透性：指在规定条件下，钢淬火冷却时所获 M 组织深度的能力。

①用不同的钢制成相同形状、相同尺寸工件，在同样的淬火条件下，淬透性好的钢获 M 深度较深；淬透性差的钢获 M 深度较浅。

②淬透性与钢的临界速度有关；当钢的临界速度越低，钢的淬透性越好。

a. 钢的淬透性越好，淬火回火后截面组织均匀、综合力学性能好。

b. 钢的淬透性越好，在冷却时可用较缓和冷却介质，防止变形开裂。

c. 淬透性好的钢，其淬硬性不一定好。

（2）淬硬性：指钢淬火后所能达到的最高硬度的能力。

①淬硬性主要取决于钢中的含碳量。含碳量越高，钢淬硬性越好。

②淬硬性与淬透性是两个完全不同的概念。

6）淬火缺陷

（1）氧化与脱碳。

（2）过热和过烧。

（3）变形与开裂。

（4）硬度不足。

（5）软点。

4. 回火

1）概念

将钢淬火后，再加热到 Ac1 点以下的某一温度，保温一定时间，然后冷却到室温的热处理工艺，称为回火。

2）回火目的

（1）消除内应力。

（2）获得所需要的力学性能。

（3）稳定组织和尺寸。

3）淬火钢在回火时组织与性能的变化

（1）马氏体分解。

（2）残余奥氏体分解。

（3）渗碳体的形成。

（4）渗碳体的聚集长大。

其基本的趋势是：随着回火温度的升高，钢的强度、硬度下降，而塑性、韧性提高。

4）回火的分类及应用

（1）淬火钢回火的组织转变过程是由非平衡组织向平衡组织转变，依靠原子扩散而进行的，原子扩散速度取决于温度，温度越高，扩散速度越高。决定钢回火后的组织、性能的主要因素是回火温度。

（2）回火温度根据工件要求的力学性能来选择。

（3）回火种类有以下三种。

①低温回火：（150~250 ℃），获回火马氏体。

工件性能：保持高硬度（58~64 HRC）和耐磨性，一定的韧性（降低钢的淬火应力、脆性）。

②中温回火：（350~500 ℃），获回火托氏体。

工件性能：高弹性极限、屈服极限和适当韧性，硬度可达35~50 HRC。

应用：弹性零件、热锻模具等。

③高温回火：（500~650 ℃），获回火索氏体。

索氏体组织属于珠光体类型的组织，但其组织比珠光体组织细，其珠光体片层较薄。

工件性能：良好的综合力学性能（足够强度、高韧性，硬度15~36 HRC）。

应用：受力构件，如螺栓、连杆、齿轮、曲轴等。

注：淬火+高温回火，称为调质处理。

时效处理：可分为自然时效和人工时效两种。

自然时效：将铸件置于露天场地半年以上，使其缓缓地发生形变，从而使残余应力消除或减少。

人工时效：将铸件加热到550~650 ℃进行去应力退火，比自然时效节省时间，残余应力去除较为彻底。

5. 表面淬火

对工件表面进行淬火的工艺称为表面淬火。

1）火焰加热表面淬火

工艺：应用氧-乙炔（或其他可燃气体）火焰对零件表面进行快速加热并随后冷却。

特点：淬硬层深度一般为2~6 mm。加热温度及淬硬层不易控制，易产生过热和加热不均匀现象，淬火质量不稳定。

2）感应加热表面淬火

工艺：利用感应电流通过工件所产生的热效应，使工件的表面受到局部加热，并进行快速冷却。

特点：加热速度快；淬火质量好；淬硬层深度易于控制。

6. 化学热处理

1）化学热处理的过程

分解→吸收→扩散。

2）钢的渗碳

工艺：将钢件置于渗碳介质中加热并保温，使碳原子渗入工件表层。

目的：提高钢件表层的含碳量。

渗碳后的工件需经淬火及低温回火。

3）钢的渗氮

工艺：渗氮是向钢件表层渗入氮原子的过程。

特点：

（1）渗氮工艺温度比渗碳低（600～650 ℃，900～950 ℃），工件变形小。

（2）渗层薄（0.15～0.75 mm）。

（3）生产周期长（30～50 h）。

（4）渗氮层脆性大。

（5）要使用专用合金钢。

4）碳氮共渗

工艺：同时向钢的表层渗入碳和氮原子的过程。

特点：

（1）气体碳氮共渗的力学性能兼顾于渗碳层和渗氮层的优点。与渗碳层相比表面硬度更高、耐磨性好，同时还具有一定的抗蚀性，以及由于共渗层存在残留压应力而提高了钢的疲劳极限；与渗氮相比，共渗层深度深，表面脆性小。

（2）由于氮的渗入提高了共渗层的淬透性，共渗后可用渗碳温度较低及较缓冷却介质淬火，减少了模具的变形，而且奥氏体晶粒比渗碳细，提高了模具零件的心部韧性。

（3）气体碳氮共渗速度大于单独渗碳或单独渗氮的速度，缩短了生产周期。

（4）碳氮共渗适用于基体具有良好韧性，而表面硬度高、耐磨性好的模具零件，如塑料模及冲裁模中的凸模及凹模等零件。

模块四　机械零件切削加工及工艺基本知识

4.1　认识金属切削过程

4.1.1　切削要素和刀具的几何角度

毛坯成形之后往往需要刀具切除多余的材料，而高效、高质量的切削必须掌握切削的基本要素和刀具的有关基本知识。

1. 切削运动

切削运动根据在切削加工过程中所起作用分为主运动和进给运动，如图 4.1.1 所示。

1）主运动

主运动——指消耗功率最多、速度最高的那个运动。如车削的主运动是工件的旋转，铣削和钻削的主运动是铣刀和钻头的旋转，主运动只有一个。

2）进给运动

进给运动——把被切削金属层间断或连续地投入切削的一种运动。它的特点是消耗功率少、速度低。根据不同的机床切削情况进给运动可以是一个、两个或多个，可以是连续的运动，如车削外圆时，车刀平行于工件轴线的纵向运动；也可以是间断的运动，如刨削时工件或刀具的横向运动。

3）合成切削运动

合成切削运动——由主运动与进给运动合成的运动。

合成切削运动方向——刀具切削刃上选定点相对于工件的瞬时合成运动方向。其速度称为合成切削速度。

2. 工件的表面

工件在切削加工过程中，金属层不断地被刀具切除，同时出现新的表面。在新表面形成过程中，工件上有三个不断变化着的表面，分别是待加工表面、已加工表面、过渡表面（加工表面），如图 4.1.1 所示。

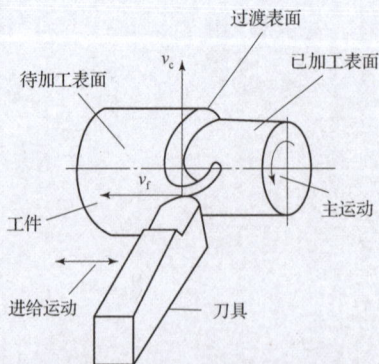

图 4.1.1　切削运动和工件的表面

3. 刀具切削部分的几何角度

零件加工时根据机床的不同，刀具也不同，因此刀具种类繁多、形状各异，但刀具切削部分的组成具有共同点，车刀的切削部分可看作是各种刀具切削部分最基本的形态，其他金属切削刀具可以车刀为基础，因此从认识车刀出发，对刀具的角度等知识进行学习。

车刀由刀柄和刀头组成，刀柄是刀具的夹持部分，刀头则是刀具的切削部分。如图4.1.2所示，刀头由三个刀面、两个刀刃、一个刀尖构成。表4.1所示为车刀各种角度的定义和作用。（表中基面等概念见有关数字资源）

图4.1.2　车刀切削部分的构成

车刀切削
部分的构成

表4.1　车刀各种角度的定义和作用

名称	定义	作用
前角 γ_0	前刀面与基面间的夹角	减少切削变形和刀 – 屑间的摩擦。影响切削力、刀具寿命、切削刃强度，使刃口锋利，利于切下切屑
后角 α_0	后刀面与切削平面间的夹角	减少刀具后刀面和已加工表面间的摩擦。调整刀具刃口的锐利和强度
主偏角 κ_r	主切削平面与假定工作平面间的夹角	适应系统刚度和零件外形需要；改变刀具散热情况，涉及刀具寿命
副偏角 κ_r'	副切削平面与假定工作平面间的夹角	减小副切削刃与工件间的摩擦，影响工件表面粗糙度和刀具散热情况
刃倾角 λ_S	主切削刃与基面间的夹角	能改变切屑流出的方向，影响刀具强度和刃口锋利性

4. 切削要素

切削要素分为切削用量要素和切削层要素两大类。

切削用量要素主要是指切削速度、进给量和背吃刀量，如图4.1.3所示。

1）切削速度（v_c）

切削速度——刀具切削刃上的某一点相对于待加工表面在主运动方向上的瞬时速度，切削刃上各点的切削速度是不同的。

2）进给量（f）

进给量——刀具在进给运动方向上相对于工件的位移量，可用刀具或工件每转或每行程的位移量来表示。

图 4.1.3 切削用量要素

3）背吃刀量（a_p）

背吃刀量——一般指工件上待加工表面与已加工表面间的垂直距离。

切削层要素见有关数字资源。

4.1.2 刀具材料

刀具材料的性能优劣是影响加工质量、切削效率、经济效益、刀具寿命的重要因素。刀具材料主要是指刀具切削部分的材料。

1. 刀具材料应具备的性能

高硬度、高耐磨性、足够的强度与韧性、高耐热性、良好的加工工艺性，如切削加工性，磨削加工性，锻造、焊接、热处理等性能。

2. 刀具材料的分类

刀具材料主要有工具钢（碳素工具钢和低合金工具钢）、高速钢、硬质合金和超硬刀具材料等，如图 4.1.4 所示，它们的主要物理力学性能见有关数字资源。

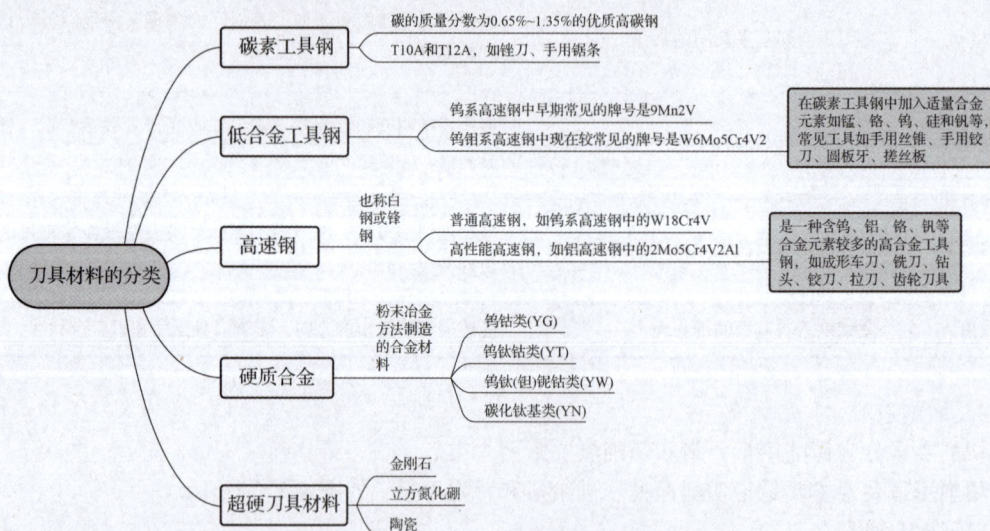

图 4.1.4 刀具材料的分类

4.1.3 金属切削过程

零件从毛坯到成品，往往需要进行刀具切削加工，而工艺的合理安排和生产率的提高都离不开切削的有关基本知识，因此切削过程的认识是非常有必要的。金属切削过程是指刀具和工件通过相互运动，切掉工件上多余金属层，形成切屑和已加工表面的过程。在这个过程中将产生一系列的现象，如形成切屑，产生切削力、切削热与切削温度，刀具发生磨损等。

1. 变形、切屑与积屑瘤

1）变形和切屑的类型

（1）切削变形。

金属在切削时，材料要产生一些变形，具体变形见有关数字资源。图4.1.5所示为切削各变形区。

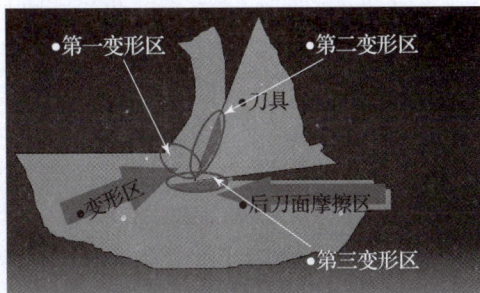

图4.1.5　切削各变形区

（2）切屑的类型。

根据形成切屑的外形不同，通常将切屑分为以下四种类型：

带状切屑——切屑外形呈带状，底面光滑，背面无明显裂纹，呈微小锯齿形。加工塑性金属（如非合金钢、合金钢、铜、铝等材料）时，常形成此类切屑。

节状切屑——切屑底面较光滑，背面局部裂开成节状。切削黄铜或低速切削钢时，容易得到此类切屑。

粒状切屑——切屑沿厚度断裂为均匀的颗粒状。切削铅或很低的速度下切削钢时，可得到此类切屑。

崩碎切屑——切屑呈不规则的细粒状，因为切削层几乎不经过塑性变形就产生脆性崩裂，切削脆性金属如铸铁、青铜时形成此类切屑。

各类切屑形成过程见有关数字资源。

2）积屑瘤

积屑瘤——加工钢材、有色金属等塑性材料时，在一定切削速度范围内，切削刃附近的前刀面上会出现一块高硬度的金属，如图4.1.6所示。

特点：包围着切削刃，且覆盖着部分前刀面，可代替切削刃对工件进行切削加工。

积屑瘤的产生与成长、脱落与消失的过程见有关数字资源。

积屑瘤的作用：

好处——由于积屑瘤覆盖了部分前刀面和切削刃，并代替切削刃工作，所以能起到保护刀刃刃口的作用；也能增大刀具实际工作前角；积屑瘤对粗加工是有利的。

坏处——由于积屑瘤增大了刀具的横向尺寸而造成过切；积屑瘤脱落时可能带走前刀面上的金属颗粒，加剧了前刀面的磨损；积屑瘤的形成过程会造成切削力波动，影响工件的加工精度和表面粗糙度，对于精加工是不利的。

减小或避免积屑瘤的措施：

（1）避免采用产生积屑瘤的速度进行切削（图4.1.7），即宜采用低速或高速切削，但低速加工效率低，故多用高速切削。

（2）采用大前角刀具切削，以减少刀具与切屑间的接触压力。

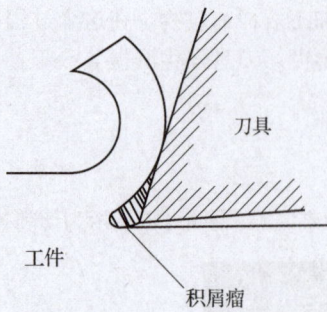

图 4.1.6　积屑瘤

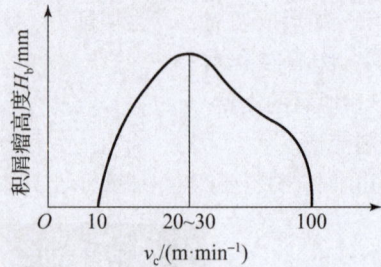

图 4.1.7　积屑瘤高度与切削速度的关系

（3）降低工件材料的塑性，提高工件的硬度，减少加工硬化倾向。

（4）其他措施，如减小进给量，减小前刀面的表面粗糙度值，合理使用切削液等。

2. 切削力（切削抗力）

切削力——切削过程中在刀具与工件上的相互作用力，其大小相等、方向相反。

1）切削力的来源

切削力的来源有两个方面，即切削层金属产生的变形抗力和切屑、工件与刀具间摩擦产生的摩擦抗力。

2）切削力的分解

外圆车削时力的分解如图 4.1.8 所示。

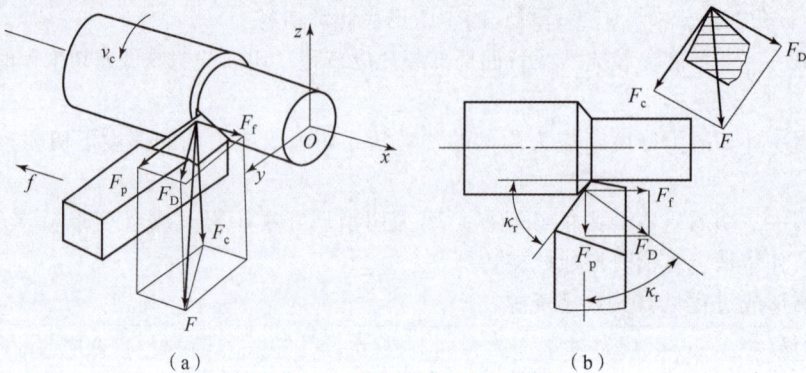

（a）　　　　　　　　　　　　（b）

图 4.1.8　外圆车削时力的分解

主切削力 F_c——切削力在主运动方向上的分力。

背向力 F_p——切削力在垂直于假定工作平面方向上的分力。

进给力 F_f——切削力在进给运动方向上的分力。

3）影响切削力的因素

工件材料的强度和硬度分别越高，切削力越大。当背吃刀量增大 1 倍时，切削力增大约 1 倍；当进给量增大 1 倍时，切削力增大 70%~80%。前角增大，切削力减小；主偏角对三个分力 F_c、F_p、F_f 都有影响，但对 F_p、F_f 影响较大，且增大主偏角，背向力减小，进给力增大。对 F_c 的具体影响见有关数字资源。

3. 切削热与切削温度

1）切削热

来源：

（1）切削层金属产生弹性变形和塑性变形所做功的转换。

（2）切屑与前刀面、工件加工表面与后刀面之间的摩擦所做功的转换。

传导：由切屑、工件、刀具和周围介质传出去。提高切削速度可使切屑带走的热量所占比例增大，传入工件中的热量减少，而传入刀具中的热量更少。因此，在高速切削时，切削区域的切削温度虽然很高，但刀具仍能进行正常工作。

2）切削温度

切削温度是指切屑与刀具前刀面接触区域的平均温度，切削温度的高低取决于该处产生热量的多少和传散热量的快慢。通过推算和测定可知，在切屑中平均温度最高。前刀面的最高温度不在刀尖和切削刃上，而在距离切削刃有一小段距离的地方。

3）影响切削温度的因素

切削速度对切削温度影响最大，切削速度增大，切削温度随之升高；进给量影响较小；背吃刀量影响更小。前角增大，切削温度下降，但前角不宜太大，前角太大，切削温度反而升高；主偏角增大，切削温度升高。

4. 刀具磨损与刀具使用寿命

1）刀具磨损

刀具发生磨损主要是由于刀具在高温和高压下，受到机械和热化学作用。一般切削温度越高，刀具磨损越快。刀具磨损的形式有正常磨损和非正常磨损两种。

正常磨损——指刀具与工件或切屑的接触面上，刀具材料的微粒被切屑或工件带走，从而致使刀具尺寸减小的现象。

非正常磨损——由于冲击、振动、热效应等原因致使刀具崩刃、碎裂而损坏的现象。

（1）刀具的正常磨损形式。

前刀面磨损——当切削塑性材料时，若切削厚度较大，在刀具前刀面刃口后方会出现月牙洼形的磨损现象。

后刀面磨损——磨损的部位主要发生在后刀面。

前、后刀面同时磨损——当切削塑性金属时，如果切削厚度适中，则经常会发生前刀面与后刀面同时磨损的形式。

（2）刀具磨损过程。

正常磨损情况下，刀具的磨损量随切削时间的增加而逐渐扩大。以后刀面磨损为例，其典型磨损过程大致分为三个阶段：初期磨损阶段、正常磨损阶段和急剧磨损阶段。

（3）刀具磨钝标准（磨损限度）。

刀具磨钝标准——指刀具磨损值达到了规定的标准应该重磨或更换切削刃（可转位刀片），否则会影响加工质量，增加重磨时刀具和砂轮的磨耗量，降低刀具的利用率，并增加磨刀时间。

磨钝具有一定的标准，但是精加工时常采用刀具磨损量是否影响表面粗糙度和尺寸精度作为磨钝标准。

2）刀具使用寿命

刀具使用寿命——刀具从开始使用到报废为止的总切削时间，用 T 表示，单位为 min。

$$刀具使用寿命 = 刀具耐用度 \times 刃磨次数$$

影响刀具使用寿命的因素有以下几点：

（1）切削速度。提高切削速度，切削温度会增高，刀具磨损加剧，从而使刀具使用寿命降低。在切削用量三要素中，切削速度对其影响最大。

（2）进给量与背吃刀量。这两者的增大，均使刀具使用寿命 T 降低，但当前者增大时，切削温度升高会较多，故对 T 影响较大；而后者增大时，切削温度升高会较少，故对 T 影响较小。

（3）刀具几何参数。刀具使用寿命与刀具几何参数关系也较密切，因此合理选择刀具几何参数能提高刀具的使用寿命。

当前角增大时，切削温度会降低，刀具使用寿命会提高，但前角太大，刀具强度较低、散热变差，刀具使用寿命反而会降低，因此要选择适当的前角。当减小主偏角、副偏角和增大刀尖圆弧半径时，能提高刀具传热能力和降低切削温度，均能提高刀具使用寿命。

（4）工件材料和刀具材料也有影响（在此不详细展开）。

4.1.4　提高切削效益的措施和方法

工件切削质量和效率的提高涉及多方面因素，可以采取改善工件材料和合理选用切削液等有效措施改善切削加工性，选择合理的刀具几何参数和切削用量等方法，从而降低加工成本。

4.1.4.1　改善工件材料的切削加工性（拓展知识学习）

工件材料的切削加工性是指在一定切削条件下，工件材料被切削加工的难易程度。研究切削加工性的目的是寻求改善材料切削加工性的途径。

1. 衡量工件材料切削加工性的指标

工件材料的切削加工性，与材料的化学成分、热处理状态、金相组织、物理力学性能以及切削条件等有关。切削加工性可以用刀具使用寿命、切削力、切削温度以及已加工表面粗糙度值大小等指标来衡量。切削加工性的好坏是具有相对性的，在讨论钢材的切削加工性时，一般以45钢（170～229 HBW）作为基准，其他材料用相对切削加工性参数 K_r 与它进行比较，如果 $K_r > 1$ 则切削加工性好，如果 $K_r < 1$，则切削加工性差，具体见表4.2。

表4.2　相对切削加工性及其分级

加工性等级	工件材料分类		相对切削加工性参数 K_r	代表性材料
1	很容易切削的材料	一般有色金属	>3.0	铝镁合金、94 铝青铜
2	容易切削的材料	易切钢	2.5～3.0	退火 15Cr、自动机床加工用钢（简称自动钢）
3		较易切钢	1.6～2.5	正火 30 钢
4	普通材料	一般钢、铸铁	1.0～1.6	45 钢、灰铸铁、结构钢
5		稍难切削的材料	0.65～1.0	调质 2013、85 钢
6	难切削的材料	较难切削的材料	0.5～0.65	调质 45Cr、调质 65Mn
7		难切削的材料	0.15～0.5	1Cr18Ni9Ti、调质 50CrV、某些钛合金
8		很难切削的材料	<0.15	铸造镍基高温合金、某些钛合金

2. 改善工件材料切削加工性的措施

（1）选择易切钢。

易切钢是含有易切添加剂且不降低力学性能的易切材料。

（2）进行适当的热处理。

可以将硬度较高的高碳钢、工具钢等材料进行退火处理，以降低硬度，从而改善材料的切削加工性。低碳钢可以通过正火与冷拔等工艺方法降低材料的塑性，以提高其硬度，使工件的切削变得容易。中碳钢也可以通过正火等热处理方法使其金相组织与材料硬度得以均匀，达到改善工件材料切削加工性的目的。

（3）合理选择切削液、刀具材料和加工方法。

切削液具有冷却作用、润滑作用、清洗与防锈作用。合理地使用切削液，可以改善切削条件，减少刀具磨损，提高已加工表面质量，这也是提高金属切削效益的有效途径之一。

3. 切削液的种类

1）水溶性切削液

水溶性切削液主要有水溶液、乳化液和化学合成液三种。

（1）水溶液。

成分：以水为主要成分并加入防锈添加剂的切削液。

作用：主要起冷却作用（主要原因是由于水的导热系数、比热容和汽化热较大）；主要用于粗加工和普通磨削加工中（主要原因是由于其润滑性能较差）。

（2）乳化液。

成分：乳化油加95%~98%水稀释而成的一种切削液。乳化油由矿物油、乳化剂配制而成。

作用：乳化液的主要作用有冷却、光滑、防锈等，不同的化学成分对其作用都有一定的影响，它能使矿物油与水乳化形成稳定的切削液。

（3）化学合成液。

成分：由水、各种表面活性剂和化学添加剂组成。

作用：具有良好的冷却、润滑、清洗和防锈性能。合成液中不含油，可节省能源。

2）油溶性切削液

油溶性切削液主要有切削油和极压切削油两种。

（1）切削油。

成分：以矿物油为主要成分并加入一定的添加剂而构成的切削液。

作用：主要起润滑作用，用于切削油的矿物油包括机油、轻柴油和煤油等。

（2）极压切削油。

成分：切削油中加入了硫、氯、磷等极压添加剂。

作用：能显著提高润滑效果和冷却作用，尤以硫化油应用较为广泛。

3）固体润滑剂

常用的固体润滑剂是二硫化钼，形成的润滑膜有极小的摩擦因数，耐高温、耐高压。

4. 切削液的合理选用和使用方法

1）切削液的合理选用

切削液应根据工件材料、刀具材料、加工方法和技术要求等具体情况进行合理选用。

高速钢刀具：由于耐热性差，需采用切削液。通常粗加工时，可采用3%~5%的乳化液；精加工时，可以采用15%~20%的乳化液。

硬质合金刀具：耐热性高，一般不用切削液。若要使用，则必须连续、充分地供应，否则因骤冷骤热产生的内应力将导致刀片产生裂纹。

铸铁切削：因形成崩碎状切屑，一般不用切削液。

铜合金等有色金属切削：一般不用含硫的切削液，以免腐蚀工件表面。切削铝合金时一般不用切削液，但在铰孔和攻螺纹时，常加5∶1的煤油与机油的混合液或轻柴油，要求不高时，也可用乳化液。

2）切削液的使用方法

切削液的合理使用非常重要，其浇注部位、充足程度与浇注方法的差异将直接影响切削液的使用效果；固体润滑剂可涂抹在刀面上，也可添加在切削液中；切削变形区是发热的核心区，切削液应尽量浇注在该区。

4.1.4.2 切削用量的选择

前面提到的切削用量要素中的背吃刀量 a_p、切削速度 v_c、进给量 f（或进给速度 v_f），在切削加工中如何合理地选择是关系到切削效率和产品质量的重要因素。但是这些参数均应在机床给定的允许范围内选取。刀尖痕迹和切削要素关系如图 4.1.9 所示。

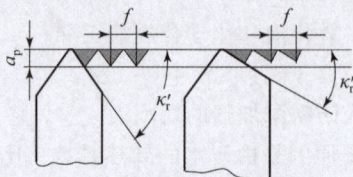

图 4.1.9　刀尖痕迹和切削要素关系

合理的切削用量是指充分利用刀具的切削性能和机床性能（功率、扭矩），在保证质量的前提下，使切削效率最高和加工成本最低的切削用量。制定合理的切削用量，要综合考虑生产率、加工质量和加工成本等，因此，存在着从不同角度出发，优先将哪个要素选得最大才合理的问题。

1. 切削用量选择的基本原则

（1）背吃刀量应根据工件加工余量和粗、精加工要求选择。

（2）进给量应根据加工工艺系统允许的切削力，其中包括机床进给系统、工件刚度以及精加工时表面粗糙度要求选择。

（3）切削速度应根据刀具耐用度选择。

（4）根据以上所确定的切削用量应该在机床功率允许的范围内。

2. 从加工阶段方面考虑切削用量的选择

1）粗加工切削用量的选择

粗加工的切削用量，一般以提高生产率为主，但也应考虑经济性和加工成本。切削用量对刀具使用寿命 T 的影响规律：v_c 影响最大，进给量 f 其次，a_p 影响最小。粗加工切削用量选择原则如图 4.1.10（a）所示。

2）半精加工和精加工切削用量的选择

半精加工和精加工的切削用量应以保证加工质量为前提，并兼顾切削效率、经济性和加工成本；选择切削用量时，a_p、f 也不能选得过小，否则反而不利于提高加工表面质量。而 v_c 增大不会增大切削力，且增大到一定值以后，就不会产生积屑瘤，有利于提高加工工件的质量。如果选大的 a_p、f，则切削力大，容易引起变形和振动；增大 f 时，还会使已加工表面粗糙度增大，引起加工质量下降。

综上切削用量的选择首先保证加工精度和表面质量，同时兼顾必要的使用寿命和生产率。先选取较小的 a_p 和 f，再利用切削用量手册选取或者用公式计算确定 v_c，如图 4.1.10（b）所示。

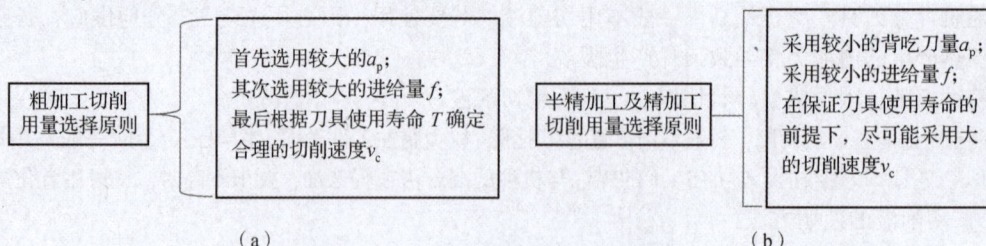

图 4.1.10　加工阶段切削用量选择原则

（a）粗加工；（b）半精加工及精加工

3. 各切削用量要素的具体选择

1）背吃刀量的选择

粗加工时，除留下精加工余量外，一次走刀尽可能切除全部余量，也可分多次走刀。精加工的加工余量一般较小，可一次切除。在中等功率机床上，粗加工的背吃刀量取 8～10 mm；半精加工的背吃刀量取 0.5～5 mm；精加工的背吃刀量取 0.2～1.5 mm。在下列情况下，粗车要分多次进给：

（1）工艺系统刚度低，会引起很大振动，如加工细长轴和薄壁零件，或加工余量极不均匀情况。

（2）加工余量太大，一次进给切掉会使切削力过大，以致机床功率不足或刀具强度不够的情况。

（3）断续切削，刀具会受到很大冲击而造成打刀情况。

虽然以上有不同的具体情况，但是生产实际中多采用查表法进行选择。

2）进给量的选择

粗加工时，工件表面质量要求不高，但切削力往往很大，合理选择进给量的大小主要受机床进给机构强度、刀具的强度与刚性、工件的装夹刚度等因素的限制。粗车时根据工件材料、刀杆尺寸、工件直径与选定的切削深度对进给量进行选择，一般 $f = 0.3～0.6$ mm/r。

半精加工和精加工时，合理选择进给量的大小则主要受工件加工精度和表面粗糙度的限制。根据预先估计的切削速度与刀尖圆弧半径对进给量进行选择，常取 $f = 0.08～0.3$ mm/r。此外，还需要考虑所选的进给量能否满足加工精度，甚至卷屑、断屑的要求。

3）切削速度的选择

在 a_p、f 值选定之后，一般根据合理的刀具使用寿命计算或查表来选择切削速度。

在选择切削速度时，应注意考虑以下几点：

（1）粗车时，a_p 和 f 较大，故选择较低的 v_c；反之精车时选择较高的 v_c。

（2）工件材料强度、硬度高时，应选较低的 v_c。

（3）断续加工时，宜适当降低切削速度。

（4）加工大型、细长、薄壁工件时，应选用较低的切削速度；车削端面应比车削外圆的速度要高一些。

（5）精加工时，应尽量避开积屑瘤和鳞刺产生的区域。

（6）在易发生振动情况下，切削速度应避开自激振动的临界速度。

（7）加工大型工件、细长件和薄壁工件或带外皮的工件时，应适当降低切削速度。车削端面应比车削外圆的速度要高一些。

（8）切削合金钢比切削中碳钢的切削速度降低20%～30%；切削调质状态钢比切削正火、退火状态钢的切削速度降低20%～30%；切削有色金属比切削中碳钢的切削速度提高1～3倍。

（9）刀具材料的切削性能越好，切削速度可以选得越高，如硬质合金钢的切削速度可以比高速钢刀具高几倍，涂层刀具的切削速度可以比未涂层刀具高一些，陶瓷、金刚石和CBN刀具可采用更高的切削速度。

实际生产中，切削用量主要根据工艺手册、操作者的实际经验和工艺文件的规定来选择。

4.1.4.3　刀具几何参数的合理选择

1. 前角的选择

（1）根据工件材料的性质选择前角时，加工材料的塑性越大，则前角的数值也应选得越大；加工脆性材料时，应选择较小的前角；工件材料的强度、硬度越高时，前角应选得小些。

（2）根据刀具材料的性质选择前角时，如果刀具材料（如高速钢）强度和韧性较好的，可选择较大的前角；如果刀具材料（如硬质合金）强度和韧性较差的，应选择较小的前角。

（3）根据加工性质选择前角时，粗加工时应选择较小的前角；精加工时应选择较大的前角。

2. 后角、副后角的选择

后角主要根据切削厚度进行选择。粗加工时后角应选择小值；精加工时后角应选择大值。工件材料强度、硬度较高时，为提高刃口强度，后角应选择小值。工艺系统刚性较差，容易产生振动时，应适当减小后角。定尺寸刀具（如圆孔拉刀、铰刀等）应选较小的后角，以增加重磨次数，延长刀具使用寿命。表4.3所示为硬质合金车刀合理后角的参考值。

粗加工时，如果强力切削及承受冲击载荷的刀具，为增加其刀具强度，后角应选得小些；精加工时，增大后角可提高刀具耐用度和加工表面的质量。

当工件材料的硬度与强度较高时，选择较小的后角，以保证刀头强度。

当工件材料的硬度与强度较低，塑性大时，后角应适当加大。

加工脆性材料时，切削力集中在刃口附近，宜选择较小的后角。

表4.3 硬质合金车刀合理后角的参考值

工件材料	合理后角		工件材料	合理后角	
	粗车	精车		粗车	精车
低碳钢	8°~10°	10°~12°	灰铸铁	4°~6°	6°~8°
中碳钢	5°~7°	6°~8°	铜及铜合金（脆）	6°~8°	6°~8°
合金钢	5°~7°	6°~8°	铝及铝合金	8°~10°	10°~12°
淬火钢	8°~10°		钛合金	10°~15°	
不锈钢（奥氏体）	6°~8°	8°~10°			

3. 主、副偏角的选择

根据工件形状或工艺加工要求进行合理选择。

当工艺系统刚性不足时（如车削细长轴），应选择较大主偏角。

当工件材料强度大、硬度高时，为减轻单位切削刃上的负荷，增强刀尖强度，改善散热条件，以提高刀具使用寿命应选择较小的主偏角，$\kappa_r = 10°~30°$。

当高速强力切削时，为防止振动应选择较大的主偏角，一般 $\kappa_r > 15°$，如表4.4所示。

表4.4 主偏角的参考值

工作条件	主偏角 κ_r
系统刚性大、背吃刀量较小、进给量较大、工件材料硬度高	10°~30°
系统刚性大、加工盘类零件	30°~45°
系统刚性较小、背吃刀量较大或有冲击时	60°~75°
系统刚性小、车台阶轴、车槽及切断	90°~95°

副偏角的选择见有关数字资源。

4. 刃倾角的选择

1）刃倾角的功用

（1）影响排屑方向，当 λ_s 为负值时，切屑向已加工表面流出；当 λ_s 为正值时，切屑向待加工表面流出；当刃倾角 $\lambda_s = 0°$ 时，切屑垂直于切削刃流出。

（2）影响切削刃锋利性；影响刀头强度和散热条件；控制背向力与进给力之比；影响工件加工质量。

（3）控制切削刃在切入与切出工件时的平稳性。如图4.1.11所示，断续切削时，当刃倾角为0°，切削刃与工件同时接触，同时切离，会引起振动；若刃倾角不等于0°，则切削刃上各点逐渐切入工件和逐渐切离工件，故切削过程平稳。

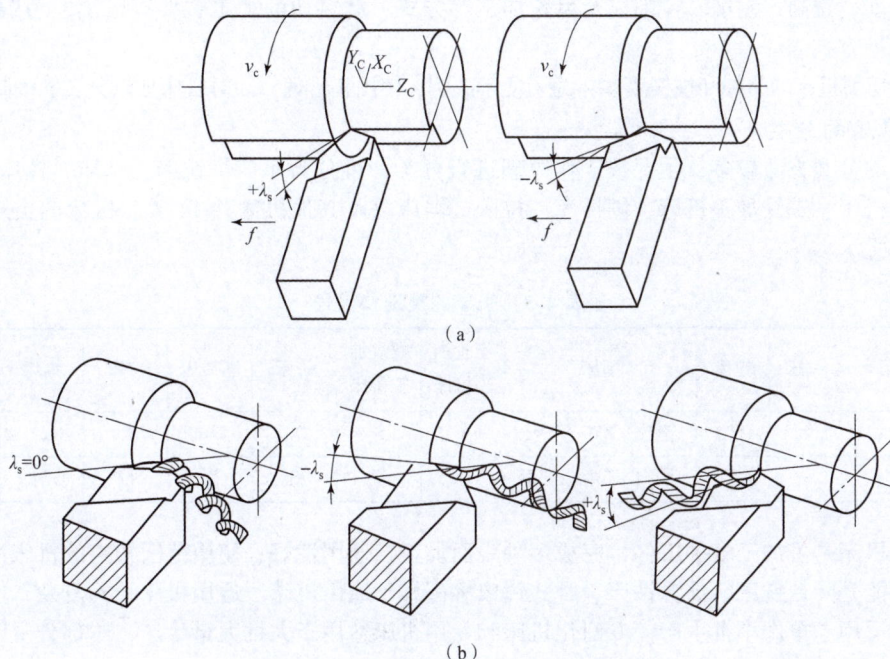

（a）

（b）

图 4.1.11　刃倾角对切屑流向的影响

（4）控制背向力与进给力的比值。刃倾角为正值，背向力减小，进给力增大；刃倾角为负值，背向力增大，进给力减小。

2）刃倾角的选择原则

刃倾角的选择主要根据刀具强度、排屑方向和加工条件而定。

（1）粗加工时，为保证刀具的强度，通常刃倾角选择较小值，$\lambda_s = -5° \sim 0°$。

（2）精加工时，为了提高工件的表面质量，不让切屑流向已加工表面，一般刃倾角应选择较大值，$\lambda_s = 0° \sim 5°$。

（3）冲击载荷时，$\lambda_s = -15° \sim -5°$。

4.2　认识金属切削加工方法与设备

金属零件使用时需要一定的形状、表面精度和表面粗糙度的要求，这些需要不同的机床进行各种切削加工。本部分介绍机床型号的编制方法以及车削加工、铣削加工、钻削和铰削加工、磨削加工、圆柱齿轮加工以及刨削和拉削加工等加工方法。每种加工方法中，都介绍加工特点、所用机床、刀具及该种机床上的典型加工方法。

通过本部分内容的学习，能掌握各种机床的应用范围，能正确选用机床、刀具及加工方法。

本部分内容与生产实际有着较紧密的联系，学习时应注意理论与实际相联系。由于受实训现场条件的限制，有些机床应用和加工过程可以观看有关数字资源。

4.2.1　金属切削机床的基本知识

用各种不同的切削方法从被加工零件的毛坯上逐步去除预留的部分、获得零件需要的各种形状和尺寸的机器，称为切削机床，传统也称"机床"。本书主要讲述机械加工部分的内容，按其所用切削工具类型的不同可分为刀具切削加工和磨料切削加工。刀具切削加工主要有车削、钻削、镗削、铣削、刨削、拉削以及齿轮加工等方式；磨料切削加工主要有磨削、珩磨、研磨、超精加工等方式。

金属切削机床的品种和规格繁多，为了便于区别、使用和管理，须对机床加以分类和编制型号。

1. 机床的分类

机床的分类方法较多，主要按工作原理进行分类，可分为车床、铣床、钻床、镗床、磨床、齿轮加工机床、螺纹加工机床、刨插床、拉床、锯床以及其他机床共 11 类。机床的类别和代号如表 4.5 所示。

表 4.5　机床的类别和代号

类别	车床	钻床	镗床	磨床			齿轮加工机床	螺纹加工机床	铣床	刨插床	拉床	锯床	其他机床
代号	C	Z	T	M	2M	3M	Y	S	X	B	L	G	Q
读音	车	钻	镗	磨	二磨	三磨	牙	丝	铣	刨	拉	割	其

通用机床是可加工多种工件、完成多种表面加工、通用性好、使用范围较广的机床，如卧式车床、万能升降台铣床、摇臂钻床、卧式镗床等都属于通用机床。通用机床结构复杂、生产率较低，主要适用于单件小批生产。专门化机床和专用机床适用于大批大量生产，本部分主要介绍通用机床。

2. 机床型号

通用机床的型号由基本部分和辅助部分组成，中间用"/"隔开。

机床类、组、系的划分及其代号：

机床的类别代号，用大写汉语拼音字母表示。必要时，每类可分为若干分类。分类代号用阿拉伯数字表示，位于类别代号之前，作为型号的首位。机床的类别代号及其读音和机床型号中的主参数代表机床规格的大小，用折算值（主参数乘以折算系数）表示，位于系代号之后。常用机床组、系代号及主参数的表示方法见有关数字资源。

3. 机床代号举例

例 1：CA6140

C—类别代号（车床类机床）；

A—结构特性代号；

6—组代号（落地及卧式车床组）；

1—系代号（卧式车床系）；

40—主参数（最大工件回转直径的 1/10）。

例 2：XK5030

X—类别代号（铣床类机床）；

K—通用特性代号（数控）；

5—组代号（立式升降台铣床组）；

0—系代号（立式铣床系）；

30—主参数（工作台面宽度的1/10）。

例3：MG1432A

M—类别代号（磨床类）；

G—通用特性（高精度）；

1—组代号（外圆磨床组）；

4—系代号（万能外圆磨床系）；

32—主参数（最大磨削直径320 mm）；

A—重大改进顺序号（第一次重大改进）。

4. 机床的基本构造和传动

根据各类机床的类型不同，机床的基本构造和传动形式也不同，由于文字较难介绍清楚，需要借助于动画、视频等多媒体工具（详见有关数字资源）。

4.2.2 车削加工

车床是金属切削机床的一种，用来进行车削加工，它的功能强大、用途广泛。因此，在一般机械制造工厂中，车床在各种金属切削机床中所占的比例最大。（具体见有关数字资源）。

车床的运动：工件的旋转运动是主运动，刀具在机床上的运动是进给运动。

车削加工

1. 车削加工的特点

1）工艺范围广

车削加工的工艺范围很广，图4.2.1所示为车削加工的工艺范围。

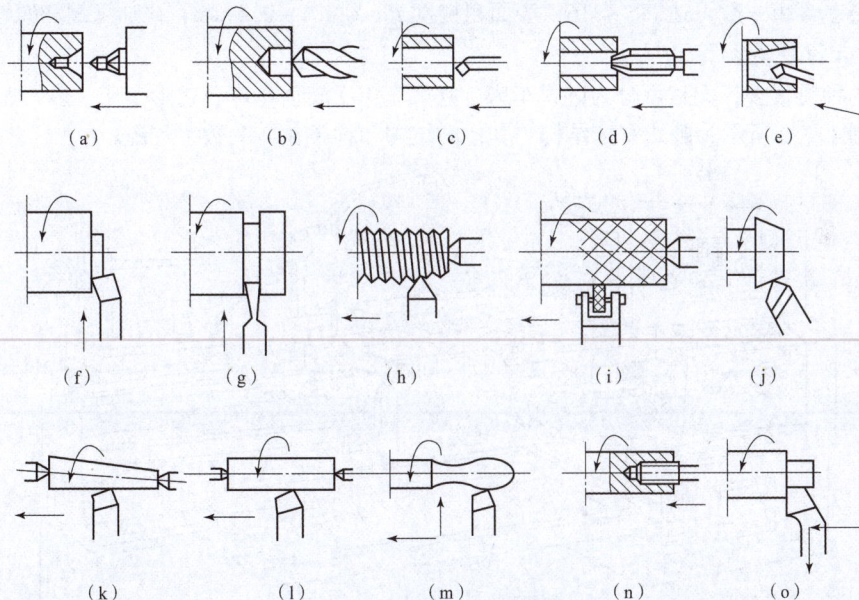

(a)　　　(b)　　　(c)　　　(d)　　　(e)

(f)　　　(g)　　　(h)　　　(i)　　　(j)

(k)　　　(l)　　　(m)　　　(n)　　　(o)

图4.2.1　车削加工的工艺范围

(a) 钻中心孔；(b) 钻孔；(c) 车内孔；(d) 铰孔；(e) 车内锥孔；(f) 车端面；(g) 切断或车外沟槽；(h) 车外螺纹；(i) 滚花；(j) 车短外圆锥；(k) 车长外圆锥；(l) 车外圆；(m) 车特型面；(n) 攻内螺纹；(o) 车阶台

2）生产率高

因为可以采用很高的切削速度，其次可以选取很大的背吃刀量和进给量，因此生产率较高。

3）加工成本低

车刀结构简单；另外生产准备时间短，因此加工成本较低。

4）加工精度范围大

具有低精度、中等精度和相当高的加工精度等加工方法，具体有荒车、粗车、半精车、精车、精细车。

（1）荒车：毛坯为自由锻件或大型铸件时，表面要切削掉较多的材料，利用荒车可去除大部分的余量，荒车的公差等级一般为IT15～IT18，表面粗糙度 $Ra > 80$ μm。

（2）粗车：中小型锻件和铸件可直接进行粗车，粗车后的公差等级为IT11～IT13，表面粗糙度 Ra 为 12.5～30 μm。

（3）半精车：尺寸精度要求不高的工件或精加工工序之前可安排半精车，半精车后的公差等级为IT8～IT10，表面粗糙度 Ra 为 3.2～6.3 μm。

（4）精车：一般作为最终工序或光整加工的预加工工序，精车后工件公差等级可达IT7～IT8，表面粗糙度 Ra 为 0.8～1.6 μm

（5）精细车：精细车的加工精度可达IT6～IT7，表面粗糙度 Ra 为 0.2～0.8 μm，因此常作为终加工。在加工大型精密外圆表面时，精细车可以代替磨削加工。精细车所使用的车床应具备较高的精度和刚度，刀具需有良好的耐磨性能，采用高的切削速度（60 m/min），小的背吃刀量（0.03～0.05 mm）和小的进给量（0.02～0.20 mm/r）。因而切削过程中切削力小，积屑瘤不易生成，弹性变形及残留面积小，能够获得较高的加工质量。

5）有色金属车削

具有高精度回转表面的有色金属零件的主要加工方法采用高速精细车。对于小型非铁金属零件，高速精细车是主要加工方法，由于有色金属，如果采用磨削加工，磨屑容易粘在砂轮表面上，使磨削工作无法正常进行。而在高精度车床上，采用金刚石刀具高速切削可以获得很好的效果，尺寸公差等级一般可达IT5～IT6，表面粗糙度 Ra 为 0.1～0.4 μm，比加工钢和铸铁都低。

2. 车床的种类和结构

车床的种类很多，大致可分为卧式车床、立式车床、转塔车床、仿形车床、多刀车床、自动车床等。图4.2.2所示为卧式车床结构。其他的结构和种类见有关数字资源。

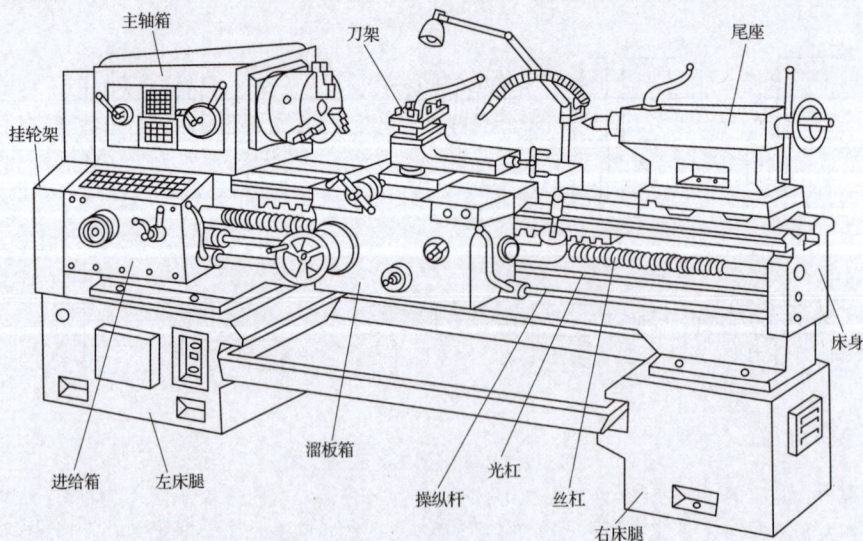

图 4.2.2　卧式车床结构

CA6140车床的主要技术规格与参数如下：

床身最大工件回转直径　　　　　　　400 mm

刀架最大工件回转直径　　　　　　　210 mm

最大工件长度（4 种）	750 mm、1 000 mm 1 500 mm、2 000 mm
中心高	205 mm
主轴孔能通过棒料最大直径	48 mm
主轴孔锥度	莫氏 6 号
主轴转速：	
正转（24 级）	10 ~ 1 400 r/min
反转（12 级）	14 ~ 1 580 r/min
进给量（纵、横各 64 种）：	
纵向	0.08 ~ 1.59 mm/r
横向	0.04 ~ 0.795 mm/r
纵向快移速度	4 m/min
横向快移速度	2 m/min
机床工作精度：	
圆度	0.01 mm
圆柱度	0.01 mm/100 mm
精车平面的平面度	0.02 mm/400 mm
表面粗糙度 Ra	1.25 ~ 2.5 μm

3. 车床附件的种类和有关特点

车床上常备有卡盘（三爪自定心卡盘、四爪单动卡盘）、花盘、顶尖、中心架、跟刀架等附件，如图 4.2.3 ~ 图 4.2.7 所示（具体结构见有关数字资源）。

车床附件的应用如图 4.2.8 所示。其他装夹见后面典型零件加工章节。

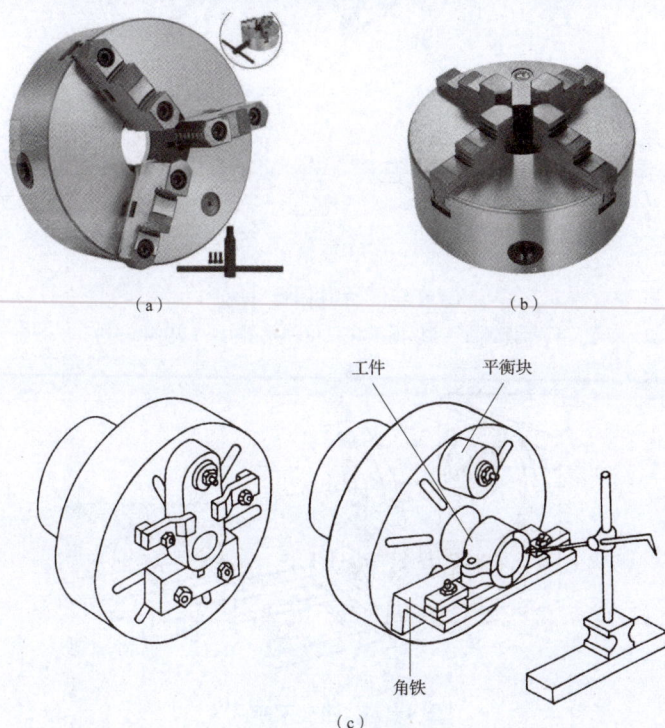

（a）　　　　　　　　　　　　　　（b）

（c）

图 4.2.3　车床附件

（a）三爪自定心卡盘；（b）四爪单动卡盘；（c）花盘

（d）

（e）

（f）

（g）

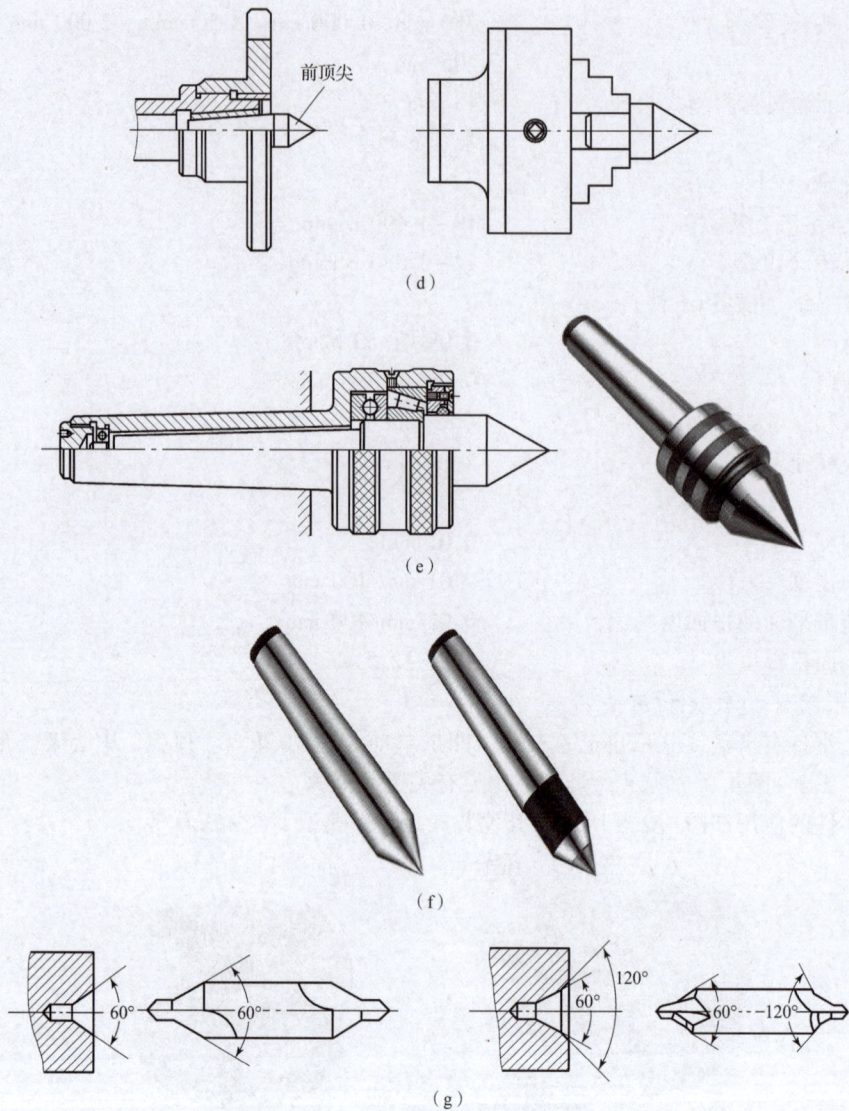

图 4.2.3　车床附件（续）

（d）前顶尖；（e）活顶尖；（f）死顶尖；（g）中心钻

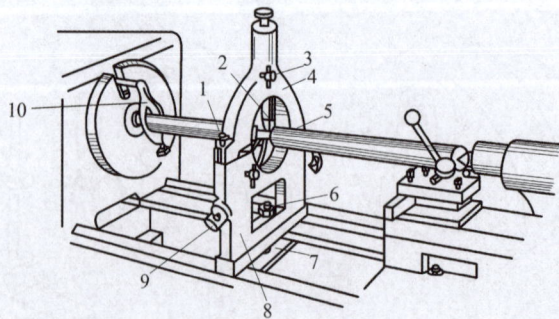

图 4.2.4　中心架应用

1—螺钉；2—顶头；3—缩紧手柄；4—上支架；

5—轴；6—螺栓；7—托板；8—下支架；9—调节手柄；10—鸡心夹头

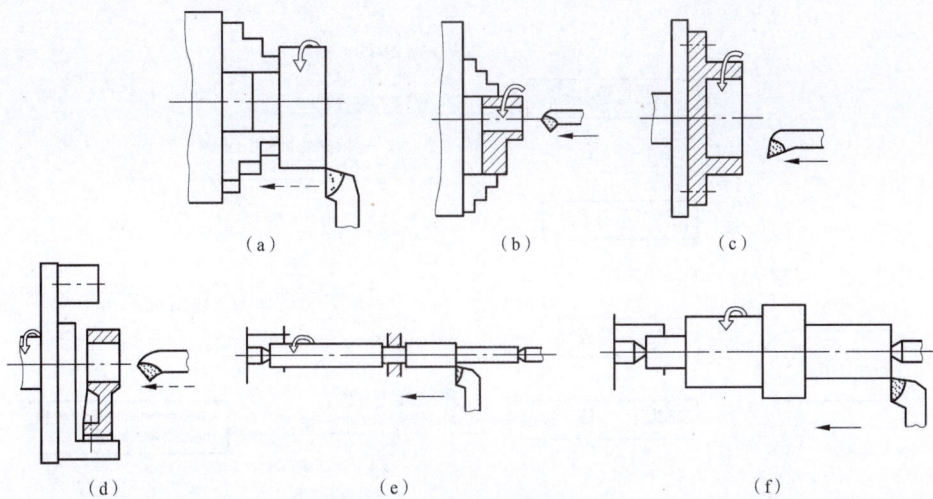

图 4.2.5　车床常见装夹

(a) 三爪自定心卡盘装夹；(b) 四爪单动卡盘装夹；(c) 过渡卡盘装夹；
(d) 角铁式装夹；(e) 中心架装夹；(f) 双顶尖装夹

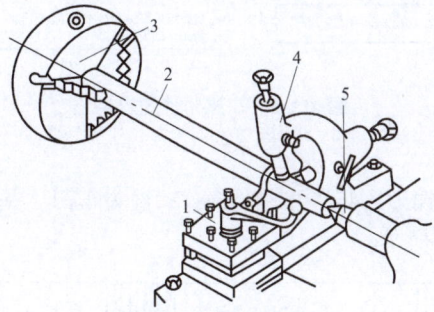

图 4.2.6　跟刀架应用

1—刀架；2—工件；3—三爪自定心卡盘；4—跟刀架；5—后顶尖

图 4.2.7　轴套用芯轴装夹加工外圆

1—芯轴；2，8—工件；3—开口垫圈；4—螺母；5—拉紧螺杆；6—主轴；7—胀力芯轴；9—螺钉

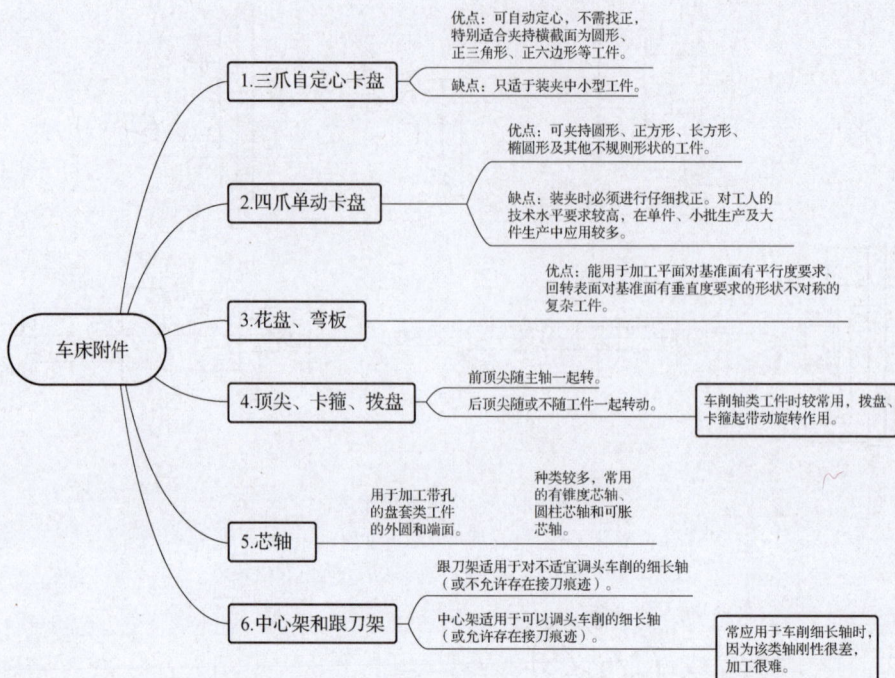

图 4.2.8　车床附件的应用

4. 车刀

车外圆常用的车刀有 90°偏刀、45°弯头车刀、75°直头车刀，是车削外圆的三种基本车削刀具。各种车刀切削如图 4.2.9 所示。

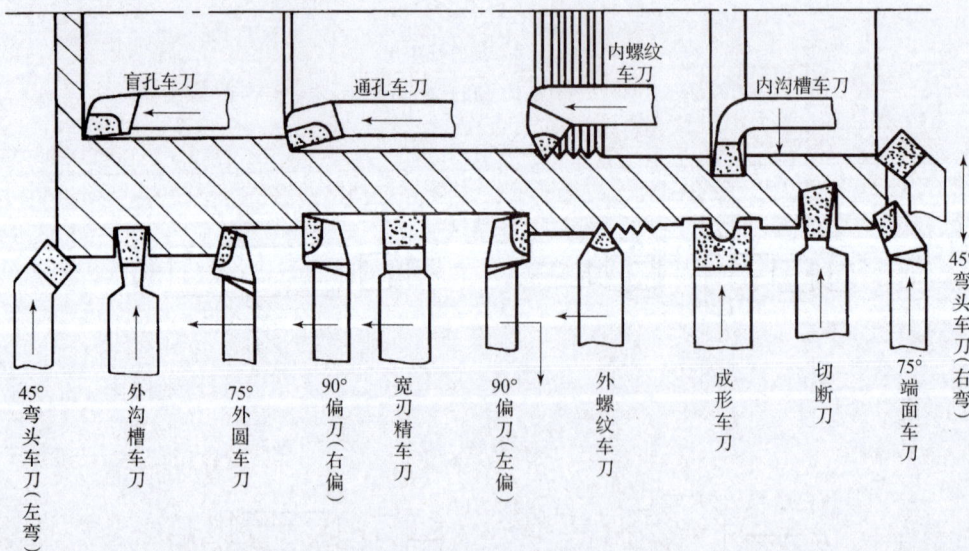

图 4.2.9　各种车刀切削

5. 车削加工方法注意事项

1）外圆车削

（1）注意事项。

外圆车削是车削工作中最基本的一种加工。外圆车削可分为粗车、半精车、精车；粗车时应充分发挥刀具和机床的性能，背吃刀量尽可能取得大些，尽可能在一次工作行程中完成粗加工余量的车削；对于锻、铸件外圆，因表皮较硬或有型砂，为避免刀具磨损，应先在工件上倒角，然后选较大背吃刀量车削；精车时，可采用硬质合金刀具高速精车，或者用高速钢宽刃刀具低速精车。粗车后需经调质或正火的工件，应考虑热处理变形对工件的影响，需留出 1.5～5 mm 余量；需磨削加工的工件，可不必精车，半精车时留出磨削余量即可；车外圆开始前，应先车端面，以便加工时确定长度方向尺寸；车台阶轴时，应先加工较大直径外圆后再加工小直径外圆，以保证工件的刚度。

（2）工件装夹方式的注意事项：

①形状不规则、尺寸较大的单件或小批毛坯工件，应采用四爪单动卡盘装夹；中批以上生产中，应考虑采用专用夹具进行装夹。

②较长轴类或丝杠类工件，车外圆后需铣、磨等加工的，应当采用二顶尖装夹，并用拨盘、鸡心夹头配合装夹。

③较重的长轴类工件，粗车外圆时应采用一端用卡盘夹紧，另一端用顶尖支承的装夹方式。

④长度较短的套类零件，且内孔与外圆有同轴度要求的工件，可采用芯轴进行装夹。

⑤长径比较大、切削量较大的阶梯细长轴，或需调头加工的长轴，可采用中心架装夹。

⑥精车且不允许调头加工的细长光轴，可采用跟刀架装夹。

2）圆锥面车削

圆锥面的车削加工是一项较难的工作，除了对尺寸精度、形位精度和表面粗糙度有要求外，还有角度或锥度精度要求。对于要求较高的圆锥面，要用圆锥量规进行涂色法检验，以接触面大小和尺寸评定其精度。

在车床上加工圆锥面常用小滑板转位法、尾座偏移法、靠模法三种方法，每种方法的特点详见有关数字资源。

3）螺纹加工

在车床上车削螺纹是常用的加工方法。虽然螺纹的种类很多，但是加工的原理都是相同的，根据螺纹的种类，把刀磨成相一致的形状，如三角形刀、矩形刀、梯形刀，详见有关数字资源。

4.2.3 铣削加工

铣削加工由于能加工多种表面，工程中也是较常用的加工方法。铣削加工是利用旋转多刃刀具，在铣床上对工件进行切削加工的方法。铣削加工时，铣刀的旋转运动是主运动，铣刀或工件沿坐标方向的直线运动或回转运动是进给运动。

铣削加工概述

1. 铣削加工的特点

（1）铣削加工由于铣刀是多齿刀具切削，所以铣削生产率较高。

（2）铣削加工属于断续切削，因此要求机床和夹具具有较高的刚性和抗振性。

（3）同一种被加工表面可以选用不同的铣削方式和刀具。

（4）铣削主要用于粗加工和半精加工。

2. 各种铣床和附件

铣床的种类和形式很多，其中升降台铣床（图 4.2.10）、无升降台铣床和龙门铣床为基本类型，为适应不同加工对象和不同生产类型还派生出许多变型铣床，如摇臂及滑枕铣床、工具铣床、仿形铣床等。除此之外还有各种专用铣床，如钻头铣床、凸轮铣床等。附件有万能分度头、立铣头、万能铣头，具体见有关数字资源。

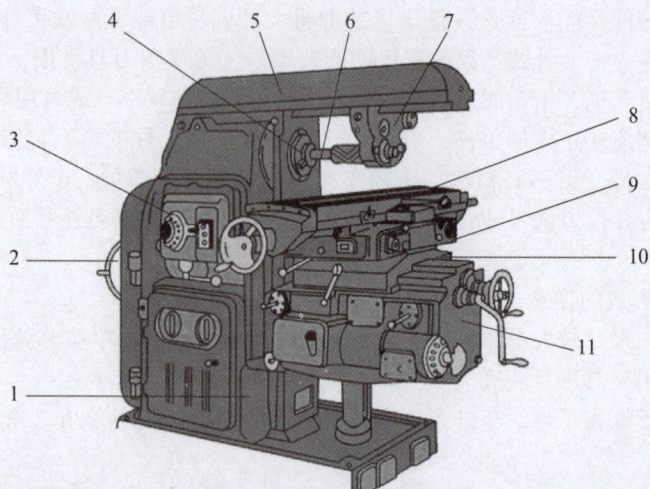

图 4.2.10　卧式万能升降台铣床

1—床身；2—主传动电机；3—主轴变速箱；4—主轴；5—横梁；
6—刀杆；7—吊架；8—纵向工作台；9—转台；10—横向工作台；11—升降台

3. 铣削工艺范围

铣削加工范围很广，如图 4.2.11 所示。用不同类型的铣刀，可进行平面、台阶面、沟槽和成形表面等加工。此外，在铣床上还可以安装孔加工刀具，如钻头、铰刀、镗刀来加工工件上的孔。铣削精度等级为 IT8～IT11，表面粗糙度 Ra 为 1.6～6.3 μm。铣削主要用于加工各种平面及直槽、台阶、T 形槽、键槽、分齿零件和曲面等。铣削不仅适用于单件小批生产，还适用于大批生产。

| (a) | (b) | (c) | (d) | (e) |

| (f) | (g) | (h) | (i) | (j) |

图 4.2.11　铣削加工范围

（a）、（b）铣平面；（c）铣键槽；（d）铣 T 形槽；（e）铣沟槽；（f）铣齿形；（g）铣螺旋槽；
（h）铣狭缝；（i）铣曲面；（j）铣立体曲面

1）铣平面

铣平面可以在卧式铣床上进行，也可在立式铣床上进行，既可用面铣刀，也可用圆柱铣刀，甚至用立铣刀等。图 4.2.12 所示为用圆柱铣刀和面铣刀铣平面。

2）铣斜面

铣斜面实质上也是铣平面，只是需要把工件或铣刀倾斜一定角度。有以下三种：

（1）用面铣刀铣斜面。

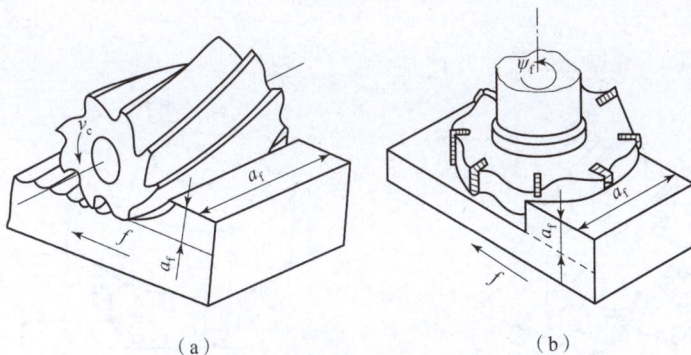

图 4.2.12 用圆柱铣刀和面铣刀铣平面
(a) 圆柱铣刀铣平面；(b) 面铣刀铣平面

(2) 用立铣刀的圆柱面刀刃铣斜面。

(3) 用角度铣刀铣斜面。

3) 铣台阶与沟槽

零件如果带有台阶和直角沟槽，那么铣削是非常合适的一种加工方法。

4) 铣键槽

铣键槽的专用刀具仅有两个刃；其圆周切削刃和端面切削刃都可作为主切削刃；使用时先轴向进给切入工件，后沿键槽方向铣出键槽；重磨时仅磨端面切削刃。

4. 铣刀

按照用途铣刀有以下分类：

1) 加工平面用的铣刀

(1) 圆柱铣刀，如图 4.2.12 (a) 所示。

(2) 面铣刀，如图 4.2.12 (b) 所示。

2) 加工沟槽、切断等的铣刀

(1) 三面刃铣刀（盘形铣刀）。

三面刃铣刀除圆周有主切削刃外，两侧面也有副切削刃，从而改善了切削条件，可用于加工凹槽和台阶面，如图 4.2.13 所示。

(2) 锯片铣刀。

(3) 立铣刀，适于铣削轮廓面、端面、斜面、沟槽和台阶面等。

(4) 键槽铣刀，如图 4.2.14 所示。

图 4.2.13 三面刃铣刀

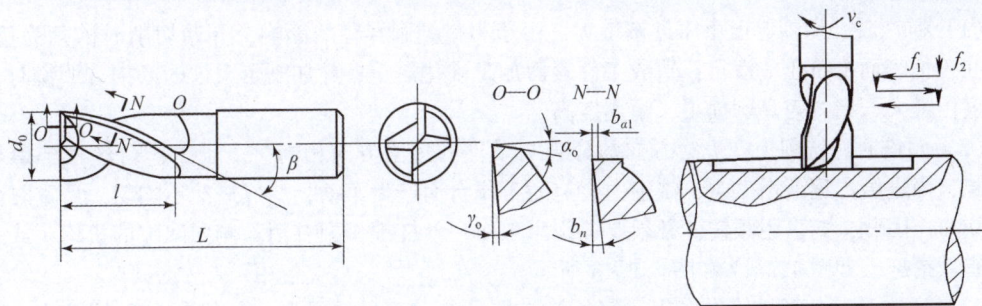

图 4.2.14 键槽铣刀以及铣键槽

(5) 特种铣刀。

特种铣刀如何铣削，具体见有关数字资源。

5. 铣削用量

铣削用量包括以下几点，如图 4.2.15 所示。

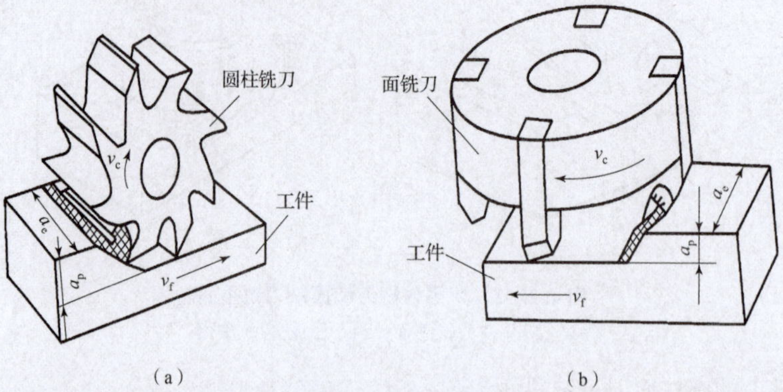

图 4.2.15　铣削用量
(a) 圆柱铣刀；(b) 面铣刀

（1）铣削速度：指铣刀旋转的圆周线速度，单位 m/min。

$$v_c = \frac{\pi \cdot d_0 \cdot n}{1\,000}$$

式中，d_0 为铣刀直径，mm；n 为主轴（铣刀）转速，r/min。

（2）进给量：每齿进给量 a_f；每转进给量 f；每分钟进给量 v_f，它们之间的关系如下：

$$v_f = f \cdot n = a_f \cdot Z \cdot n\,(\mathrm{mm/min})$$

（3）铣削深度 a_p。

（4）铣削宽度 a_e。

6. 铣削方式分类

1）端铣和周铣

端铣：用铣刀的端面刀齿加工垂直于铣刀轴线的表面。

周铣：用铣刀的圆周刀齿进行切削，周铣又分逆铣和顺铣。

2）逆铣与顺铣及其特点比较

逆铣——铣刀切入工件时的切削速度方向与工件的进给运动方向相反的铣削方式。

顺铣——铣刀切出工件时的切削速度方向与工件的进给运动方向相同的铣削方式。

逆铣和顺铣如图 4.2.16 所示。

特点比较：

（1）逆铣时，切削厚度由零逐渐增大，由于刃口钝圆半径的影响，开始切削时前角为负值，刀齿在工件表面上挤压、滑行，造成工件表面加工硬化严重，并加剧了刀齿的磨损。顺铣时，切削厚度由最大开始，刀具磨损小，耐用度高。

（2）顺铣时，铣削力在进给方向的分力与工件的进给方向相同，由于工作台丝杠与螺母存在间隙，当进给力逐渐增大时，铣削力会拉动工作台而产生窜动，造成进给不均匀，严重时会使铣刀崩刃。因此，如采用顺铣，必须要求铣床工作台丝杠螺母副有消除侧向间隙的机构，或采取其他有效措施，如图 4.2.17 和图 4.2.18 所示。

（3）逆铣时，由于进给力作用，使丝杠与螺母传动面始终贴紧，故铣削过程较平稳。垂直切向力朝上，与工件的夹紧力和工件重力相反，有把工件从工作台上抬起的趋势，加剧了振动，影响工件的夹紧和表面粗糙度。

（a）   （b）

图 4.2.16　逆铣和顺铣

（a）逆铣；（b）顺选

（a）   （b）

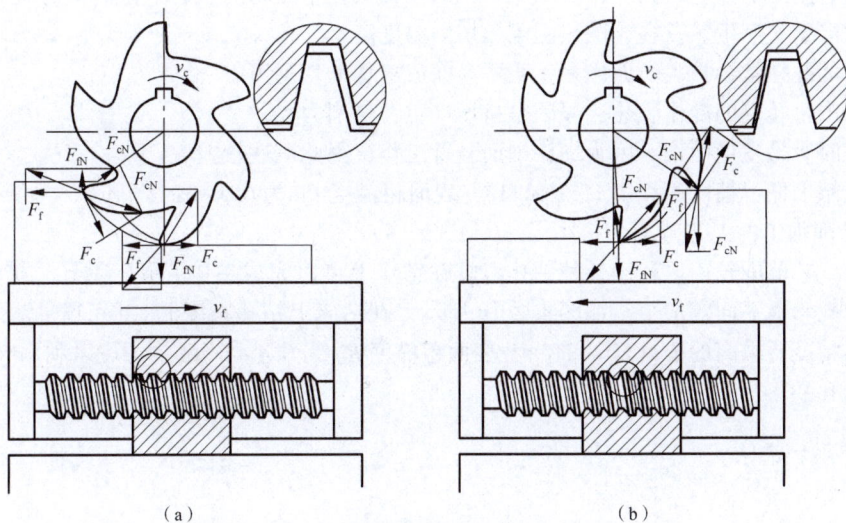

图 4.2.17　逆铣和顺铣时的受力

（a）逆铣；（b）顺铣

（a）   （b）

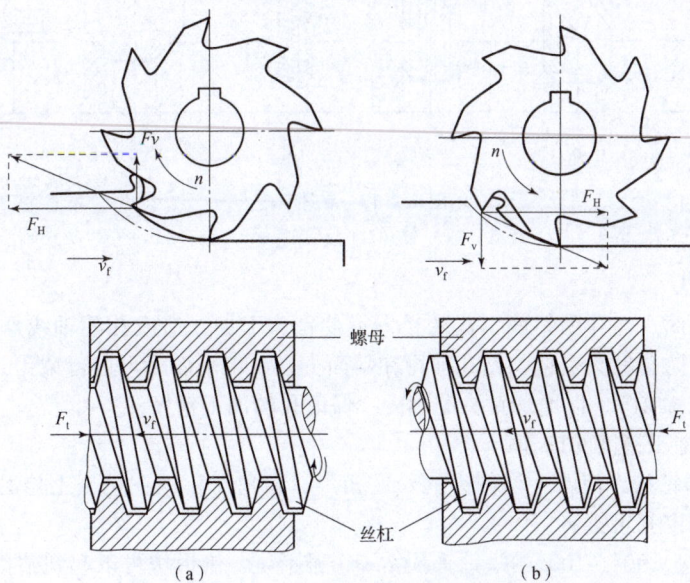

图 4.2.18　逆铣和顺铣时的丝杠接触面受压情况

（a）逆铣；（b）顺铣

4.2.4 钻削与镗削加工

工件上常有一些用于连接或与轴类零件配合的孔，这些孔的加工经常采用钻削与镗削等方法。

1. 钻削加工

钻削加工——用钻头在工件上加工孔的一种加工方法。在钻床上加工工件时，一般是工件固定不动，钻头做旋转运动（主运动）并且沿轴向移动（进给运动）。

1）钻削的特点与应用

（1）钻削加工的工艺特点。

①钻削时金属切除量较大，排屑困难，原因是钻头在半封闭的状态下进行切削加工。

②摩擦严重，产生热量多，散热困难，切削温度高。

③加工的孔径常会扩大，原因是钻头不易磨成对称的切削刃。

④容易产生孔壁的冷作硬化，原因是挤压严重，切削力大。

⑤加工时容易发生引偏，因为钻头细而悬臂工作，因此刚性较差。

⑥钻孔精度低，精度等级为IT12～IT13，表面粗糙度 Ra 为 6.3～12.5 μm。

（2）钻削加工的工艺范围。

该加工工艺范围较广，利用各种钻孔刀具在钻床上可以完成钻中心孔、钻孔、扩孔、铰孔、攻螺纹、锪孔和锪平面等加工，如图 4.2.19 所示。在钻床上钻孔精度低，也可通过钻孔→扩孔→铰孔加工出精度要求高的孔（IT6～IT8），表面粗糙度 Ra 为 0.4～6 μm，还可以利用夹具加工有位置要求的孔系。

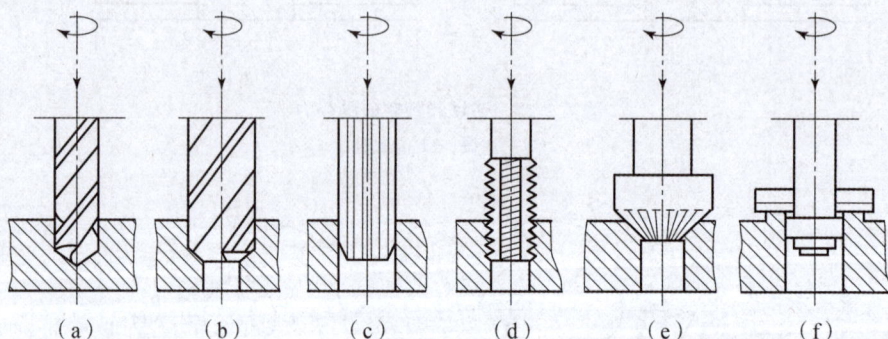

图 4.2.19 钻削工艺

(a) 钻孔；(b) 扩孔；(c) 铰孔；(d) 攻螺纹；(e) 锪孔；(f) 锪平面

2）麻花钻钻头

在斜面上钻孔时，往往因斜面引起的径向力使钻头引偏，造成孔的轴线歪斜（图 4.2.20），甚至折断钻头。为防止钻头引偏，钻孔前可在斜面上先铣出平面后再进行钻孔，或采用特殊钻套来引导钻头（图 4.2.21），以增加钻头的刚度，保证孔的加工精度。

3）提高孔的加工精度的措施

（1）仔细刃磨钻头，使两个切削刃的长度相等、顶角对称；在钻头上修磨出分屑槽，将宽的切屑分成窄条，以利于排屑。

（2）用顶角 $2\phi = 90° \sim 100°$ 的短钻头预钻一个锥形坑，锥形坑可以起到钻孔时的定心作用。

（3）用钻套为钻头导向，可减少钻孔开始时的引偏，特别是在斜面或曲面上钻孔时更有必要。

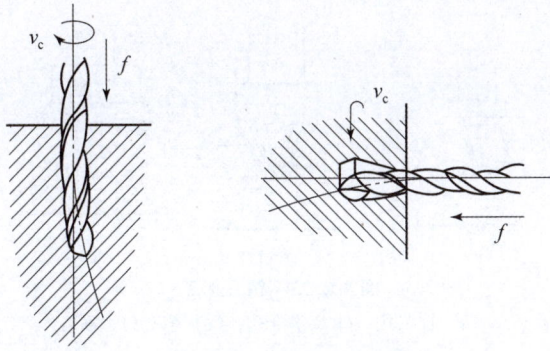

图 4.2.20 钻头偏斜现象

（a）　　　　　　　　　（b）

图 4.2.21 提高钻孔精度的措施

（a）钻锥形坑；（b）用钻套

4）扩孔与锪孔

当钻削 d_w > 30 mm 直径的孔时，为了减小钻削力及扭矩、提高孔的质量，一般先用（0.5 ~ 0.7）d_w 大小的钻头钻出底孔，再用扩孔钻进行扩孔，则可较好地保证孔的精度和控制表面粗糙度，且生产率比直接用大钻头一次钻出时还要高，如图 4.2.22 所示。

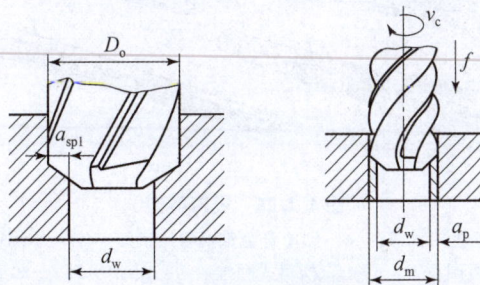

图 4.2.22 扩孔加工

扩孔工艺特点：

（1）扩孔是孔的半精加工方法。

（2）一般加工精度为 IT9 ~ IT10。

（3）孔的表面粗糙度可控制在 Ra 为 3.2 ~ 6.3 μm。

锪孔是在原有孔的基础上进行加工，使之产生一个平面圆槽，多数是供螺母或垫片装配用，如图 4.2.23 所示。

图 4.2.23　锪孔加工

（a）锪沉孔；（b）锪锥孔；（c）锪孔口平面

5）铰孔

铰孔是用铰刀对已有孔进行精加工的过程，如图 4.2.24 所示。用于中、小尺寸孔的半精加工和精加工，精度等级为 IT6 ~ IT8 级；表面粗糙度 Ra 为 0.4 ~ 1.6 μm。

钻孔→扩孔→铰孔工艺。

钻头、扩孔钻、铰刀都是标准刀具。图 4.2.25 所示铰刀类型。

中等尺寸以下较精密的孔，单件小批乃至大批大量生产，采用钻孔→扩孔→铰孔这种典型加工方案进行加工非常方便。

钻孔、扩孔、铰孔只能保证孔本身的精度，而不易保证孔与孔之间的尺寸精度及位置精度。为此，可以利用钻模进行加工，或者采用镗孔。

图 4.2.24　铰孔加工

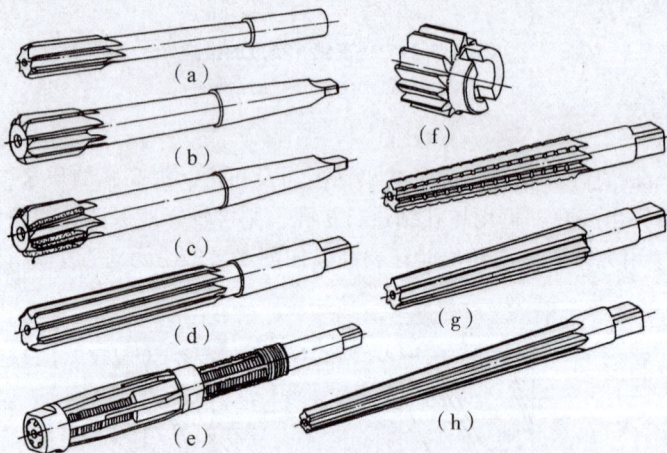

图 4.2.25　铰刀类型

（a）直柄机用铰刀；（b）锥柄机用铰刀；（c）硬质合金锥柄机用铰刀；（d）手用铰刀；（e）可调节手用铰刀；
（f）套式机用铰刀；（g）直柄莫式圆锥铰刀；（h）手用 1∶50 锥度铰刀

2. 镗削加工

镗削加工是利用镗刀对已有孔进行加工的一种方法。镗刀旋转做主运动，工件或镗刀做进给运动的切削加工方法称为镗削加工。镗床镗孔如图 4.2.26 所示，车床镗孔如图 4.2.27 所示。

1）镗削的特点

（1）灵活性大，适应性强。因在镗床上可加工孔、孔系、外圆、端面等；其次同一把镗刀可以加工不同直径的孔，适用于不同的生产类型和精度要求。

（2）镗孔可修正上一工序所产生的孔的轴线位置误差，从而保证孔的位置精度。

机械制造技术基础

（含任务工单）

主　　编　徐彩玲

副 主 编　王国栋　林琮凯　刘国全
　　　　　朱成兵

参编人员　戴映红　陈德益　练雅琦
　　　　　周　吉　陈志鑫（企业）

主　　审　应富强　蒋开伟

北京理工大学出版社
BEIJING INSTITUTE OF TECHNOLOGY PRESS

目　录

一　导　言 ………………………………………………………………………… 1

二　学习模块活页 ……………………………………………………………… 6

　模块一　机械产品制造过程及工艺的认知 ………………………………… 6

　模块二　零件的功用、结构特点、材料及技术要求等分析…………………… 9

　模块三　零件生产类型的确定、毛坯的选择 …………………………………… 17

　模块四　零件加工工艺过程的设计 …………………………………………… 22

　模块五　工序的设计 …………………………………………………………… 30

　模块六　专用夹具的设计 ……………………………………………………… 39

　模块七　机械加工及装配质量的分析 ………………………………………… 43

　模块八　课程设计 ……………………………………………………………… 46

一 导 言

1. 课程性质

本课程是机电一体化专业的专业基础课,授课对象为该专业的大二学生,本课程由两个阶段组成,前阶段是课程基本理论的认知学习,后阶段是综合项目的训练,即课程设计。本课程是机电类专业以制造一定质量的产品为目标,研究如何以最少的消耗、最低的成本和最高的效率进行机械产品制造的综合性技术,通过本课程的学习让学生掌握本区域企业中的一些机械零件加工及装配工艺编制、机械零件精度与表面质量分析、工装的选用与设计、夹具设计等技能型人才所需的基础知识及相关技能,培养学生运用专业技术知识的实际工作能力,提高学生的职业素质和创新意识,达到机械制造企业现场工艺技术人员的职业工作能力。本课程以《机械制图》《公差与技术测量》《机械设计基础》等课程的学习为基础,也是后续的跟岗实习和部分毕业设计(课题为零件机械加工工艺设计)、《机床的安装与调试》《机电设备管理》《机械加工刀具》等课程的先修课程。课程设计主要是对前期的简单项目从难度和深度上的提升,是一次综合的复杂零件的加工工艺和夹具设计。

本课程紧密结合本区域企业,以来自本地企业的项目内容为载体进行施行,从而提高项目的真实性以便能更好地激发学生的积极性;项目以企业岗位典型的工作任务而设置,按照工作流程的顺序为主线,把系统性的知识点串联起来,使学生在"真实"的职业情境中、完成任务的过程中掌握综合职业能力。其次课程利用数字资源,提高课堂的学习效率,由于课程内容一方面涉及先前学过的学科,较多学生对先前的一些学科的内容容易忘记,为了提高有限的课堂效率,采用平台上的微课等资源进行回顾;本课程一些介绍性的基本知识,可以采用平台微课,让学生自学,从而提高课堂的学习效率。项目中每一个情景需要分解成较多的具体任务,如何有针对性地罗列任务点所需的知识点是教材最难的一块,内容少的、容易理解的知识点直接放在教材上,内容多的、难理解的知识点,将采用传统教材或数字资源等呈现。由于课程存在知识点较多,内容较凌乱,仅凭一个项目很难覆盖较多的知识点,况且课时有限,项目往往较少,因此如何提高最后拓展的效果,使学科的知识体系的掌握能得到更好的落实,让学生在就业后碰到其他的项目能触类旁通地得到应用,是一个较难的课题。本教材借助数字资源,采用在线考核的方法,倒逼学生去继续学习学科体系里已经完成的项目之外的其他基础知识。

2. 典型工作任务描述

台州百达精工有限公司、浙江真空设备集团有限公司、台州某缝制设备有限公司、台州某泵阀设备制造有限公司、吉利汽车有限公司,以上其中的某一公司委托我单位加工其中的××××零件,零件应用的产品有关信息如图 1.1~图 1.8 所示,零件设计图纸已提供,材料等按照图纸要求,产量为××××件/年。现要求设计该零件的加工工艺和某一加工工序的专用夹具。

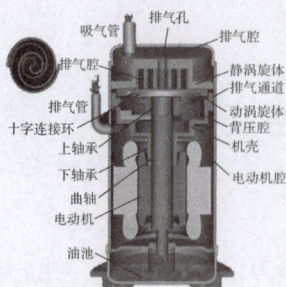

图1.1　涡旋压缩机

图1.2　涡旋压缩机零件

涡旋压缩机的结构

图1.3　SK水环真空泵

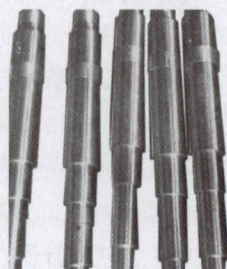

图1.4　泵轴

图1.5　缝纫机机头

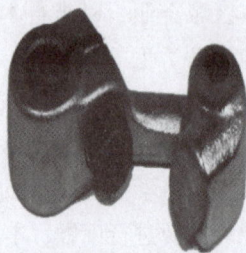

图1.6　计算机平车剪线曲柄

图1.7　齿轮泵结构图

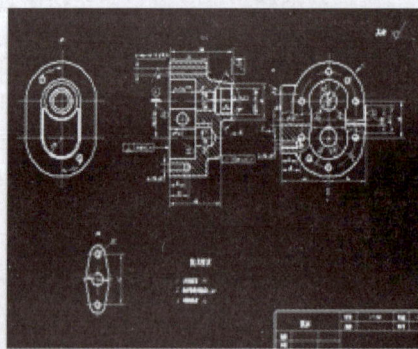

图1.8　齿轮泵零件图

齿轮泵的结构

3. 课程学习总目标

1）知识目标

回顾前导课程（包括《机械制图》《公差与技术测量》《机械设计基础》），以及学习本课程，掌握这些课程中的有关基本知识及应用，具体如下：

掌握识图基本知识。

掌握零件图纸中公差的内容。

掌握机械设计中的有关零件的结构特性、应用等基本知识。

掌握零件机械加工工艺设计的有关基本知识。

掌握夹具设计的有关基本知识。

掌握零件生产加工和装配的质量问题的分析。

2）能力目标

能运用前导学习的课程识图以及分析零件有关结构工艺特点。

能经济且合理地设计一个零件的加工工艺。

能根据被加工零件的工艺要求，设计出既经济又保质的某道工序的专用夹具。

能熟练运用有关手册、图表等技术资料，以及能编写技术文件。

按照要求进行零件机械加工工艺和夹具设计，编制零件机械加工工艺过程卡和工序卡文件，绘制夹具装配图，编写说明书。

3）素质目标

通过本次学习，培养学生各方面的综合职业素质，包括团队合作、勤奋学习、交流沟通能力，质量意识，脚踏实地、独立完成、敬业精神和爱国情怀，自主探究、独立解决问题的能力，动手实践能力、耐心坚持、精益求精等工匠精神；培养学生善于查资料，主动学习等可持续发展的能力。

4. 学习组织形式与方法

学生划分小组，每个组就是一个工作小组，在小组划分时应考虑学生个体差异进行组合。教师根据实际工作任务设计教学情境，教师的角色是策划、分析、辅导、评估和激励。学生的角色是主体性学习，应主动思考、自己决定、实际动手操作。组长要引导小组成员制订详细计划，并进行合理有效的分工。

本课程倡导行动导向的教学，通过问题的引导，促进学生进行主动的思考和学习。请根据学习情境所需的工作要求，组建学生学习小组。学生在合作中共同完成工作任务。分组时请注意兼顾学生的学习能力、性格和态度等个体差异，以自愿为原则。

1）主动学习

在学习过程中，将获得与以往完全不同的学习体验，会发现与传统的课堂讲授为主的教学有着本质的区别——现在你是学习的主体，本课程将希望大家主要以自主学习为主。这样通过自己的亲身实践才能牢固知识体系，教师在学生学习过程中只起到指导作用，这样的模式为以后的工作打下良好的基础。

2）用好工作活页

首先，要深刻理解学习情境的每个学习目标，利用这些目标指导自己的学习，学习重要的工作过程知识，并且评价自己的学习效果；其次，要明确学习内容的结构，在引导问题帮助下，尽量独自地去学习并完成包括填写工作活页内容等整个学习任务；再次，应当积极参与小组讨论，去尝试解决复杂和综合性的问题，进行工作质量的自检和小组互检，在多种技术实践活动中形成自己的技术思维方式；最后，在完成一个工作任务后，反思是否有良好的方法或更少的时间来完成工作目标。

3）团队协作

课程的每个学习情境都是一个完整的工作过程，大部分的工作需要团队协作才能完成，教师会帮助大家划分学习小组，但要求各小组成员在组长的带领下，制订可行的学习与工作计划，并能合理安排学习与工作时间，分工协作、互相帮助、互相学习，广泛开展交流，大胆发表你的观点和见解，按时、保质、保量地完成任务。你是小组中的一员，你的参与和努力是团队完成任务的重要保证。

4）把握好学习过程和学习资源

学习过程是由学习准备、计划与实施和评价反馈所组成的完整过程。要养成理论与实践紧密结合的习惯，教师引导、同学交流、学习中的观察与独立思考。

同时，可以通过参阅每个学习任务结束后所列的相关知识点，以及学习平台有关微课视频、PPT、电子教材，查阅《机械制造工艺设计简明手册》《切削用量简明手册》等资料，进行预习和工作过程的完成。

教师的组织形式可以根据个人的具体情况进行设计。

5. 学习情景设计（表1.1）

表1.1　学习情景设计

序号	学习模块	学习任务简介	学时
1	机械产品制造过程及工艺的认知	认识企业机械产品生产制造过程及工艺	4
2	零件的功用、结构特点、材料及技术要求的分析	根据分配到的本地企业生产的具体零件（以下同指该零件），分析零件的功用、结构特点、材料力学性能、材料的性能特点	10
3	零件生产类型的确定、毛坯的选择	任务1：根据零件的生产条件确定生产类型。 任务2：确定零件毛坯的类型、制造方法及毛坯的热处理	6
4	零件加工工艺过程的设计	任务1：确定零件各表面加工方案、应用什么机床；该过程实施中认知刀具；认知切削过程。 任务2：分析零件的结构工艺性。 任务3：确定零件定位方法。 任务4：选择零件粗基准和精基准。 任务5：拟订零件的工艺路线	26
5	工序的设计	任务：确定零件的加工余量、工序尺寸及公差，选择加工工艺参数、工艺装备	6
6	专用夹具的设计	任务：设计机床专用夹具的装夹方案	6
7	机械加工及装配质量的分析	任务1：分析零件机械加工精度。 任务2：分析零件机械加工表面质量。 任务3：认知装配工艺编制	6
	总课时		68

6. 学业评价总表

表1.2所示为评价考核评分表。

表1.2 评价考核评分表

考核项目	评价内容	分值	评价分数		
		总分	自评	互评	师评
职业素养	协作精神、沟通、交流能力	6			
	纪律观念	6			
	责任意识	6			
	工作态度	10			
	探索、创新等意识	6			
	规范、严谨、精益等工匠精神	6			
专业技术能力	收集信息（计划准备等）	12			
	计划实施（工作效率等）	18			
	专业基础知识掌握情况	12			
	成果质量等	18			
总分					
总评	自评（20%）＋互评（20%）＋师评（60%）＝	综合等级	教师（签名）		

二　学习模块活页

模块一　机械产品制造过程及工艺的认知

学习情境描述

　　企业把原材料加工成零件，再把零件组装成产品，到最后出厂，需要一系列的程序，而在此实施的过程中要遵循一定的规则。本部分主要引导学生认知机械产品尤其是零件的整个制造过程及工艺的有关基本知识。

学习目标

知识目标：

(1) 认识机械设备制造过程和工艺过程的有关知识。

(2) 掌握工艺规程的含义。

(3) 认识机械加工工艺过程的组成部分。

能力目标：

(1) 能善于查阅有关资料。

(2) 能按照任务要求完成目标。

素质目标：

(1) 培养学生探究、自学的能力。

(2) 通过德育教育，培养学生爱国情怀。

> **材料学习：** 播放国内外机械产品加工视频，对比技术的差异，以及介绍本地产业群有关案例，激发学生对课程的兴趣以及爱国情怀。

学习任务

　　任务： 认知机械产品生产过程和工艺的基本知识。

　　通过观看数字资源和钉钉等有关资料，认知机械产品制造过程和工艺的基本知识。

　　任务分组

　　表2.1所示为学生任务分配。

表 2.1　学生任务分配

班级		组号		指导教师	
组长		学号			
组员	姓名	学号		姓名	学号

工作（学习）准备

阅读任务要点、识读分配到的零件图纸，根据数字资源和钉钉以及其他媒体查阅该零件的应用和相关机器的生产过程，完成引导问题的内容。

获取资讯

❷ 引导问题

（1）试述生产过程的概念。

_____

_____

（2）机械产品的生产过程分几个阶段？包括哪些主要组成部分？

_____

_____

（3）什么是机械加工工艺规程？

_____

_____

（4）工艺文件的应用有哪些？

_____

_____

（5）工艺在其他行业产品制造中的含义是什么？工艺规程有哪些？

_____

_____

_____

任务（工作）实施：

（1）请收集实训工厂零件加工现场的一些信息。

（2）请查阅有关信息资料，试述任务分配的零件所应用的机械产品的整个制造过程。

_____

_____

_____

评价与考核

表2.2所示为评分考核。

表 2.2　评分考核

考核项目	评价内容	分值	评价分数		
		总分	自评	互评	师评
职业素养	工作态度	6			
	纪律观念	6			
	责任意识	6			
	协作精神，沟通、交流能力	10			
	探究、自学的能力	6			
	规范、严谨、精益求精等工匠精神	6			
专业技能	收集信息（计划准备等）	12			
	计划实施（工作效率等）	18			
	专业基础知识掌握情况	12			
	成果质量等	18			
总分					
总评	自评（20%）+ 互评（20%）+ 师评（60%）=	综合等级	教师（签名）		

相关知识点 NEW!

见教材模块一

数字资源链接：http://tzvtc.fanya.chaoxing.com/portal

模块二　零件的功用、结构特点、材料及技术要求等分析

学习情境描述

生产单位根据客户要求，接收零件加工图样后，需要对图纸进行分析和审查，包括零件的材料、功用和结构特点等内容，并确定图纸是否正确。因此学生需要通过对分配到的零件的图纸与产品装配信息进行详细阅读与查阅，认真地分析与研究该零件的功用、结构特点、材料及包括各种加工精度的技术要求等。通过本过程的实施，掌握材料有关基本知识，进一步锻炼零件图纸的识读能力及零件结构特点分析等能力，以上是本部分需完成的任务，详见任务书。

学习目标

知识目标：

(1) 回顾前导《机械制图》《公差配合与测量技术》《机械设计基础》等课程，掌握有关基本知识的实际应用。

(2) 掌握材料基本知识中有关力学性能和应用等特点。

能力目标：

(1) 能对图纸做正确识读、深度理解图纸上的有关标注和技术要求的能力。

(2) 能善于查阅有关资料。

素质目标：

(1) 培养学生耐心细致、认真踏实的工作作风。

(2) 通过德育教育，培养学生不怕辛苦、努力追求的精神。

> **材料学习：**举例材料、热处理等专家在专业领域的高超造诣，引导学生学习专家在专业方面的不怕辛苦、努力追求的精神。

学习任务

任务 1：分析需实施任务的零件的功用。

通过阅读任务分配到的零件所装配的整机（包括装配二维图、三维动画）等结构信息和查询有关资料，分析该机器的功用、工作条件；分析该零件（以下简称零件）的功用及在其中的位置、和哪些零件接触、装配关系如何等。

任务 2：阅读零件图，实施各项任务。

(1) 分析零件的结构形状，检查零件图（学生根据分配到的任务自己贴上）的完整性和正确性。

(2) 分析零件的材料及其力学性能，以便后续合理选择毛坯种类和制造方法，确定切削用量等。

(3) 找出切削加工表面（用字母标注），列表分析这些表面在图中标注的技术要求，找出关键技术问题。

（4）找出设计基准，确定主要加工表面和次要加工表面。

任务分组

表2.3所示为学生任务分配。

表2.3　学生任务分配

班级		组号		指导教师	
组长		学号			
组员	姓名	学号		姓名	学号

工作（学习）准备

回忆前导课程的学习内容，阅读任务书，深度分析零件图纸，根据平台和钉钉以及其他媒体查阅该零件有关技术公差和结构等内容，完成引导问题的内容；学习平台上的相关知识，为任务（工作）实施做好准备。

获取资讯 ✎

❓ 引导问题

（1）你能列出几类常用的典型零件吗？箱体类零件一般的结构特点如何？

（2）传动轴零件的哪个部位精度要求最高？

（3）设计基准符号标注在某轴直径的尺寸延长线上，基准是什么？

（4）没有标注尺寸公差的表面，加工精度等级属于多少？

（5）表面粗糙度标注中的 $\sqrt{}$ 是什么意思？

（6）图2.1丝杠零件图中 | ⟋ | 0.05 | A—B | 的含义是什么？

（7）硬度符号 HBW 和 HRC 在应用范围上的区别是什么？

（8）45钢、HT250的材料各有什么特点？它们一般用于制造哪一类零件？

（9）15、45和65钢的硬度排列如何？能用铁碳合金相图解释其原因吗？

（10）碳钢和铸铁的最大区别是什么？

（11）对纯铝、纯铜和铝合金、铜合金进行比较为什么前者强度和硬度都较低，而后者较高？

（12）圆度和圆柱度测量方法有什么区别？

（13）图2.1丝杠零件图中 φ35 mm 的轴段一般和什么零件配合？此处精度等级是多少？

（14）φ35 mm 的轴段左端和右端开 2 mm × 1 mm 的槽的目的各是什么？

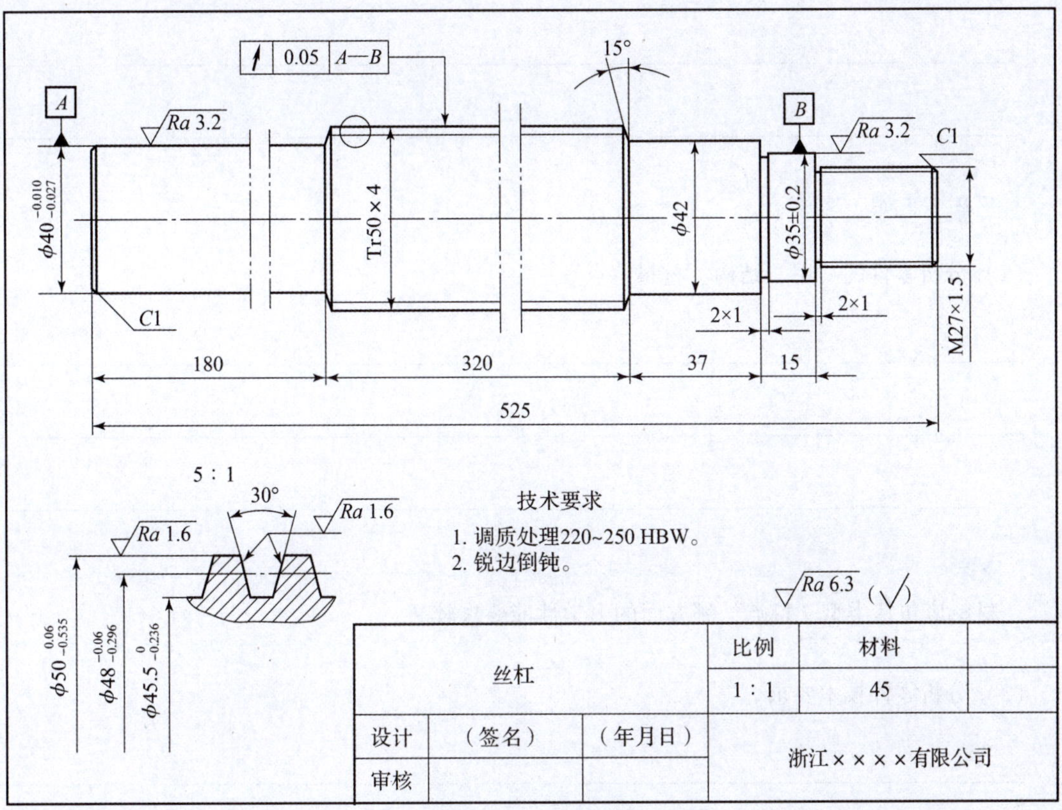

图 2.1 丝杠零件图

问题回答处：_____

_____

_____

_____

_____

_____

_____

_____

_____

_____

任务（工作）实施：

（1）分析零件的功用、结构、材料特点。

_____

_____

⟨ 小提示 ⟩

材料应包括类型、特点，哪方面的力学性能要求较高？

（2）分析零件技术要求。

_____

_____

⟨ 小提示 ⟩

技术要求具体需分析的要点见表2-4并填写。

（3）找出设计基准，确定主要加工表面和次要加工表面。

_____

_____

⟨ 小提示 ⟩

零件需要加工的表面最好用字母或数字在零件图中标注清楚。

表2.4所示为技术要求。

表2.4　技术要求

加工表面	尺寸及偏差/mm	公差及精度等级	表面粗糙度Ra/μm	形状公差（公差等级）	位置公差（公差等级）

相关知识点 NEWS!

表2.5所示为标准公差数值。

表2.5　标准公差数值（GB/T 1800.3—2009）

基本尺寸/mm		公差等级																			
		IT01	IT0	IT1	IT2	IT3	IT4	IT5	IT6	IT7	IT8	IT9	IT10	IT11	IT12	IT13	IT14	IT15	IT16	IT17	IT18
大于	至	μm													mm						
—	3	0.3	0.5	0.8	1.2	2	3	4	6	10	14	25	40	60	0.10	0.14	0.25	0.40	0.60	1.0	1.4
3	6	0.4	0.6	1	1.5	2.5	4	5	8	12	18	30	48	75	0.12	0.18	0.30	0.48	0.75	1.2	1.8
6	10	0.4	0.6	1	1.5	2.5	4	6	9	15	22	36	58	90	0.15	0.22	0.36	0.58	0.90	1.5	2.2
10	18	0.5	0.8	1.2	2	3	5	8	11	18	27	43	70	110	0.18	0.27	0.43	0.70	1.10	1.8	2.7
18	30	0.6	1	1.5	2.5	4	6	9	13	21	33	52	84	130	0.21	0.33	0.52	0.84	1.30	2.1	3.3
30	50	0.6	1	1.5	2.5	4	7	11	16	25	39	62	100	160	0.25	0.39	0.62	1.00	1.60	2.5	3.9
50	80	0.8	1.2	2	3	5	8	13	19	30	46	74	120	190	0.30	0.46	0.74	1.20	1.90	3.0	4.6
80	120	1	1.5	2.5	4	6	10	15	22	35	54	87	140	220	0.35	0.54	0.87	1.40	2.20	3.5	5.4
120	180	1.2	2	3.5	5	8	12	18	25	40	63	100	160	250	0.40	0.63	1.00	1.60	2.50	4.0	6.3
180	250	2	3	4.5	7	10	14	20	29	46	72	115	185	290	0.46	0.72	1.15	1.85	2.90	4.6	7.2
250	315	2.5	4	6	8	12	16	23	32	52	81	130	210	320	0.52	0.81	1.30	2.10	3.20	5.2	8.1
315	400	3	5	7	9	13	18	25	36	57	89	140	230	360	0.57	0.89	1.40	2.30	3.60	5.7	8.9
400	500	4	6	8	10	15	20	27	40	63	97	155	250	400	0.63	0.97	1.55	2.50	4.00	6.3	9.7

表 2.6 所示为形位公差。

表 2.6　形位公差

公差		特征项目	符号	有或无基准要求
形状	形状	直线度	——	无
		平面度	▱	无
		圆度	○	无
		圆柱度	⌭	无
形状或位置	轮廓	线轮廓度	⌒	有或无
		面轮廓度	⌓	有或无
位置	定向	平行度	∥	有
		垂直度	⊥	有
		倾斜度	∠	有
	定位	位置度	⊕	有或无
		同轴（同心）度	◎	有
		对称度	⌖	有
	跳动	圆跳动	↗	有
		全跳动	⌰	有

表 2.7 所示为直线度、平面度公差。

表 2.7　直线度、平面度公差

主参数 L/mm	公差等级											
	1	2	3	4	5	6	7	8	9	10	11	12
	公差值/μm											
≤10	0.2	0.4	0.8	1.2	2	3	5	8	12	20	30	60
>10~6	0.25	0.5	1	1.5	2.5	1	6	10	15	25	40	80
>16~25	0.3	0.6	1.2	2	3	5	8	12	20	30	50	100
>25~40	0.4	0.8	1.5	2.5	4	6	10	15	25	40	60	120
>40~63	0.5	1	2	3	5	8	12	20	30	50	80	150
>63~100	0.6	1.2	2.5	4	6	10	15	25	40	60	100	200
>100~160	0.8	1.5	3	5	8	12	20	30	50	80	120	250
>160~250	1	2	4	6	10	15	25	40	60	100	150	300

注：L 为被测要素的长度。

表2.8所示为圆度、圆柱度公差。

表2.8 圆度、圆柱度公差

主参数 d(D)/mm	公差等级												
	0	1	2	3	4	5	6	7	8	9	10	11	12
	公差值/μm												
>6~10	0.12	0.25	0.4	0.6	1	1.5	2.5	4	6	9	15	22	36
>10~18	0.15	0.25	0.5	0.8	1.2	2	3	5	8	11	18	27	43
>18~30	0.2	0.3	0.6	1	1.5	2.5	4	6	9	13	21	33	52
>30~50	0.25	0.4	0.6	1	1.5	2.5	4	7	11	16	25	39	62
>50~80	0.3	0.5	0.8	1.2	2	3	5	8	13	19	30	46	74
>80~120	0.4	0.6	1	1.5	2.5	4	6	10	15	22	35	54	87
>120~180	0.6	1	1.2	2	3.5	5	8	12	18	25	40	63	100
>180~250	0.8	1.2	2	3	4.5	7	10	14	20	29	46	72	115

注：d(D)为被测要素的直径。

表2.9所示为平行度、垂直度、倾斜度公差。

表2.9 平行度、垂直度、倾斜度公差

主参数 L/mm	公差等级											
	1	2	3	4	5	6	7	8	9	10	11	12
	公差值/μm											
≤10	0.4	0.8	1.5	3	5	8	12	20	30	50	80	120
>10~16	0.5	1	2	4	6	10	15	25	40	60	100	150
>16~25	0.6	1.2	2.5	5	8	12	20	30	50	80	120	200
>25~40	0.8	1.5	3	6	10	15	25	40	20	100	150	250
>40~63	1	2	4	8	12	20	30	50	80	120	200	300
>63~100	1.2	2.5	5	10	15	25	40	60	100	150	250	400
>100~160	1.5	3	6	12	20	30	50	80	120	200	300	500
>160~250	2	4	6	15	25	40	60	100	150	250	400	600

注：L为被测要素的长度。

表 2.10 所示为同轴度、对称度、圆跳动、全跳动公差。

表 2.10　同轴度、对称度、圆跳动、全跳动公差

主参数 $d(D)$、B/mm	公差等级											
	1	2	3	4	5	6	7	8	9	10	11	12
	公差值/μm											
>6~10	0.6	1	1.5	2.5	4	6	10	15	30	60	100	200
>10~18	0.8	1.2	2	3	5	8	12	20	40	80	120	250
>18~30	1	1.5	2.5	4	6	10	15	25	50	100	150	300
>30~50	1.2	2	3	5	8	12	20	30	60	120	200	400
>0~120	1.5	2.5	4	6	10	15	25	40	80	150	250	500
>120~250	2	3	5	8	12	20	30	50	100	200	300	600

注：$d(D)$、B 分别为被测要素的直径、宽度。

评价与考核

表 2.11 所示为评分考核。

表 2.11　评分考核

考核项目	评价内容	分值	评价分数		
		总分	自评	互评	师评
职业素养	工作态度	6			
	纪律观念	6			
	不怕辛苦、自学的能力	6			
	协作精神，沟通、交流能力	10			
	耐心细致、认真踏实的工作作风	6			
	规范、严谨、精益求精等工匠精神	6			
专业技能	收集信息（计划准备等）	12			
	计划实施（工作效率等）	18			
	专业基础知识掌握情况	12			
	成果质量等	18			
总分					
总评	自评(20%) + 互评(20%) + 师评(60%) =	综合等级	教师（签名）		

（1）分析在模块实施的过程中遇到的难点是什么？是如何解决的？

（2）对上面实施任务的零件类型进行更换，且要求该零件加工工艺复杂性有所增加。例如，如果毛坯是铸件的零件，可以更换成毛坯是型材或锻件的零件；如果毛坯是锻件的零件可以更换成型材或铸件的零件，然后进行以上的任务实施。（以下类同）

（3）学习该部分对应的系统性的知识点，并且完成平台上的题目（在线测验）。

相关知识点 NEWSI

见教材模块二。

数字资源链接：http://tzvtc. fanya. chaoxing. com/portal

模块三　零件生产类型的确定、毛坯的选择

　　不同的生产类型具有不同的工艺特点。例如，安排各种不同工装设备，在制定零件机械加工工艺规程之前，首先根据客户的产量要求确定生产类型，它的划分可以根据生产纲领和产品类型的特点及零件的质量或工作地每月担负的工序数进行确定；其次成品需从毛坯开始加工，因此需要选择毛坯的种类以及它的制造方法，而且它和生产类型有关，从而使整个工艺过程经济合理，因此要正确确定生产类型，合理选择毛坯的种类、制造方法，以及画出毛坯轮廓图，这些工作也为后续合理的工艺规程设计做好准备。本部分主要完成这些任务，详见任务书。

学习目标

知识目标：

（1）了解零件生产类型有关知识。

（2）熟悉毛坯成形的类型。

（3）掌握毛坯各种成形方法的特点和应用。

能力目标：

（1）能根据教材以及其他有关参考资料，确定生产类型。

（2）能根据图纸和零件的使用情况选择毛坯的类型，确定毛坯的制造方法，绘画毛坯轮廓图。

素质目标：

（1）培养学生正确认识本专业，建立对本专业的自信心，培养将来自身发展的信心；培养良好的学习态度。

（2）通过任务的实施，培养学生自学、解决问题、沟通、交流等能力，培养规范、严谨等工匠精神。

> **材料学习**：铸造是人类掌握比较早的一种金属热加工工艺，通过介绍中国古代铸造简史及铸造工艺，以及对人们生活水平的影响，建立学生的专业自信心，对以后自身的发展充满信心。

学习任务

　　任务1：确定实施任务的零件的机械加工生产类型。

　　根据被随机分配到的零件的年生产纲领和零件大小，确定生产类型。（需写出确定依据）

　　任务2：确定实施任务的零件毛坯的有关内容。

　　（1）根据前面对零件有关方面的分析，选择毛坯种类及制造方法。

　　若零件毛坯选用型材，则应确定其名称、规格；若零件毛坯为铸件，则应确定铸造方法，以及如果为砂型铸造需要明确是什么造型方法；若零件毛坯为锻件，则应确定锻造方式等。

（2）确定毛坯表面总余量及公差。

查阅有关手册，用查表法确定各表面的总余量及余量公差。

（3）绘制毛坯轮廓图。

毛坯轮廓用粗实线绘制，零件实体用双点画线绘制，毛坯图上应标出毛坯尺寸、公差、技术要求等。

（4）分析毛坯热处理的方法。

根据毛坯制造方法，分析热处理选择的理由。

任务分组

表 2.12 所示为学生任务分配。

表 2.12　学生任务分配

班级		组号		指导教师		
组长		学号				
组员	姓名	学号		姓名		学号

工作（学习）准备

阅读任务书，学习主教材模块三的有关知识链接以及查阅平台和钉钉等有关信息资料，完成引导问题的内容，为任务（工作）实施做好准备。

获取资讯

🔵 引导问题

（1）产品生产纲领是指什么？企业一般计划期是多长时间？

（2）零件的生产纲领是如何计算的？

（3）毛坯的制造方法有哪些？

（4）箱体类零件毛坯一般选用什么样的制造方法？

（5）小批量生产的铸件一般适用于什么造型？

（6）模锻一般适用于怎么样的生产规模？

（7）铸件和锻件毛坯的热处理一般各有哪些？

（8）正火和退火的区别是什么？

（9）时效是指什么？

问题回答处：_____

_____

_____

_____

_____

_____

_____

_____

_____

_____

_____

任务（工作）实施：

1. 生产类型的确定

_____

_____

_____

_____

2. 毛坯有关任务的实施

（1）选择毛坯种类及制造方法。

_____

_____

_____

小提示

毛坯若为型材，只需明确名称、规格；若为铸件或锻件需采用铸造或锻造方法；若为砂型铸造需采用造型方法；铸件还需确定合理分型面及浇冒口的位置；其次还需要考虑以下因素：

①零件的结构形状及外廓尺寸。

②零件材料及使用力学性能要求。

③产品生产纲领和批量。

④现有生产条件。

⑤充分利用新技术、新工艺等特点。

（2）确定毛坯表面总余量及公差。

_____

_____

_____

_____

_____

_____

小提示

毛坯加工总余量（即毛坯余量）：是指毛坯尺寸与零件设计尺寸之差，也就是某加工表面上切除的金属层总厚度。毛坯总余量及公差可以通过查阅《机械制造工艺设计简明手册》而得。

（3）绘制毛坯轮廓图。

小提示

毛坯若为型材，无须画毛坯图。

毛坯若为铸件、锻件，还应查阅《机械制造工艺设计简明手册》有关表格确定并绘出铸造（或模锻）斜度、毛坯圆角、铸造孔等。绘制毛坯图时以粗实线表示毛坯表面轮廓，以双点画线表示经切削加工后的表面，在剖面图上用交叉十字线表示加工余量，图上需具有尺寸及公差、热处理、缩孔、砂眼等技术要求。

（4）分析毛坯热处理的方法。

_____

_____

评价与考核

表 2.13 所示为评分考核。

表 2.13 评分考核

考核项目	评价内容	分值	评价分数		
		总分	自评	互评	师评
职业素养	专业认知、学习态度	6			
	自信心	6			
	自学能力	6			
	运用知识技能解决问题的能力	10			
	小组沟通、交流能力	6			
	规范、严谨等素养	6			
专业技能	收集信息（计划准备等）	12			
	计划实施（工作效率等）	18			
	专业基础知识掌握情况	12			
	成果质量等	18			
总分					
总评	自评(20%) + 互评(20%) + 师评(60%) =	综合等级	教师（签名）		

拓展 NEW！

（1）在本模块的完成过程中遇到哪个问题是最困难的？是如何解决的？

（2）对以上本文模块二（P17 页）拓展部分提到的更换了的不同的零件进行上面任务的实施。

（3）学习该部分对应的知识点，并且完成平台上的题目（在线测试）。

相关知识点 NEWS!

见教材模块三

数字资源链接：http://tzvtc. fanya. chaoxing. com/portal

模块四　零件加工工艺过程的设计

学习情境描述

　　毛坯成形（制造）之后，要通过机械加工的方法使零件毛坯的形状、尺寸和表面质量按照成品的要求进行改变（即切去多余的材料）。在机械加工过程中需要考虑以下几个方面：首先是表面机械切削加工方法的选择、结构工艺性是否合理的分析，因为根据使用要求设计的零件图有些不一定符合加工要求（或称为加工工艺性），所以要对零件图的加工工艺性进行审核，然后和客户进行沟通确认零件图是否符合加工要求，认真、仔细、全面地进行图纸工艺性的审查。接着确定定位基准、安排加工顺序、划分加工阶段、加工过程中如果需要热处理还要合理安排等；最后要结合具体的生产类型、企业现状、工件特点等对整个加工进行合理有效的安排，如对工序是否集中与分散进行选择等工作，从而使零件的加工质量、生产率和经济性得到最佳的统一。以上需要遵守一定的原则，因此制定时一般需要几个方案进行分析比较，得出最佳的工艺方案（工艺路线）。本部分的主要任务：了解金属切削过程基本知识、定位基准的选择、切削加工方法的选择、结构工艺性的分析、加工顺序的安排、加工阶段的划分、热处理的安排、工序是集中还是分散的选择。

学习目标

知识目标：

（1）了解刀具、切削过程及机床等基本知识。

（2）掌握各种切削方法的特点及应用。

（3）了解零件结构工艺性合理的理由。

（4）掌握定位和基准的有关基本知识。

（5）掌握工艺规程的有关基本知识。

能力目标：

（1）能根据具体零件选择零件表面的加工方法。

（2）能根据一般复杂程度的具体零件分析它的结构工艺性是否合理。

（3）能根据具体零件选择定位基准。

（4）能根据具体零件设计工艺规程。

素质目标：

（1）培养学生形成责任和质量意识，养成独立思考、自主完成的意识。

（2）通过任务的实施，培养学生探究、创新、独立解决问题、沟通、交流等能力，培养规范、严谨等工匠精神。

> **材料学习**：举例往届学生在企业的不同发展情况，尤其合作能力、勤奋学习、交流沟通能力较强的学生，在企业的良好发展。

任务1：认识切削刀具和切削基本知识。

（1）通过本任务的实施认识切削要素和刀具的基本知识，尤其是刀具几何角度、刀具材料，为后面各种切削所需的刀具选择做好准备。

（2）通过本任务的实施认识金属切削过程的基本知识。

任务2：选择任务分配的零件表面切削加工方法和应用的机床。

通过本任务的实施，熟悉各类金属切削机床及各种加工方法，包括车削、铣削、磨削、钻削、镗削、刨削、拉削、圆柱齿轮等加工方法与特点。

任务3：选择任务分配的零件切削加工中的定位基准。

（1）根据本零件确定加工表面定位方式和定位元件。

通过本任务的实施了解六点定位原理、自由度限制分析、完全定位、不完全定位、欠定位、过定位等基本概念，以及各种定位方式、定位元件等基本知识。

（2）根据任务分配的零件选择粗基准和精基准。

通过本任务的实施了解基准有关基本概念，详细分析粗基准、精基准的选择原则。

任务4：分析任务分配的零件结构工艺性是否合理。

通过本任务的实施了解零件常见结构工艺性不合理的现象。

任务5：对任务分配的零件的加工工艺规程设计各要素进行分析。

（1）分析加工顺序如何安排，并进行确定。

（2）分析加工阶段如何划分，并进行确定。

（3）分析工序是集中还是分散，并进行确定。

（4）分析选择什么热处理并确定如何安排。

通过本任务的实施，对以上的这些原则进行深入的了解。

任务6：对任务分配的零件的工艺路线及方案进行拟订。

通过本任务的实施，认知工艺规程基本知识。

任务分组

表2.14所示为学生任务分配。

表2.14　学生任务分配

班级		组号		指导教师	
组长		学号			
组员	姓名	学号		姓名	学号

阅读任务书，进一步分析零件图纸，根据平台和钉钉以及其他媒体查阅该零件各加工表面的加工方法；学习平台上的相关知识，完成引导问题的内容，为任务（工作）实施做好准备。

获取资讯

? 引导问题

（1）车削一般可以应用于哪些表面加工？铣削一般可以应用于哪些表面加工？

（2）有色金属的表面是否可以进行磨削？

（3）大量生产时，孔上的键槽如何加工？

（4）分析图 2.2 中结构工艺性不合理的理由。

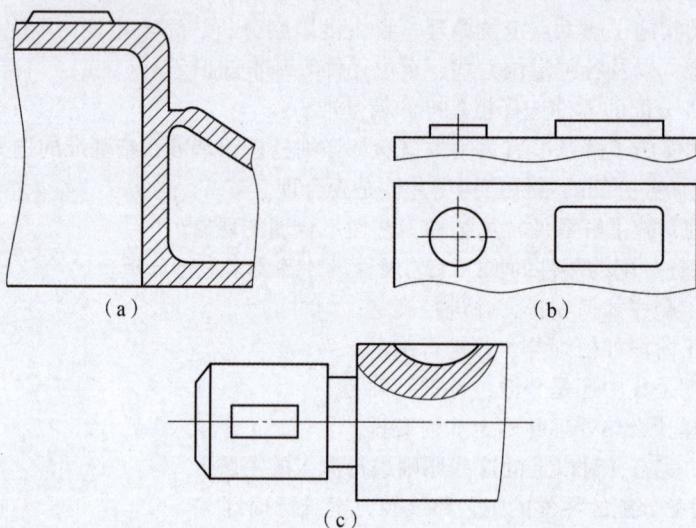

（a）　　　　　　　　　　（b）

（c）

图 2.2　结构工艺性

（5）什么是粗基准？粗基准的选择是基于什么原则？

（6）精基准选择原则有哪些？

（7）加工顺序的确定一般有哪些原则？

（8）加工过程中调质热处理一般安排在什么阶段？

（9）加工过程中淬火热处理一般安排在什么阶段？

（10）工序集中与工序分散一般如何选用？

问题回答处：_____

_____

_____

_____

_____

_____

_____

_____

_____

_____

_____

_____

_____

任务（工作）实施：

1. 阅读和查阅有关信息资源，熟悉各种机床的加工及刀具的使用，了解金属切削过程基本

知识 _____

_____

> **小提示**
> 本部分有些是原理性的知识，有些内容望结合视频帮助理解，详见数字资源。

2. 选择各表面切削的加工方法和应用的机床

_____

_____

_____

> **小提示**
> 表面切削加工方法和方案选择时，首先主要考虑零件各加工表面的技术要求（前面已分析）；然后结合常用的每一种加工方法的加工经济精度范围（见教材表4.16、表4.17和表4.18）；最后考虑材料的性质和可加工性、工件的结构形状和尺寸大小、生产纲领及批量、现有的条件等，从而达到合理的经济精度。

3. 确定加工表面有关定位和基准的选择

（1）选择定位方式和定位元件。

_____

_____

_____

_____

小提示

　　首先需要确定零件加工面的定位要素，其次是定位元件。这些元件分别限制了哪些自由度？并且判断是什么定位？是否存在欠定位或过定位现象？有关符号见主教材表4.10和表4.11知识链接。

（2）选择加工表面的粗基准和精基准。

_____

_____

_____

_____

4. 分析零件结构工艺性是否合理

_____

_____

_____

_____

小提示

　　结构工艺性分析比较复杂，需考虑毛坯的制造、机械切削加工等方面，对于初学者，可以参考一些实例。

5. 工艺规程设计各要素分析

_____

―――――――――――――――――――――――――――――――

―――――――――――――――――――――――――――――――

―――――――――――――――――――――――――――――――

―――――――――――――――――――――――――――――――

―――――――――――――――――――――――――――――――

―――――――――――――――――――――――――――――――

小提示

　　此处的各要点根据选择原则进行分析（即结合本文 P25 页任务 5 提到的各要素进行详细分析），务必需要指出零件中具体的内容，如假设遵循基准重合原则，则应指出是哪个基准（具体的面或线）；假设遵循先面后孔应指出具体的哪个面和哪个孔；热处理工序需要具体确定采用什么方法的热处理等。

　　6. 工艺路线制定

―――――――――――――――――――――――――――――――

―――――――――――――――――――――――――――――――

―――――――――――――――――――――――――――――――

―――――――――――――――――――――――――――――――

―――――――――――――――――――――――――――――――

―――――――――――――――――――――――――――――――

小提示

　　一般是优先考虑主要表面，根据它的技术条件确定最终加工方法；然后考虑其他准备工序的加工方法；最后考虑其他次要表面的加工方法。

（1）如图 2.3 所示，钻削杠杆臂中大头直径为 22 mm 的孔，应限制哪些自由度？

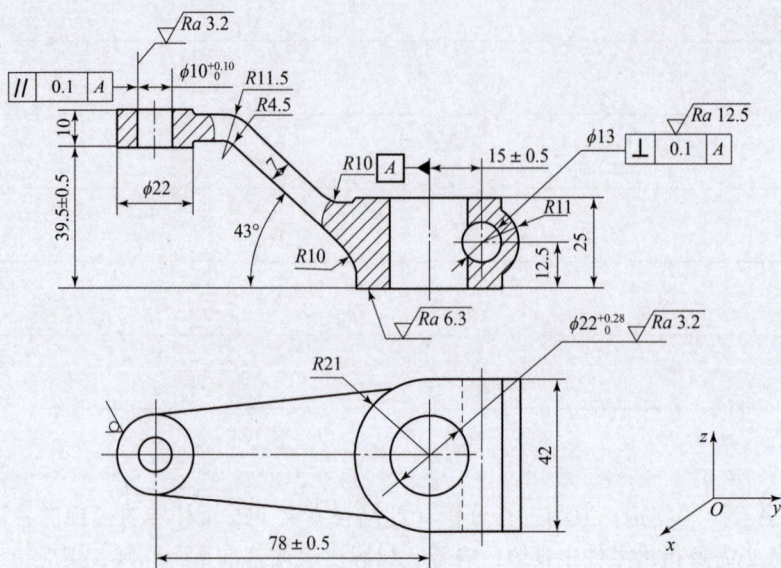

图 2.3　杠杆臂

（2）分析图 2.4 中各定位元件（平面、短圆柱销、V 形块）限定的自由度，判断是否存在欠定位和过定位，并对方案中不合理处提出改进意见。

图 2.4　零件图

（3）分析图 2.5 中各定位元件限定的自由度？将短圆柱销改成长圆柱销是否合理？为什么？

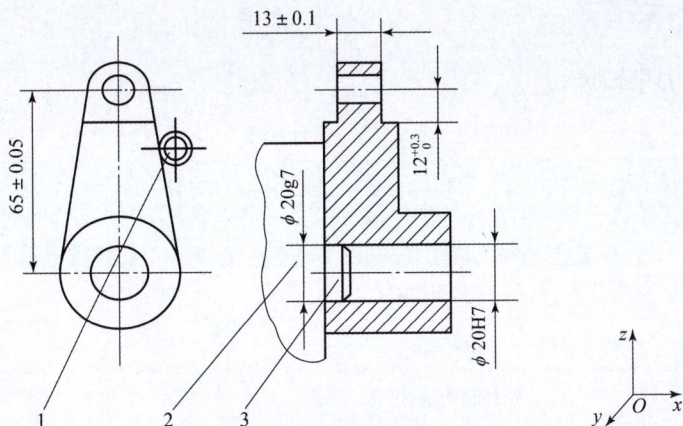

图 2.5　零件图

1—侧挡销；2—大圆柱；3—短圆柱销

（4）分析图 2.6 所示定位方案中各定位元件所限制的自由度。并解释此定位方案是否合理。如将菱形销改成圆柱销，是否合理？为什么？

图 2.6　定位方案

评价与考核

表 2.15 所示为评分考核。

表 2.15　评分考核

考核项目	评价内容	分值	评价分数		
		总分	自评	互评	师评
职业素养	工作态度	6			
	纪律观念	6			
	责任和质量意识	6			
	独立思考、自主完成的工程伦理意识	10			
	探究、创新、独立解决问题等能力	6			
	规范、严谨、精益求精等工匠精神	6			
专业技能	收集信息（计划准备等）	12			
	计划实施（工作效率等）	18			
	专业基础知识掌握情况	12			
	成果质量等	18			
总分					
总评	自评(20%) + 互评(20%) + 师评(60%) =	综合等级	教师（签名）		

拓展 NEWST

（1）工艺分析中什么内容感到最难？将采取怎样的措施进行解决？

（2）对以上本文模块二（P17 页）拓展部分提到的，更换了的不同的零件进行以上任务的实施。

（3）学习该部分对应的知识点，并且完成平台上的题目（在线测试）。

相关知识点 NEWST

见教材模块四。

数字资源链接：http://tzvtc.fanya.chaoxing.com/portal

模块五 工序的设计

学习情境描述

零件加工工艺路线拟订好后，就要对每道工序中的具体内容进行确定和设计，包括加工余量和工序尺寸的确定；机床、夹具、刀具，以及量具等工艺装备的选择；工序切削用量参数的确定，最后填写机械加工工艺文件卡片，从而为有良好的生产秩序打下基础，以上的这些选择确定是一个非常严肃的过程，因此最终需要在工艺文件里呈现。

学习目标

知识目标：

（1）了解加工余量、工序尺寸的有关知识。

（2）熟悉工艺尺寸链的有关知识，包括建立及解算的方法。

（3）回顾并熟悉设备和工艺装备有关基本知识。

（4）掌握切削用量参数的选择方法。

能力目标：

（1）能根据具体零件确定加工余量和工序尺寸。

（2）能根据具体零件选择机床、工艺装备。

（3）能根据具体零件选择切削用量参数。

（4）能独立完成工序卡和工艺过程卡的规范填写。

素质目标：

（1）养成规范、严谨、耐心坚持、敬畏标准的工作作风，继而为工匠精神的形成打下基础。

（2）通过任务的实施，培养学生自学、独立解决问题、沟通、交流等能力。

> **材料学习：** 举例往届学生在企业的一些不良习惯，从而造成安全事故的例子，告诫学生要养成规范、严谨的工作作风和学习习惯。

学习任务

任务 1：确定加工余量和工序尺寸。

任务 2：选择机床及工艺装备。

任务 3：选择工序切削用量。

任务 4：填写工艺文件。

任务分组

表 2.16 所示为学生任务分配。

表 2.16　学生任务分配

班级		组号		指导老师	
组长		学号			
组员	姓名	学号		姓名	学号

工作（学习）准备

　　阅读任务书，根据前期部分的有关内容，查阅平台和钉钉以及其他媒体认知机械加工工艺参数和工艺装备的选择，收集工艺过程卡和工序卡；完成引导问题的内容；学习平台上的相关知识，为任务（工作）实施做好准备。

获取资讯

　❓引导问题

（1）工序余量是指什么？毛坯余量又是什么？

（2）单边余量和双边余量的具体应用区别是什么？

（3）毛坯余量和各工序总余量不一致时如何修正？

（4）在确定工序尺寸时，工艺尺寸链计算一般在什么情况下应用？

（5）工艺装备包括哪些？

（6）工艺文件主要包括哪些？它们一般应用于什么情况？

（7）切削用量三要素指哪些？

（8）工步按照什么划分？

问题回答处：_____

_____

_____

_____

_____

_____

_____

_____

_____

_____

_____

_____

_____

_____

任务（工作）实施：

（1）确定加工余量和工序尺寸。

_____

_____

_____

_____

_____

_____

_____

_____

_____

_____

小提示

该部分实行时可以按照以下执行，所有工序各余量相加得到的总和应该和毛坯的总余量相等，如果不一致可以由粗加工这道工序来承担；各工序的余量及公差可以通过查表的方式按加工经济精度确定；定位基准与设计基准不重合时，应进行工艺尺寸链计算，来确定工序尺寸及其公差最终具体数据填入 P39 的表格 2.19、表 2.20 中。

（2）选择工艺装备（刀具、量具、夹具）。

_____

_____

_____

_____

_____

_____

小提示

机床及工艺装备选用时应当既要保证加工质量，又要考虑经济合理性。对于初学者，在考虑零件的生产类型，零件的材料、形状和结构特点、工序的加工质量等方面的基础上，尽量采用标准设备和工具，具体可以参考有关资料。

（3）工序切削用量的选择。

_____

_____

_____

_____

_____

_____

╭─ 小提示 ───╮
切削用量的确定一般遵守确保质量的前提下具有较高的生产率和经济性的原则，要会
用计算法（计算一道工序）和查表方法结合得到切削用量。
╰──╯

（4）填写工艺过程卡和工序卡，如表 2.17 ~ 表 2.20 所示。（此处由于版面问题，请从平台下载电子版）。

╭─ 小提示 ───╮
过程卡和工序卡是生产中的指导性文件，填写时应该严肃、认真；表 2.18 所示工序卡
在编写时应该注意以下事项：
①工序简图中的加工部位应用粗实线表示，其他部位应用细实线表示，而且只画出有
助于看图的必要部位。
②工序简图中用于定位、夹紧的表面必须用规定的符号画出。
╰──╯

表 2.17　机械加工工艺过程卡片

机械加工工艺过程卡片		产品型号		第　　页
机械加工工艺过程卡片		产品名称		共　　页
零件图号		材料牌号		毛坯外形尺寸	
零件名称		毛坯种类		毛坯件数	
工序号	工序名称	工序内容	车间	设备	工艺装备	备注
				设计（日期）	校对（日期）	审核（日期）
处数	更改文件号	签字	日期			

表 2.18　机械加工工序卡片

机械加工工序卡片	产品型号			零（部）件图号			共　　页
	产品名称			零部件名称			第　　页

	车间	工序号	工序名称	材料牌号
	毛坯种类	毛坯外形尺寸	毛坯件数	每台件数
	设备名称	设备型号	设备编号	同时加工件数
	夹具名称		夹具编号	切削液

工步号	工步内容	工艺装备	主轴转速 /(r·min⁻¹)	切削速度 /(m·min⁻¹)	进给量 /(mm·r⁻¹)	背吃刀量 /mm	走刀次数	时间定额	
								机动	辅助
1									
2									
3									
4									
5									
6									
7									

				设计（日期）	校对（日期）		审核（日期）
处数	更改文件号	签字	日期				

表 2.19　零件表面之一的工序尺寸及公差的计算表 1 （单位：mm）

工序名称	工序余量	工序经济精度等级	工序基本尺寸	工序尺寸及偏差
		IT		
		IT		
		IT		
		IT		
		IT		
毛坯				

表 2.20　零件表面之二的工序尺寸及公差的计算表 2 （单位：mm）

工序名称	工序余量	工序经济精度等级	工序基本尺寸	工序尺寸及偏差
		IT		
		IT		
		IT		
		IT		
		IT		
		IT		
毛坯				

（1）如图 2.7 所示零件，按加工要求，由于 6 mm ±0.1 mm 尺寸不能直接得到，只能通过加工 L 尺寸来保证 6 mm 的尺寸，试求工序尺寸 L 的基本值及上下偏差。

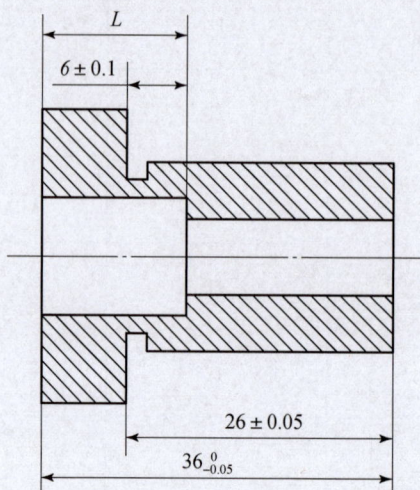

图 2.7　零件

（2）如图 2.8 所示零件，镗孔前表面 A、B、C 已经过加工。镗孔时，为使工件装夹方便，选择 A 面为定位基准，并按工序尺寸 L 进行加工。为保证镗孔后间接获得设计尺寸 100 mm ± 0.16 mm 符合图样规定的要求，试画出尺寸链图，并确定 L 尺寸的范围（基本尺寸及上下偏差）。

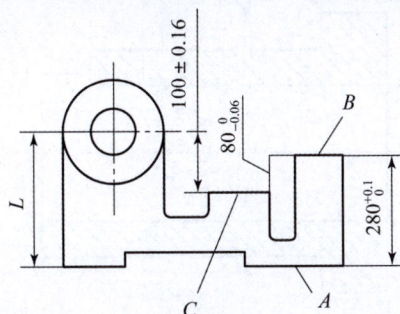

图 2.8　零件

（3）如图 2.9 所示轴套零件，其内外圆及端面 A、B、D 均已加工。现后续加工工艺如下：
（1）以 A 面定位，钻 $\phi 8$ mm 孔，求工序尺寸及其上下偏差。

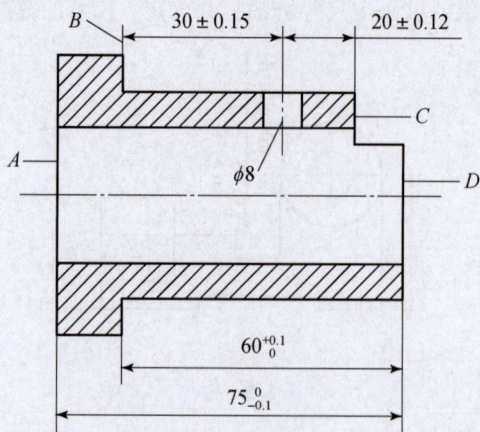

图 2.9 轴套零件

（4）如图 2.10 所示轴套零件，在车床上已加工好外圆、内孔及各端面，现需在铣床铣出右端槽并保证长度方向 26 mm ± 0.3 mm 的尺寸，求试切调刀时的度量尺寸 A 及上、下偏差。

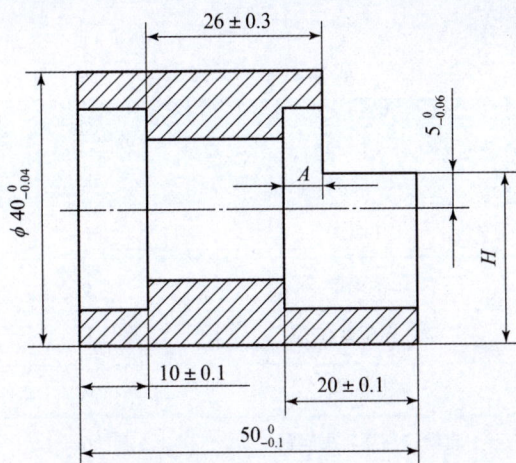

图 2.10　轴套零件

评价与考核

表2.21所示为评分考核。

表2.21 评分考核

考核项目	评价内容	分值	评价分数		
		总分	自评	互评	师评
职业素养	工作态度	6			
	纪律观念	6			
	责任和质量意识	6			
	敬畏标准	10			
	自学、独立解决问题	6			
	规范、严谨、精益求精的工匠精神	6			
专业技能	收集信息（计划准备等）	12			
	计划实施（工作效率等）	18			
	专业基础知识掌握情况	12			
	成果质量等	18			
总分					
总评	自评(20%)+互评(20%)+师评(60%)=	综合等级	教师（签名）		

拓展 NEWST

（1）工艺设计中什么内容是感到最难的？将采取怎样的措施进行解决？

（2）对以上本文模块二（P17）拓展部分提到的更换了的零件实施夹具和工艺装备的选择的任务。

（3）完成平台上尺寸链计算的习题。

（4）学习该部分对应的系统性的知识点，并且完成平台上的题目（在线测试）。

相关知识点 NEWST

见教材模块五。

数字资源链接：http://tzvtc.fanya.chaoxing.com/portal

模块六 专用夹具的设计

零件加工时，当通用夹具无法装夹时，需要采用专用夹具进行装夹；其次是大批生产时为了提高效率，往往使用专用夹具进行装夹，机床专用夹具的设计是工艺装备设计的一项重要工作。本模块是对机械加工中的某道工序且具有中等难度的专用夹具进行设计。

学习目标

知识目标：

（1）进一步掌握定位原理知识，包括限制自由度的分析，定位元件、定位方式等选择方法的有关基本知识。

（2）进一步掌握夹紧机构的类型及应用特点。

（3）熟悉各类专用夹具有关基本知识。

能力目标：

（1）能合理选择定位元件；分析它们限制的自由度情况。

（2）能根据具体的零件加工要求，选择合适的定位元件和定位方式。

（3）能根据具体的零件，选择合适的夹紧方法。

（4）能设计某工序的专用夹具结构。

素质目标：

（1）培养学生创新思维、精益求精的大国工匠精神。

（2）通过任务的实施，培养学生自学、解决问题、沟通、交流等能力。

> **材料学习：** 中国制造2025，创新精神与大国工匠精神，举例以色列为什么能有那么多的高科技产品，和他们的追求创新精神和精益求精精神不是无关的。

学习任务

任务1：收集典型专用夹具结构案例等资料。

任务2：设计专用夹具的结构方案。

任务3：绘制夹具总装图，基础好、有充足时间的学生可以绘制零件图。

任务4：专用夹具使用和结构特点说明。

注：

（1）专用夹具在零件加工中有可能不止一个，因此同学要根据自己的个人情况选择一道符合自己水平的工序进行专用夹具设计。

（2）任务3和任务4是针对期末课程设计的综合练习。

任务分组

表2.22所示为学生任务分配。

表 2.22　学生任务分配

班级		组号		指导教师			
组长		学号					
组员	姓名		学号	姓名		学号	

工作（学习）准备

阅读任务书，查阅平台和钉钉以及其他媒体认知夹具设计有关基本知识，完成引导问题的内容；学习平台上的相关知识，为任务（工作）实施做好准备。

获取资讯

❓ 引导问题

（1）工件加工时是否都要完全定位？

（2）车床专用夹具一般用于加工哪类零件表面？

（3）请举出两种常用的车床专用夹具？

（4）设计专用夹具时，夹紧力方向和作用点的确定原则是什么？

（5）铣床专用夹具中的直线进给式和圆周进给式的应用有什么区别？

（6）钻床专用夹具中的钻套有什么用途？

（7）镗床专用夹具中单支承、双支承镗模应用有什么区别？

（其他有关问题见平台）

问题回答处：＿＿＿＿＿＿＿＿＿＿＿＿＿＿＿＿＿＿＿＿＿＿＿＿＿＿

＿＿＿＿＿＿＿＿＿＿＿＿＿＿＿＿＿＿＿＿＿＿＿＿＿＿＿＿＿＿＿＿

＿＿＿＿＿＿＿＿＿＿＿＿＿＿＿＿＿＿＿＿＿＿＿＿＿＿＿＿＿＿＿＿

＿＿＿＿＿＿＿＿＿＿＿＿＿＿＿＿＿＿＿＿＿＿＿＿＿＿＿＿＿＿＿＿

＿＿＿＿＿＿＿＿＿＿＿＿＿＿＿＿＿＿＿＿＿＿＿＿＿＿＿＿＿＿＿＿

＿＿＿＿＿＿＿＿＿＿＿＿＿＿＿＿＿＿＿＿＿＿＿＿＿＿＿＿＿＿＿＿

＿＿＿＿＿＿＿＿＿＿＿＿＿＿＿＿＿＿＿＿＿＿＿＿＿＿＿＿＿＿＿＿

_____

_____

任务（工作）实施：

（1）收集典型专用夹具结构案例等资料。

_____

_____

_____

_____

_____

_____

_____

（2）设计任务零件的专用夹具的结构方案。

> **小提示**
>
> 包括：
> ①确定工件的定位方式，选择定位元件。
> ②确定工件的夹紧方式，选择适宜的夹紧装置。
> ③确定刀具的对准及导向方式，选取对刀及导向元件（该处是指选择铣床或钻床专用夹具）。
> ④确定如定向元件等其他元件或装置。
> ⑤确定夹具的总体结构和尺寸。

（3）绘制任务零件某道工序专用夹具装配图（前期的课程视学习程度进行选做，后期的课程设计是必做任务）。

小提示

绘制夹具总装图时需注意：

①主视图一般取工件被加工时操作者的位置。

②被加工工件在夹具中，只需用双点画线画出轮廓。

评价与考核

表 2.23 所示为评分考核。

表 2.23　评分考核

考核项目	评价内容	分值	评价分数		
		总分	自评	互评	师评
职业素养	协作精神，沟通、交流能力	6			
	纪律观念	6			
	自主完成的能力	6			
	工作态度	10			
	探索、创新等意识	6			
	规范、严谨、精益求精等工匠精神	6			
专业技能	收集信息（计划准备等）	12			
	计划实施（工作效率等）	18			
	专业基础知识掌握情况	12			
	成果质量等	18			
总分					
总评	自评(20%) + 互评(20%) + 师评(60%) =	综合等级		教师（签名）	

拓展

（1）请构思其他工序的专用夹具的设计，它的定位是如何选择的？

（2）学习该部分对应的知识点，并且完成平台上的题目。（在线测试）

相关知识点

见教材模块六。

数字资源链接：http://tzvtc.fanya.chaoxing.com/portal

模块七　机械加工及装配质量的分析

学习情境描述

产品加工的质量是企业的生命，而零件加工的质量又直接影响整机的质量，零件加工的质量主要受哪些因素影响？对此进行分析，从而提高产品加工的质量。

学习目标

知识目标：

（1）了解加工误差、加工精度和表面质量的概念。

（2）熟悉影响加工精度、表面质量的各种因素。

（3）掌握减少加工误差，保证和提高零件机械加工质量的工艺措施及途径。

能力目标：

（1）能根据任务中的零件加工时可能出现的质量问题，进行原因分析。

（2）对以上（1）的情况提出工艺改善措施。

素质目标：

（1）培养精益求精的工作作风，探究、思索的良好品质。

（2）质量是企业的生命源泉，培养重视质量的意识。

> **材料学习：**举例曾经某企业为了一个出口到美国的几毫米大小的产品，花了10万元左右的费用特地去美国码头翻遍整个集装箱，可见企业对产品质量的重视程度。

学习任务

任务：针对零件具体质量问题分析原因。

（1）分析如何才能更有效地提高零件机械加工精度。

（2）分析如何才能更有效地提高零件机械加工表面质量。

任务分组

表2.24所示为学生任务分配。

表2.24　学生任务分配

班级		组号		指导教师		
组长		学号				
组员	姓名		学号		姓名	学号

工作（学习）准备

阅读任务书，查阅平台和钉钉以及其他媒体掌握机械零件加工质量和装配精度的基本知识，完成引导问题的内容；学习平台上的相关知识，为任务（工作）实施做好准备。

获取资讯

❓ 引导问题

（1）试以车床为例说明车床几何误差对零件的加工精度有何影响。

（2）试举例说明在加工过程中，工艺系统受力变形怎样影响零件的加工精度。应采取什么措施来克服这些影响？

（3）在车床上加工一批光轴的外圆，加工后经测量发现工件有腰鼓形和马鞍形的几何误差。试分别说明产生上述误差的各种可能因素。

问题回答处：_____

_____

_____

_____

_____

_____

_____

任务（工作）实施：

（1）分析如何才能更有效地提高机械零件加工精度？

_____

_____

_____

_____

_____

（2）分析如何才能更有效地提高机械零件加工表面质量？

_____

_____

_____

_____

_____

_____

拓展　NEWS!

（1）对机床加工时出现普遍性的质量问题进行分析。

（2）学习该部分对应的系统性的知识点，并且完成平台上的题目。（在线测试）

评价与考核

表2.25所示为评分考核。

表2.25　评分考核

考核项目	评价内容	分值	评价分数		
		总分	自评	互评	师评
职业素养	质量意识	6			
	纪律观念	6			
	工作态度	6			
	协作精神，沟通、交流能力	10			
	探究、思索的品质	6			
	规范、严谨　精益求精等工匠精神	6			

考核项目	评价内容	分值	评价分数		
		总分	自评	互评	师评
专业技能	收集信息（计划准备等）	12			
	计划实施（工作效率等）	18			
	专业基础知识掌握情况	12			
	成果质量等	18			
总分					
总评	自评（20%）+互评（20%）+师评（60%）=	综合等级	教师（签名）		

相关知识点 NEWS!

见教材模块七。

数字资源链接：http://tzvtc.fanya.chaoxing.com/portal

模块八 课程设计

一、概述

课程设计是在前期的课程学习的基础上，进一步对该课程的模块任务进行拓展实施，即对更加复杂的零件进行以上任务工单的逐步实施，并对其中某一工序机床专用夹具进行详细设计，因此本课程是以学生自己完成项目任务为主，是对期初课程项目化任务的深化，是一次综合的练习。

要求学生能拓展运用本课程前期学习的理论知识，以及有关先修课程的理论和实践知识，从而提高系统性和综合性的知识掌握及能力的培养。

二、目标

素质目标：

(1) 培养不断学习和提高业务知识与技能的精神。

(2) 培养良好的职业道德与敬业精神。

(3) 培养沟通交往能力与团队合作精神。

(4) 培养严谨细致的工作作风。

知识目标：

(1) 进一步掌握图纸识读、机械零件应用等有关知识。

(2) 进一步掌握金属零件材料性能和特点、热处理、毛坯生产等有关基本知识。

(3) 进一步掌握机械加工工艺规程设计的有关基本知识。

(4) 进一步掌握工序设计的有关基本知识。

(5) 进一步掌握机床夹具的有关基本知识。

能力目标：

(1) 能对分配到的本区域企业一般复杂程度零件进行前导课程知识的应用。

(2) 能根据规定的生产条件，编制零件的机械加工工艺规程。

(3) 能设计零件专用夹具的结构方案。

(4) 会查阅各种手册、技术资料和图册等。

三、课程设计上交材料及要求

题目：××××零件的机械加工工艺规程及工艺和专用夹具设计

任务：

根据所提供的零件图样、年产量（生产纲领）、每日班次和生产条件等原始资料，完成以下任务：

(1) 绘制被加工零件的零件图　　　　　　　　　　　　　1张

(2) 绘制被加工零件的毛坯图　　　　　　　　　　　　　1张

(3) 编制机械加工工艺规程卡片（工艺过程卡、工序卡）　1套

(4) 设计并绘制夹具装配图（或方案）　　　　　　　　　1~2套

(5) 设计并绘制夹具主要零件图（通常为夹具体）　　　　1张（视进度情况）

(6) 编写课程设计说明书　　　　　　　　　　　　　　　1份

时间进度安排：

课程设计时间 2 周，其进度及时间大致分配如下：

（1）分析研究被加工零件，画零件图约占 7% 。

（2）工艺设计，画毛坯图，填写工艺文件约占 25% 。

（3）夹具设计，画夹具装配图及夹具零件图约占 45% 。

（4）编写课程设计说明书约占 15% 。

（5）答辩约占 8% （视进度情况）。

要求：

学生应像在工厂接受实际设计任务一样，认真对待课程设计，根据设计任务，合理安排时间和进度，认真地、有计划地按时完成设计任务，培养良好的工作作风。必须以负责的态度对待自己所做的技术决定、数据和计算结果。注意理论与实践的结合，以期使整个设计在技术上是先进的，在经济上是合理的，在生产上是可行的。有不懂的及时和教师沟通。

四、注意事项：

（1）设计中制图按照标准、规范进行。

（2）综合工艺过程卡、工序卡按照附录规定格式要求填写。

（3）工序简图应标注的四个部分：

①定位符号及定位点数。

②夹紧符号及指向的夹紧面。

③加工表面，用粗实线画出加工表面，并标上加工符号，其中该工序的加工表面为最终工序的表面时，加工符号上应标注表面粗糙度数值。其他工序不标表面粗糙度数值。

④工序尺寸及公差。

定位、夹紧符号参见主教材等有关资料。

图 4.2.26　镗床镗孔

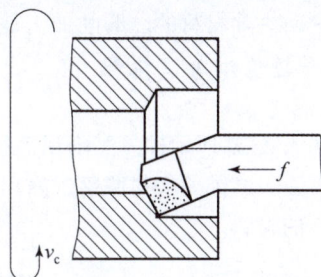

图 4.2.27　车床镗孔

（3）镗刀结构简单、刃磨方便、成本低。

（4）操作技术要求高，因为要保证工件的尺寸精度和表面粗糙度，非但取决于所用的设备，更主要的是工人的技术水平。

（5）加工生产率一般较低，由于机床、刀具调整时间较多，镗削时参加工作的切削刃少。

2）镗床的常用加工范围

镗削加工的工艺范围较广，特别对于机座、箱体、支架等外形复杂的大型工件上直径较大的孔以及有位置精度要求的孔系非常有利；除此之外还可以镗削单孔、锪平面、镗平面、镗盲孔及镗端面等，如图 4.2.28 所示。镗孔时，其公差等级为 IT6～IT7 级，孔距精度可达 0.015 mm，表面粗糙度 Ra 为 0.8～1.6 μm。

图 4.2.28　镗床的常用加工范围

（a）镗小孔；（b）镗大孔；（c）镗端面；（d）钻孔；
（e）铣平面；（f）铣组合面；（g）镗螺纹；（h）镗深孔螺纹

由于较多的箱体和大型零件上的一些外圆和端面往往与其上的孔有位置精度要求，因此在镗床上加工孔的同时，如果在一次装夹工位内把这些外圆和端面都加工出来则非常经济，因此镗床的外圆和平面加工应用性较强。当配备各种附件、专用镗杆和装置后，利用镗床还可以切槽、车螺纹、镗锥孔和加工球面等。

4.2.5 磨削加工

磨削加工是使用磨料、磨具切除工件上多余材料的加工方法，是靠磨料的不规则的尖峰刻划工件表面去除材料的。磨削加工是应用较为广泛的材料去除方法之一。

1. 砂轮磨削加工机理

1）概述

如图 4.2.29 所示砂轮磨削示意图，工件和砂轮做相对运动时，砂轮上的磨料尖峰不断地刻划工件表面，磨钝的磨料脱落，露出新的带有尖峰的磨料进行刻划，这样不断地刻划，从而去除工件表面的材料。

图 4.2.29　砂轮磨削示意图

2）砂轮的特性及选用

砂轮由磨料、结合剂及气孔组成。砂轮特性取决于磨料、粒度、结合剂、硬度、组织及形状尺寸，如图 4.2.30 所示。

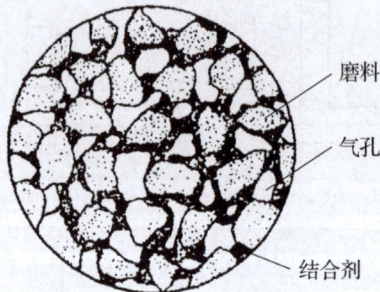

图 4.2.30　砂轮示意图

磨料主要起切削作用，气孔主要起容屑和冷却作用，结合剂主要起黏接作用。

（1）砂轮的磨料。

磨料应具有锋利的形状、高硬度和热硬性、适当的坚韧性，磨料种类较多，具体详见有关数字资源。

（2）砂轮硬度。

砂轮硬度指砂轮工作时在磨削力作用下磨料脱落的难易程度。

砂轮硬度取决于结合剂的结合能力及所占比例，即由结合剂的强度和数量决定，与磨料硬度无关。硬度高，磨料不易脱落；硬度低，自锐性好。

砂轮硬度分 7 大级（超软、软、中软、中、中硬、硬、超硬），16 小级。

砂轮硬度选择原则：

磨削硬材料，选软砂轮；磨削软材料，选硬砂轮；磨导热性差的材料，不易散热，选软砂轮以免工件烧伤；粗磨有色金属，选较软的砂轮（细磨一般切屑很容易堵塞缝隙）。

砂轮与工件接触面积大时，选较软的砂轮；成形磨、精磨时，选硬砂轮；粗磨时选较软的砂轮。

（3）砂轮组织。

组织反映砂轮中磨料、结合剂和气孔三者体积的比例关系，即砂轮结构的疏密程度，分紧密、中等、疏松三类13级。

紧密组织成形性好，加工质量高，适于成形磨、精密磨削和强力磨削。

中等组织适于一般磨削工作，如淬火钢、刀具刃磨等。

疏松组织不易堵塞砂轮，适于粗磨、磨软材、磨平面、内圆等接触面积较大时磨削热敏感性强的材料或薄件。

（4）粒度。

普通磨料粒度：当磨粒的直径 >63 μm 时，以刚能通过的那一号筛网的网号来表示磨料的粒度号。

微粉的粒度号：当磨粒的直径 <63 μm 时，用磨粒最大尺寸表示，如 W20 表示磨粒的直径在 14 ~ 20 μm。

2. 磨削过程

1）砂轮工作表面的形貌特征

（1）磨粒在砂轮工作表面上是随机分布的。

（2）每一颗磨粒的形状和大小都是不规则的，如图 4.2.31 所示。

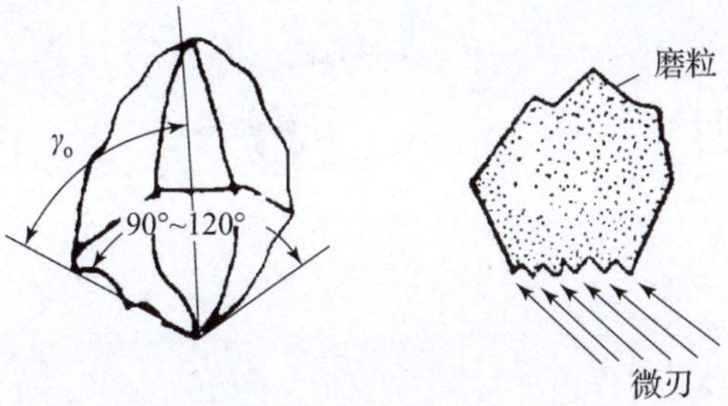

图 4.2.31　砂轮磨粒形状

2）磨屑的形成过程

单个磨粒的磨削过程分为三个阶段：

（1）滑擦阶段。

（2）耕犁阶段（刻划阶段）。

（3）切削阶段。

光磨——当工件磨削接近最终尺寸时（尚有余量 0.005 ~ 0.01 mm），无横向进给磨几次，直到火花消失为止。

3）磨削热

磨削产生的高温是产生磨削表面烧伤、残余应力和表面裂纹的原因。

表面烧伤：指磨削过程中磨削表面层金属在高温下产生相变，从而其硬度与塑性发生变化的现象。

避免烧伤的措施：

（1）合理选用砂轮（可选硬度较软、组织疏松的砂轮）。

（2）合理选择磨削用量（提高圆周进给速度和轴向进给量，减少工件与砂轮接触时间）。

（3）采用良好的冷却措施（加大冷却液流量）。

3. 磨削加工的特点与工艺范围

1）磨削加工的特点

加工余量少，加工精度高。磨削是一种精加工方法，一般磨削可获得 IT5～IT7 级精度，表面粗糙度 Ra 为 0.2～1.6 μm。

（1）磨削加工范围广，能加工多种材料。

各种表面：内外圆表面、圆锥面、平面、齿面、螺旋面。

各种材料：普通塑性材料、铸件等脆性材料、淬硬钢、硬质合金等高硬度难切削材料。但不适合有色金属。

（2）磨削速度高、耗能多，切削效率低，磨削温度高，工件表面易产生烧伤、残余应力等缺陷。

（3）砂轮有一定的自锐性。

2）磨削加工的工艺范围

磨削加工的应用范围非常广泛，可以加工内外圆柱面、内外圆锥面、平面、成形面和组合面等，如图 4.2.32 所示。目前磨削主要用于对工件进行精加工，经过淬火的工件及其他高硬度的特殊材料只能用磨削来进行加工。另外，磨削也可用于粗加工，如粗磨工件表面，切除钢锭和铸件上的硬皮，清理锻件上的毛边，打磨铸件上的浇口、冒口表面，还可用薄片砂轮切断管料以及各种硬度高的型材。

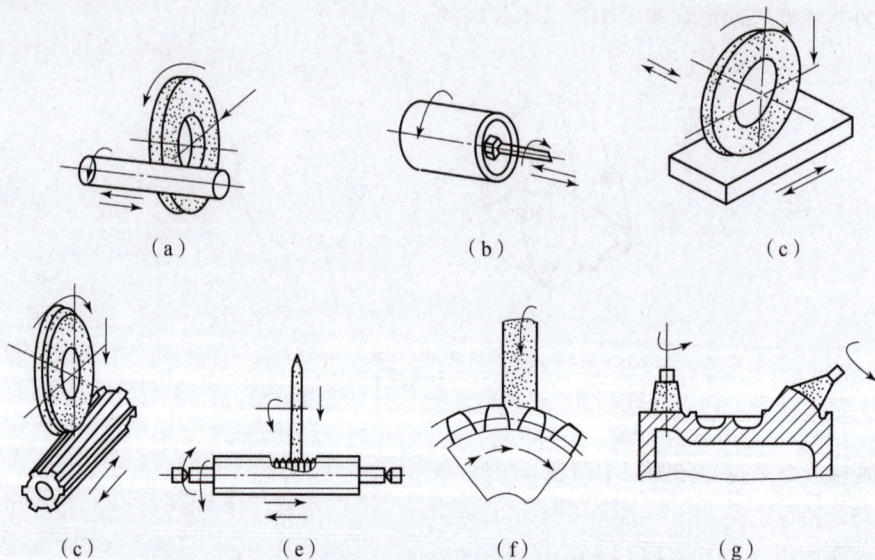

图 4.2.32 磨削的工艺范围

（a）磨外圆；（b）磨内孔；（c）磨平面；（d）磨花键；（e）磨螺纹；（f）磨齿形；（g）磨导轨

4. 磨削方法

1）外圆磨削

外圆磨削是用砂轮外圆周面来磨削工件的外回转表面，不仅能加工圆柱面、端面（台阶部分），还能加工球面和特殊形状的外表面等。外圆磨削一般在外圆磨床或无心外圆磨床上进行，也可采用砂带磨床磨削。下面主要介绍在外圆磨床上磨削外圆。

主运动：砂轮旋转。

进给运动：工件旋转、移动。

吃刀运动：砂轮、工件的相对径向移动。

（1）工件的装夹。

在外圆磨床上，工件一般可用以下方法进行装夹。

①用两顶尖装夹工件。工件支承在前后顶尖上，由拨盘上的拨杆拨动鸡心夹头来带动工件旋转，实现圆周进给运动。这种装夹方式有助于提高工件的回转精度和主轴的刚度，称为"死顶尖"工作方式。

这是外圆磨床上最常用的装夹方法，其特点是装夹方便、定位精度高。两顶尖固定在头架主轴和尾架套筒的锥孔中，磨削时顶尖不旋转，这样头架主轴的径向圆跳动误差和顶尖本身的同轴度误差就不再对工件的旋转运动产生影响。只要中心孔和顶尖的形状正确、装夹得当，就可以使工件的旋转轴线始终不变，获得较高的圆度和同轴度。

②用三爪自定心卡盘或四爪单动卡盘装夹工件。在外圆磨床上可用三爪自定心卡盘装夹圆柱形工件，其他一些自动定心夹具也适于装夹圆柱形工件。四爪单动卡盘一般用来装夹不规则工件。在万能外圆磨床上，利用卡盘在一次装夹中磨削工件的内孔和外圆，可以保证内孔和外圆之间有较高的同轴度精度。

③用芯轴装夹工件。磨削套类工件时，可以内孔为定位基准在芯轴上装夹。

④用卡盘和顶尖装夹工件。当工件较长，一端能钻中心孔，另一端不能钻中心孔时，可一端用卡盘，另一端用顶尖装夹工件。

（2）外圆磨削方法。

常用的外圆磨削方法有纵向磨削法、横向磨削法、分段磨削法和深度磨削法四种。

①纵向磨削法（简称纵磨法）：如图4.2.33（a）、（b）、（f）所示，磨削时，工件做圆周进给运动，同时随工作台做纵向进给运动，砂轮做周期性横向进给运动。当每次纵向行程或往复行程结束后，砂轮做一次横向进给，磨削余量经多次进给后被磨去。纵向磨削法磨削效率低，但能获得较高的精度和较小的表面粗糙度值。

②横向磨削法（简称横磨法）：又称切入磨削法，如图4.2.33（d）、（e）所示。磨削时，砂轮做连续或间断横向进给运动，砂轮切入磨削时无纵向进给，工件做圆周进给运动。砂轮的宽度大于磨削工件表面长度，砂轮做慢速横向进给，直至磨到要求的尺寸。横向磨削法磨削效率高，但磨削力大，磨削温度高，必须供给充足的切削液冷却。

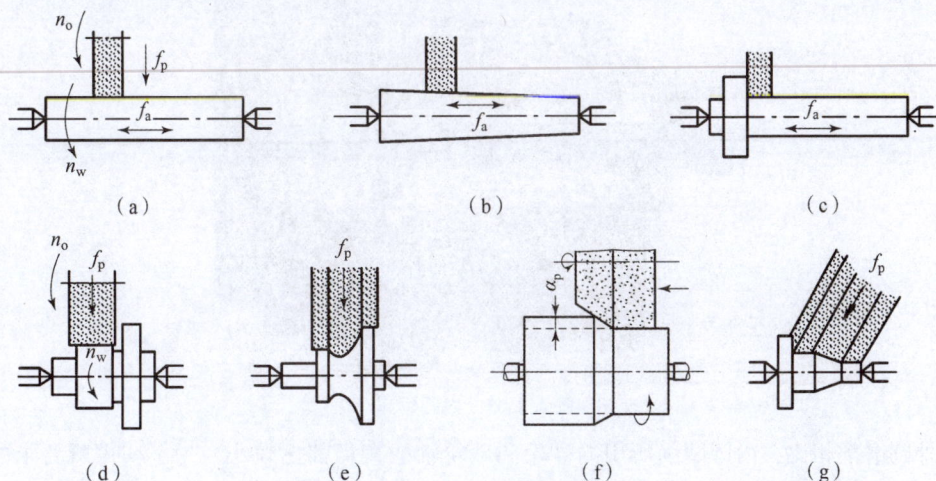

图4.2.33 外圆磨削工艺范围

（a）纵磨法磨光滑外圆面；（b）纵磨法磨光滑外圆锥面；（c）综合磨法磨带端面的外圆面；
（d）横磨法磨短外圆面；（e）横磨法磨成形面；（f）纵磨法磨光滑台锥面；（g）深度磨削法磨外圆

③分段磨削法：又称综合磨削法，是纵向磨削法和横向磨削法的综合运用，即先用横向磨削法将工件分段粗磨，各段留精磨余量，相邻两段有一定量的重叠；再用纵向磨削法进行精磨。分段磨削法兼有横向磨削法效率高、纵向磨削法质量好的优点，如图4.2.33（c）所示。

④深度磨削法：其特点是在一次纵向进给中磨去全部磨削余量。磨削时，砂轮修整成一端有锥面或阶梯状，工件的圆周进给速度与纵向进给速度都很慢。此方法生产率较高，但砂轮修整复杂，并且要求工件的结构必须保证砂轮有足够的切入和切出长度，如图4.2.33（f）所示。

其他磨削法及详细信息见有关数字资源。

2）内圆磨削

用砂轮磨削工件内孔的磨削方式称为内圆磨削，可以在专用的内圆磨床上进行，也可以在具备内圆磨头的万能外圆磨床上实现。内圆磨削可以分为普通内圆磨削、无心内圆磨削和行星内圆磨削三种。

在普通内圆磨床上磨削工件内孔（见图4.2.34和图4.2.35），砂轮高速旋转做主运动，工件旋转做圆周进给运动，同时砂轮或工件沿其轴线往复移动做纵向进给运动，砂轮还做径向进给运动。

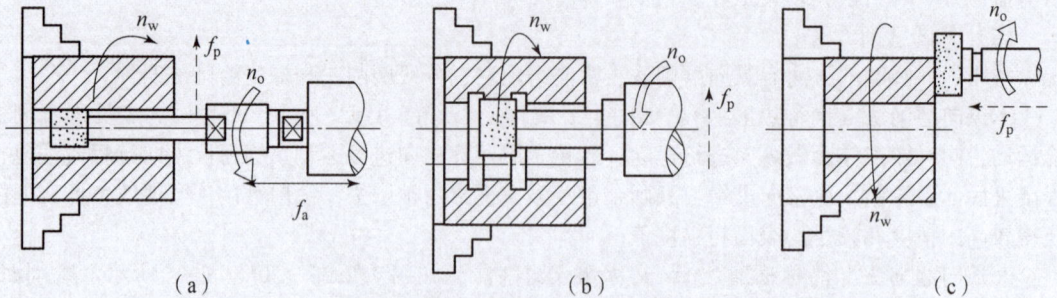

（a）　　　　　　　　（b）　　　　　　　　（c）

图4.2.34　内圆和端面磨削方法

图4.2.35　内圆磨床

与外圆磨削相比，内圆磨削所用的砂轮和砂轮轴的直径都比较小。为了获得所要求的砂轮线速度，就必须提高砂轮主轴的转速，但容易发生振动，影响工件的表面质量。此外，由于内圆磨削时砂轮与工件的接触面积大、发热量集中、冷却条件差以及工件热变形大，特别是砂轮主轴刚性差、易弯曲变形，所以内圆磨削不如外圆磨削的加工精度高。

在实际生产中，常采用减少横向进给量、增加光磨次数等措施来提高内孔的加工质量。

3）平面磨削

常见的平面磨削方式有四种，如图4.2.36所示。工件装夹在具有电磁吸盘的矩形或圆形工作台上做纵向往复直线运动或圆周进给运动。由于受砂轮宽度的限制，需要砂轮沿轴线方向做横向进给运动。为了逐步地切除全部余量，砂轮还需周期性地沿垂直于工件被磨削表面的方向进给。图4.2.36（a）、（b）属于圆周磨削，砂轮与工件的接触面积小，磨削力小，排屑及冷却条件好，工件受热变形小，且砂轮磨损均匀，所以加工精度较高。然而，砂轮主轴呈悬臂状态、刚性差，不能采用较大的磨削用量，故生产率较低。图4.2.36（c）、（d）属于端面磨削，砂轮与工件的接触面积大，同时参加磨削的磨料多，另外磨床工作时主轴受压力，刚性较好，允许采用较大的磨削用量，故生产率高。但是，在磨削过程中，磨削力大、发热量大、冷却条件差、排屑不畅，造成工件的热变形较大，且砂轮端面沿径向各点的线速度不等，使砂轮磨损不均匀，所以这种磨削方法的加工精度不高。

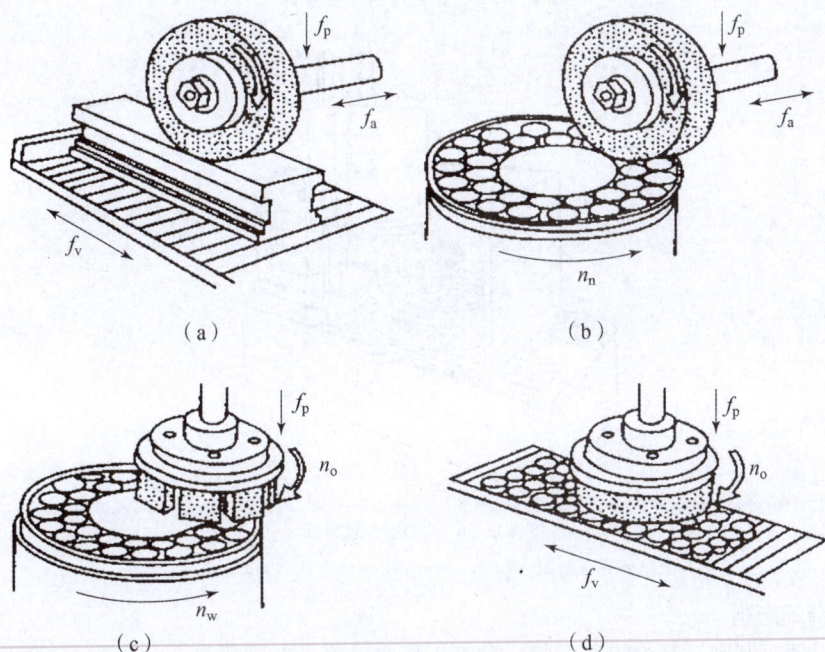

图4.2.36　平面磨削方式

（a）卧轴矩台平面磨床磨削；（b）卧轴圆台平面磨床磨削；
（c）立轴圆台平面磨床磨削；（d）立轴矩台平面磨床磨削

平面磨床举例如图4.2.37和图4.2.38所示。

四种平面磨削方式特点比较：

（1）圆周磨削。

砂轮与工件接触面积小，磨削力小，排屑及冷却条件好，工件受热变形小，且砂轮磨损均匀，故加工精度较高。但砂轮主轴呈悬臂状态、刚性差，不能采用较大的磨削用量，生产率低。

（2）端面磨削。

砂轮一般比较大，能同时磨出工件的全宽，磨削面积较大，允许采用较大的磨削用量，故生产率高。但磨削力大、发热量大、冷却和排屑条件差，故加工精度和表面粗糙度差。

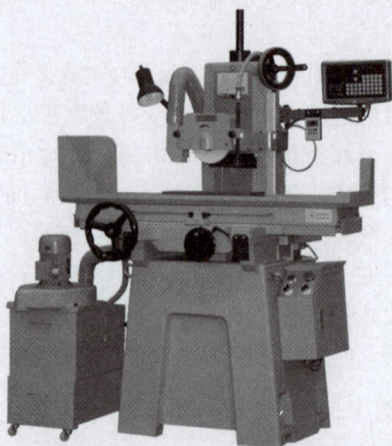

图 4.2.37　卧轴矩台平面磨床

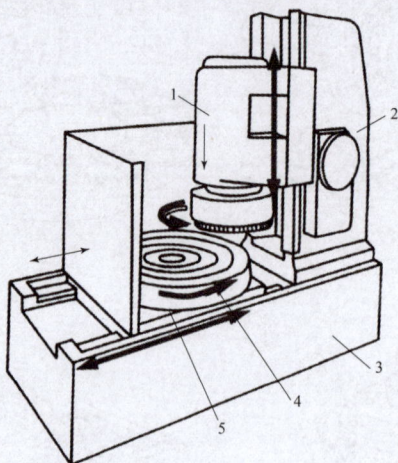

图 4.2.38　圆台平面磨床

1—砂轮架；2—立柱；3—床身；4—工作台；5—床鞍

（3）圆台式磨削。

由于采用端面磨削，且为连续磨削，没有工作台的换向时间损失，故生产率较高。只适于磨削小零件和大直径的环形零件端面，不能磨削长零件。

（4）矩台式磨削。

可方便地磨削各种零件，工艺范围较宽。卧轴矩台磨削除了用砂轮的周边磨削水平面外，还可以用砂轮端面磨削沟槽、台阶等侧平面。

4.2.6　刨削、插削、拉削加工

1. 刨削加工

1）刨削基本知识

（1）刨削加工的基本概念。

刨削是利用刨刀在刨床上对工件进行切削加工，主要用于加工平面，如水平面、垂直面和斜面，还可以加工槽类零件，另外牛头刨床装上夹具后还可以加工齿轮、齿条等成形表面，如图 4.2.39 所示。

（2）刨削的工艺特点。

①适应性较好，费用低。

机床结构简单、操作方便。刨刀为单刃刀具，制造方便，容易刃磨，所以机床、刀具的费用低。刨削可以适应多种表面的加工，如平面、V形槽、燕尾槽、T形槽及成形表面等，如图4.2.40所示。

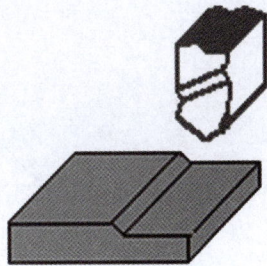

图4.2.39 刨削加工

在刨床上加工床身、箱体等平面，易于保证各表面之间的位置精度。

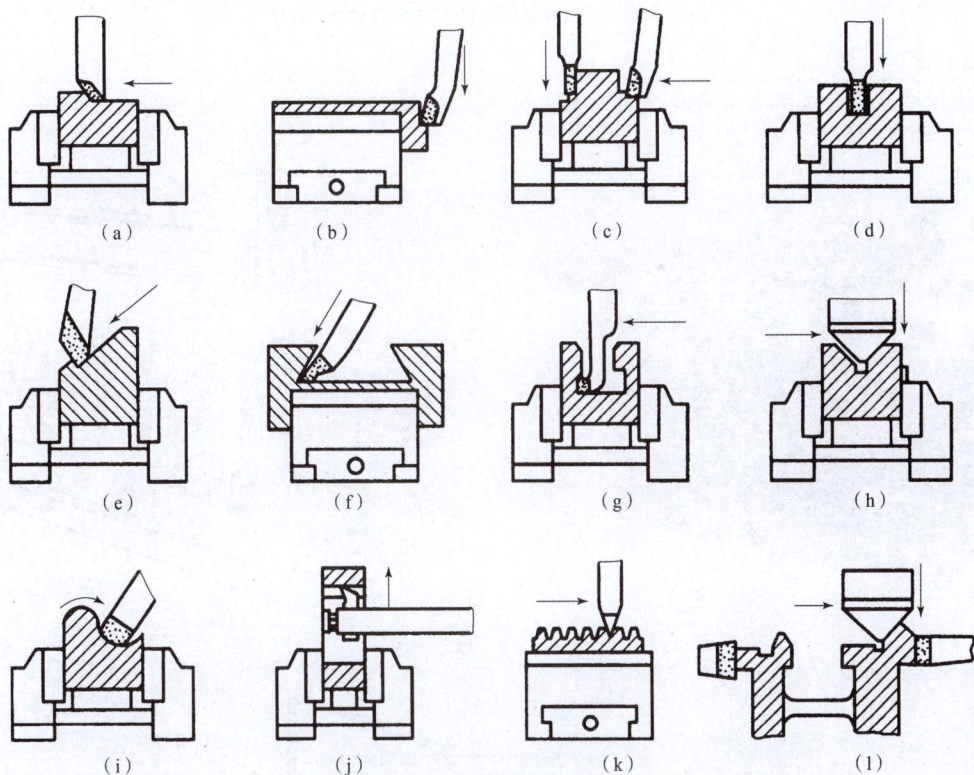

图4.2.40 刨削的加工类型

（a）刨平面；（b）刨垂直面；（c）刨台阶面；（d）刨直角沟槽；（e）刨斜面；（f）刨燕尾槽；（g）刨T形槽；
（h）刨V形槽；（i）刨曲面；（j）刨孔内键槽；（k）刨齿条；（l）刨复合表面

②生产率较低。

刨刀回程时不切削；一般只用单刃刨刀进行加工；刨刀在切入、切出时产生较大的振动，因而限制了切削用量的提高。因此，刨削一般用在单件小批或修配生产中。在龙门刨床上采用多工件、多刨刀刨削。

③加工质量较低。

精刨平面的尺寸公差等级一般可达IT8～IT9级，表面粗糙度 Ra 为1.6～6.3 μm，刨削的直线度较高，可达0.04～0.08 mm/m。

（3）刨削运动特点。

刨削时，刨刀（或工件）的直线往复运动是主运动，一般行程较长；工件（或刨刀）在垂直于主运动方向的间歇移动是进给运动，不是连续的，如图4.2.41所示。

图 4.2.41 刨刀运动

(a) 刨刀直线往复运动；(b) 工件直线往复运动

2）常用刨床

常用刨床可分为牛头刨床和龙门刨床两大类，其结构分别如图 4.2.42 和图 4.2.43 所示。

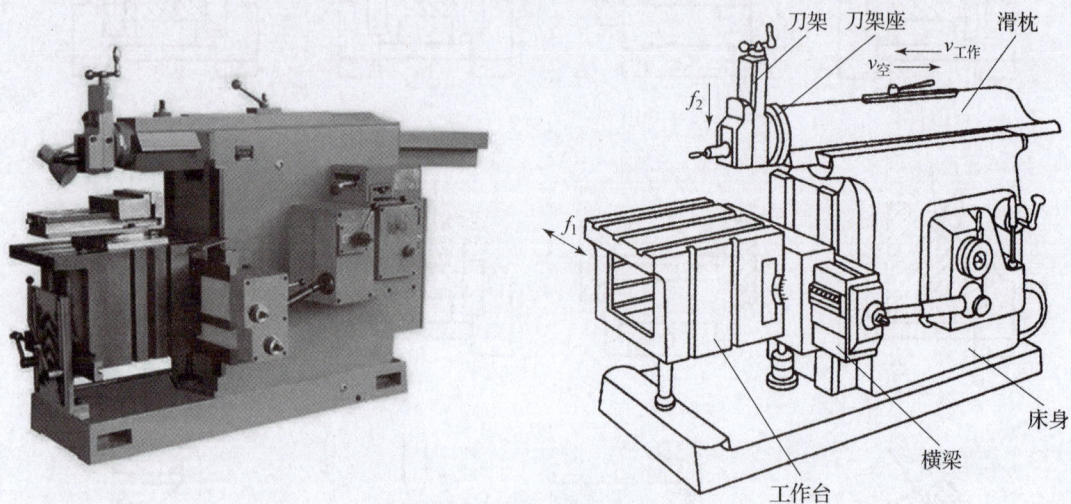

图 4.2.42 牛头刨床

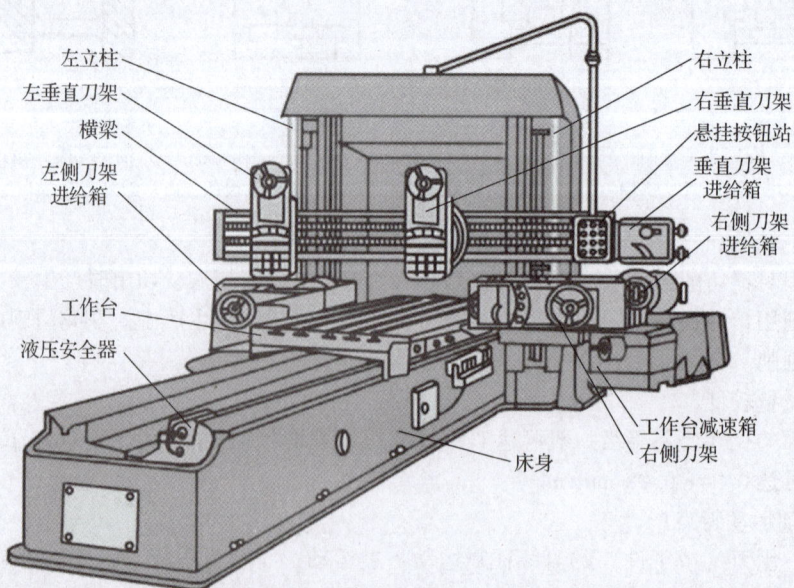

图 4.2.43 双立柱龙门刨床

牛头刨床主要加工较小的零件表面，而龙门刨床主要加工较大的箱体、支架、床身等零件表面。

3）刨削与铣削加工的比较

加工质量大致相当，经粗、精加工之后均可达到中等精度。

生产率：刨削低于铣削。

加工范围：刨削不如铣削广泛。

工时成本：刨削低于铣削。

刨削不如铣削应用广泛。

2. 插削加工

1）插削加工概述

插削加工是指用插刀对工件做垂直相对直线往复运动的切削加工方法。

插削的加工精度比刨削差，插削加工的 Ra 为 $1.6 \sim 6.3~\mu m$。插削的加工内容如图 4.2.44 所示。

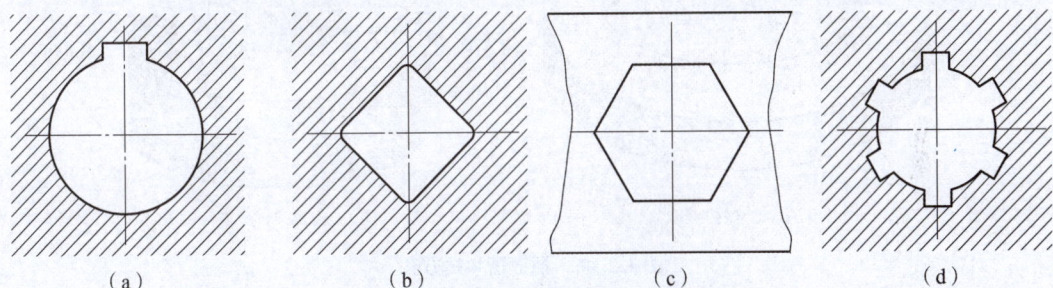

图 4.2.44 插削的加工内容

（a）插键槽；（b）插方孔；（c）插多边形孔；（d）插花键孔

2）插床

插削在插床上进行，插床的结构原理和牛头刨床相似，可视为立式刨床，如图 4.2.45 所示。

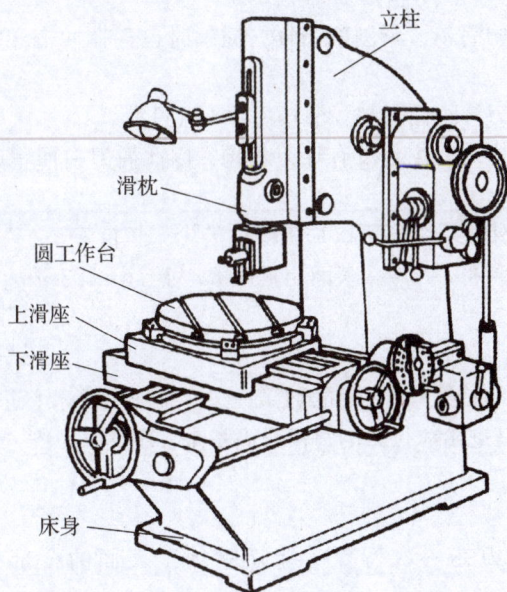

立柱

滑枕

圆工作台

上滑座

下滑座

床身

图 4.2.45 普通插床

3）插削的主要表面形状

（1）插键槽和插方孔。

如图 4.2.46 所示，键槽插削一般分为粗插及精插，以保证键槽的尺寸精度和键槽对工件轴线的对称度要求。插小方孔时，可以用整体方头插刀插削；插大孔要进行划线找正，逐渐进行插削。

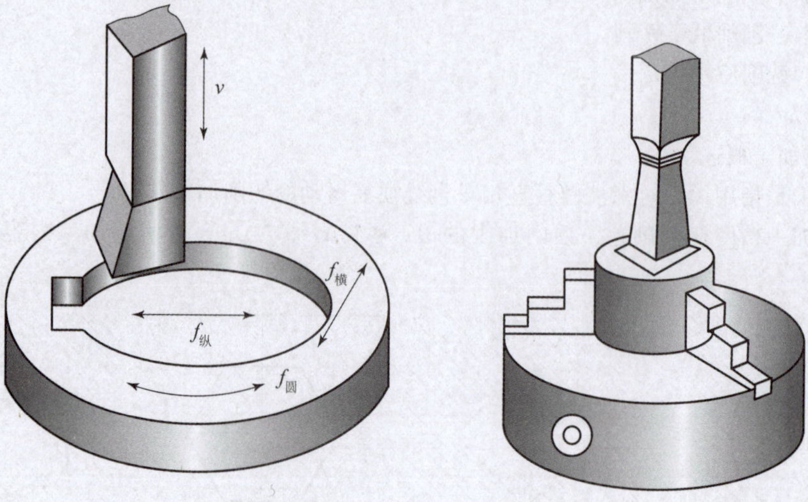

图 4.2.46 插键槽和插方孔
（a）插键槽；（b）插方孔

（2）插花键。

插花键的方法与插键槽大致相同。不同的是花键各键槽除了应保证两侧面对轴平面的对称度外，还需要保证在孔的圆周上均匀分布，因此，插削时常用分度盘进行分度。

4）插削的工艺特点

（1）插床与插刀的结构简单，与刨削一样，插削时也存在冲击和空行程损失，因此，主要用于单件、小批生产。

（2）插削工作行程受刀杆刚性限制，槽长尺寸不宜过大。

（3）刀架没有抬刀机构，工作台没有让刀机构，因此插刀在回程时与工件相摩擦，工作条件较差。

（4）除键槽、型孔以外，插削还可以加工圆柱齿轮、凸轮等。

（5）插削的加工精度为 IT7 ~ IT9，表面粗糙度 Ra 为 1.6 ~ 6.3 μm。

3. 拉削加工

1）拉削加工概述

拉削是指用拉刀加工工件内、外表面的加工方法。拉削在拉床上进行，拉刀的直线运动为主运动，拉削无进给运动，其进给靠拉刀的每齿升高量来实现的；拉削一般在低速下工作，拉削可以加工内表面和外表面。

2）拉削的工艺特点

（1）生产率较高，拉刀在一次行程中能切除加工表面的全部余量，故拉削的生产率较高。

（2）拉削加工精度较高，拉刀制造精度高，切削部分有粗切和精切之分，校准部分又可对加工表面进行校正和修光,所以拉削加工精度较高。粗拉精度为 IT7 ~ IT8,Ra 为 0.8 ~ 1.6 μm;精拉精度为 IT6 ~ IT7,Ra 为 0.4 ~ 0.8 μm。拉圆孔:孔径为 8 ~ 125 mm,孔的深径比 $L/D \leqslant 5$。

（3）拉床采用液压传动,故拉削过程平稳。

（4）拉刀适应性差,拉削只能加工贯通的等截面表面,特别适用于成形内表面的加工,不能加工台阶孔、盲孔和特大直径的孔。由于拉削力很大,拉削薄壁孔时容易变形,因此薄壁孔不宜采用拉削。

（5）拉刀结构复杂,制造费用高,拉削只有在大批生产中才能显示其经济、高效的特点。

3）拉削加工的表面形状

在拉床上可以拉削各种型孔（直通孔）,还可以拉削平面、半圆弧面,以及一些用其他加工方法不便加工的内外表面,如图 4.2.47 所示。

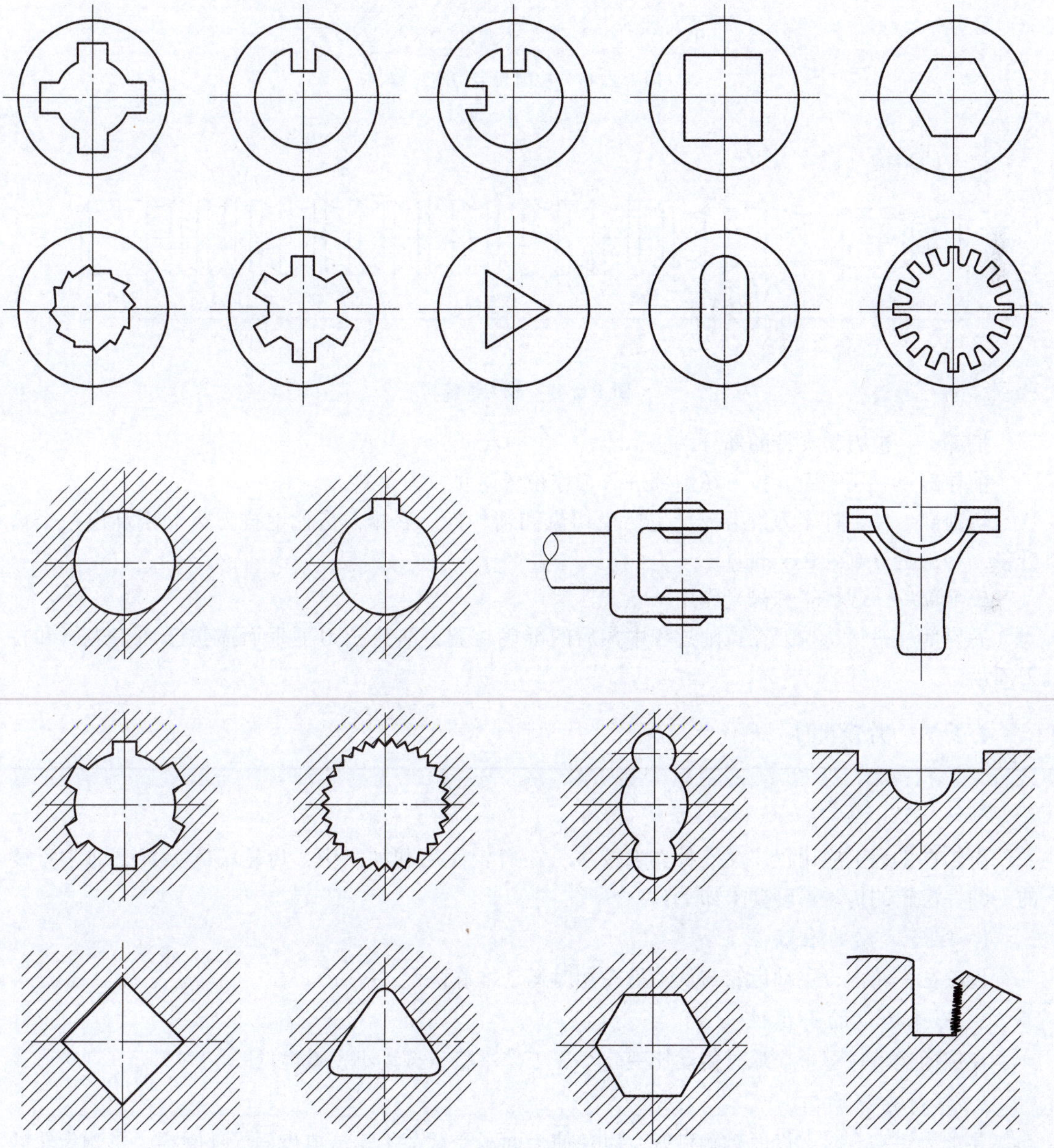

图 4.2.47 拉削加工各种形状

拉刀是一种多齿精加工刀具。拉削时后一刀齿（或后一组刀齿）的齿高高于（或齿宽等于）前一刀齿（或前一组刀齿）（图4.2.48），从而能依次地从工件上切下很薄的金属层，以获得精度高、表面质量好的工件表面。

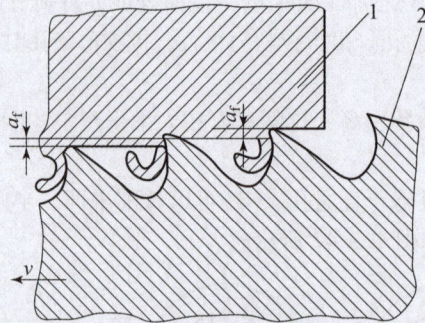

图4.2.48　拉削刀齿切削过程
1—工件；2—拉刀

拉刀的结构（图4.2.49）：

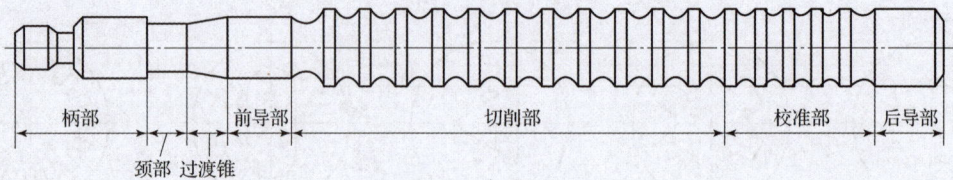

图4.2.49　拉刀的结构

柄部——被刀架夹持的部分。

前导部——用来引导拉刀切削部进入工作位置防止拉刀歪斜。

切削部——由许多刀齿组成，包括粗切齿和精切齿，后排刀齿比前排刀齿分别高出一个齿升量（一般为0.02~0.1 mm）。

校准部——起校正和修光作用。

后导部——保持拉刀在拉削过程中最后的准确位置，防止拉刀下垂而损伤已加工表面和拉刀刀齿。

4.2.7　齿轮加工

4.2.7.1　概述

齿轮在工程上应用很广泛、种类也较多，在齿轮使用和加工中，齿轮精度无疑是非常重要的。圆柱齿轮的传动精度要求如下：

1. 传递运动的准确性

齿轮在一转内，主动齿轮与从动齿轮相对运动准确协调。

2. 传递运动的平稳性

在传递运动过程中，瞬时传动比变化小、工作平稳、振动小、噪声低。

3. 载荷分布均匀

要求齿轮啮合时，齿面接触良好，以免使齿面承受载荷不均造成齿面局部磨损，影响齿轮的使用寿命。

4. 传动侧隙要求

齿轮啮合时，非工作齿间应有一定的间隙，以便储存润滑油，补偿弹性变形。

4.2.7.2 齿轮材料、毛坯及热处理

1. 满足材料的机械性能

齿轮主要的失效形式有齿面点蚀、齿面胶合、齿面塑性变形和轮齿折断等。齿根部受到较大的弯曲应力作用，可能产生齿面或齿体强度失效。齿面各点都有相对滑动，会产生磨损。因此要求齿轮材料有高的弯曲疲劳强度和接触疲劳强度，齿面要有足够的硬度和耐磨性，心部要有一定的强度和韧性。

2. 满足材料的工艺性能

材料的工艺性能是指材料本身能够适应各种加工工艺要求的能力。齿轮的制造要经过毛坯成形、切削加工和热处理等工序，因此选材时要对材料的工艺性能加以关注。

一般来说，碳钢切削加工等工艺性能较好，其机械性能可以满足一般工作条件的要求，但强度不高、淬透性较差。而合金钢淬透性好、强度高，但锻造、切削加工性能较差，因此需要采取热处理方法等途径来改善材料的工艺性能。

3. 齿轮的材料特点

齿面要硬，齿心要韧；易于加工及热处理；软齿面齿轮齿面配对硬度差为 30~50 HBS。

常用的齿轮材料及其热处理方法有：

（1）中碳钢（如 45 钢）进行调质或表面淬火的热处理后，其综合力学性能较好，适用于低速、轻载或中载的一些不重要的齿轮。

（2）合金调质钢（如 40Cr）进行调质或表面淬火的热处理后，综合力学性能更好，且热处理变形小，适用于中速、中载及精度要求较高的齿轮。

（3）合金渗碳钢（如 20Cr、20CrMnTi）进行渗碳淬火或液体碳氮共渗的热处理后，齿面硬度可达 58 HRC，且心部有较高韧性，适用于高速、中载和有冲击载荷的齿轮。

（4）铸铁及其他非金属材料（如尼龙、夹布胶木等）。这些材料强度低、易加工，适用于一些轻载的齿轮。

4. 钢制齿轮的热处理方法

1）表面淬火

表面淬火常用于中碳钢和中碳合金钢，如 45、40Cr 等。表面淬火后，齿面硬度一般为 40~55 HRC。其特点是抗疲劳点蚀、抗胶合能力高、耐磨性好；由于齿轮心部未淬硬，齿轮仍有足够的韧性，能承受不大的冲击载荷。

2）渗碳淬火

渗碳淬火常用于低碳钢和低碳合金钢，如 20、20Cr 等。渗碳淬火后齿面硬度可达 56~62 HRC，而齿轮心部仍保持较高的韧性，轮齿的抗弯强度和齿面接触强度高、耐磨性较好，常用于受冲击载荷的重要齿轮传动。齿轮经渗碳淬火后，轮齿变形较大，应进行磨削加工。

3）渗氮

渗氮是一种表面化学热处理。渗氮后不需要进行其他热处理，齿面硬度可达 700~900 HV，渗氮处理后的齿轮硬度高、工艺温度低、不易变形，适用于内齿轮和难以磨削的齿轮，常用于含铝等合金元素的渗氮钢，如 38CrMoAl 等。

4）调质

调质一般用于中碳钢和中碳合金钢，如 45、40Cr、35SiMn 等。调质处理后齿面硬度一般为

220～280 HBS。因硬度不高，轮齿精加工可在热处理后进行。

5）正火

正火能消除内应力，细化晶粒，改善力学性能和切削性能。机械强度要求不高的齿轮可采用中碳钢正火处理，大直径的齿轮可采用铸钢正火处理。

5. 齿轮毛坯

齿轮毛坯的选择取决于齿轮的材料、结构形式与尺寸、使用条件及生产批量等因素。常用的齿轮毛坯有：

（1）型材，用于一些不重要、受力不大且尺寸较小、结构简单的齿轮。

（2）锻件，用于重要而受力较大的齿轮。

（3）铸钢件，用于直径大或结构形状复杂，不宜锻造的齿轮。

（4）铸铁件，用于受力小、无冲击的开式传动的齿轮。

4.2.7.3 齿轮加工的特点及设备

齿轮制造工艺方案，主要是依据不同类型的齿廓形状、齿面硬度结构形式、精度与生产条件来确定的。一般来说包括以下几个阶段：

材料准备 → 齿坯加工 → 齿坯热处理 → 齿形加工 → 齿面热处理 → 齿面加工

齿坯的加工和普通零件的加工是一样的，具体详见相关数字资源。

齿形和齿面的加工需要在特殊的机床上进行，主要有滚齿机、插齿机、剃齿机、珩齿机和磨齿机等。图4.2.50所示为Y3150E型滚齿机示意图。

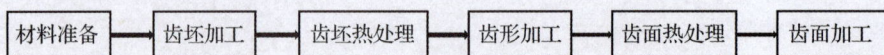

图4.2.50　Y3150E型滚齿机示意图

1—床身；2—立柱；3—刀架溜板；4—刀杆；5—刀架体；6—支架；7—芯轴；8—后立柱；9—工作台；10—床鞍

4.2.7.4 齿形加工原理——成形法和展成法（滚齿）

齿轮加工的关键是齿形，即齿面的加工。目前，齿形加工的主要方法是刀具切削加工和砂轮磨削加工。前者由于加工效率高、加工精度较高，因而是目前广泛采用的齿面加工方法。后者主要用于齿面的精加工，效率一般比较低。按照加工原理，可分为成形法和展成法（范成法）两大类。

1. 成形法（又叫仿形法）

成形法是采用与被切齿轮齿槽相符的成形刀具加工齿形的方法。用齿轮铣刀在普通铣床上加工齿轮是常用的成形法加工。铣完一个齿槽后，分度头将齿坯转过 360°/z，再铣下一个齿槽，直到铣出所有的齿槽，如图 4.2.51 所示。

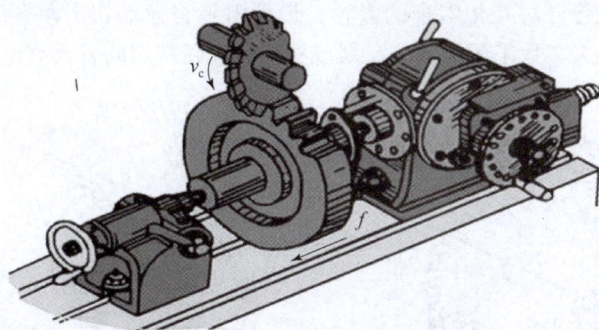

图 4.2.51　成形法铣削齿槽

1）齿轮铣刀的选择

应选择与被加工齿轮模数、压力角相等的铣刀，如图 4.2.52 所示。同时按齿轮齿数选择合适的铣刀，如表 4.6 所示。

（a）　　　　　　　　　　（b）

图 4.2.52　成形法齿轮加工刀具

表 4.6　齿轮铣刀的刀号及加工齿数范围

刀号	1	2	3	4	5	6	7	8
加工齿数范围	12 ~ 13	14 ~ 16	17 ~ 20	21 ~ 25	26 ~ 34	35 ~ 54	55 ~ 134	135 以上及齿条

2）铣齿

在卧式铣床上，将齿坯套在芯轴上安装于分度头和尾架顶尖之间，对刀并调好铣削深度后开始铣第一个齿，铣完一齿退出进行分度，依次逐个完成齿数的铣削。

铣齿加工特点：

（1）使用普通的铣床设备，且刀具成本低。

（2）生产率低。每切完一齿要进行分度，占用较多的辅助时间。

（3）齿轮精度低，齿形精度只达到 IT9 ~ IT11 级。

主要原因是每号铣刀的刀齿轮廓只与该范围最少齿槽相吻合，而此号齿轮铣刀加工同组的其他齿数的齿轮齿形都有一定的误差。

2. 展成法（范成法）

展成法是利用一对齿轮无侧隙啮合时两轮的齿廓互为包络线的原理加工齿轮的齿形。加工时刀具与齿坯的运动就像一对互相啮合的齿轮，最后刀具将齿坯切出渐开线齿廓，如图4.2.53所示。齿轮加工机床绝大多数采用展成法，展成法切制齿轮常用的刀具有三种：

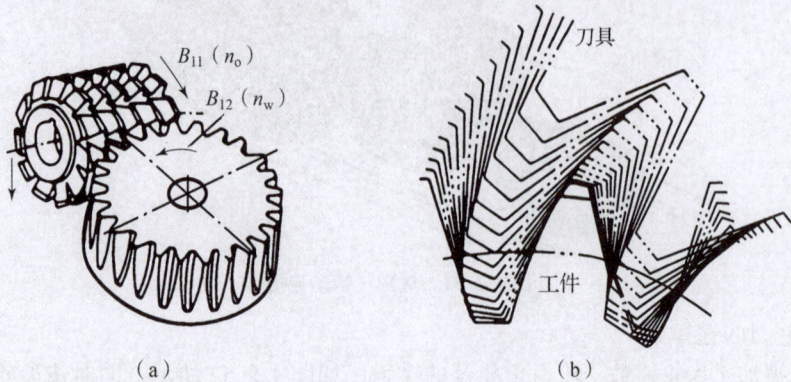

图 4.2.53　滚齿原理图

（1）齿轮插刀是一个齿廓为刀刃的外齿轮。

（2）齿条插刀是一个齿廓为刀刃的齿条。

（3）齿轮滚刀像梯形螺纹的螺杆，轴向剖面齿廓为精确的直线齿廓，滚刀转动时相当于齿条在移动，可以实现连续加工，生产率高。

特点：

用展成法加工齿轮时，只要刀具与被切齿轮的模数和压力角相同，不论被加工齿轮的齿数是多少，都可以用同一把刀具来加工，这给生产带来了很大的方便，因此展成法得到了广泛的应用。

4.2.7.5　齿形和齿面加工方法

1. 滚齿加工

滚齿加工的原理为模拟一对交错轴斜齿轮副啮合滚动的过程。齿轮滚刀好比一个齿数很少、齿很长的齿轮，轮齿的螺旋倾角很大，就成了蜗杆。再将蜗杆开槽并铲背，就成了齿轮滚刀。当机床使齿轮滚刀和工件严格地按一对斜齿圆柱齿轮啮合的传动比关系做旋转运动时，齿轮滚刀就可在工件上连续不断地切出齿来，如图4.2.54和图4.2.55所示。

滚齿加工

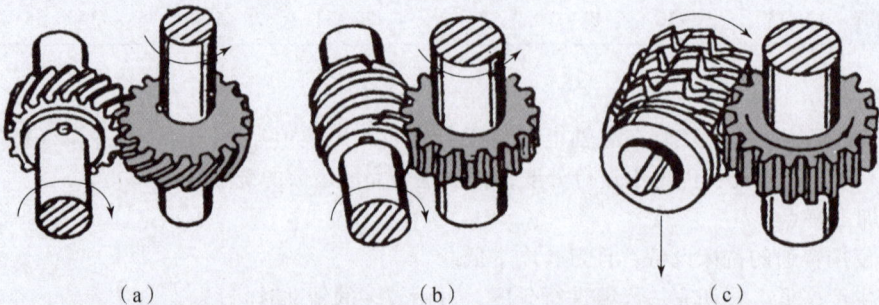

图 4.2.54　齿轮滚刀成形

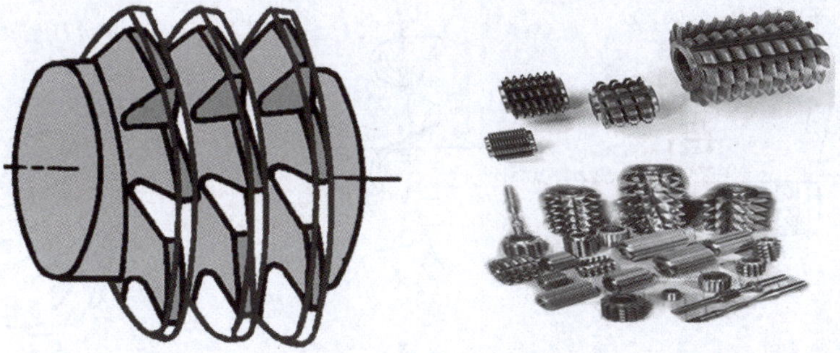

图 4.2.55　齿轮滚刀

1）加工直齿圆柱齿轮

根据展成法原理用齿轮滚刀加工齿轮时，必须严格保持齿轮滚刀与工件之间的运动关系。因此，滚齿机在加工直齿圆柱齿轮时的工作运动有以下几种：

主运动：齿轮滚刀的旋转运动（r/min）。

展成运动：齿轮滚刀的旋转运动和工件的旋转运动的复合运动，即齿轮滚刀与工件间的啮合运动。两者之间应准确地保持一对啮合齿轮副的传动关系。

轴向进给运动：齿轮滚刀沿工件轴线方向做连续进给运动，在工件的整个齿宽上切出齿形。

2）加工斜齿圆柱齿轮

除上述三个运动外，还有一个工件附加转动（即差动传动链）。加工斜齿轮时，在垂直进给过程中，通过差动机构和分度蜗轮副使齿坯和工作台获得附加转速，与轮齿的螺旋角相适应。通过调整差动交换齿轮可获得此运动。加工直齿轮时，该差动机构应脱开。

3）滚齿加工时工件的装夹

加工的齿轮直径较小时，工件以内孔定位装夹在芯轴上，芯轴上端的圆柱体用后立柱支架上的顶尖或套筒支承，以加强工件的装夹刚度。加工直径较大的齿轮时，通常用带有较大端面的底座和芯轴装夹，或者将齿轮直接装夹在滚齿机工作台上。

4）滚齿加工的特点

（1）适应性好，精度通常能达 IT7～IT8 级；精密滚齿机结合高精度齿轮滚刀，滚齿精度可达 IT5～IT6 级。

（2）生产率高。

（3）齿轮齿距误差小。

（4）齿轮齿廓表面粗糙度较差。

（5）滚齿加工主要用于直齿圆柱齿轮和蜗轮。

2. 插齿加工

插齿主要用于加工直齿圆柱内、外齿轮，多联齿轮，内、外花键等。

1）插齿的运动

插齿机的工作原理类似一对圆柱齿轮啮合，其中一个齿轮作为工件，另一个齿轮变为齿轮形的插齿刀具。插齿加工是按展成原理加工齿轮的。加工时有以下几种运动（图4.2.56）：

（1）主运动：插齿刀的上下往复运动，向下为切削行程，向上为空回程。

（2）分齿运动（展成运动）：插齿刀与被加工齿轮强制地按照传动速比保持啮合关系的运动。

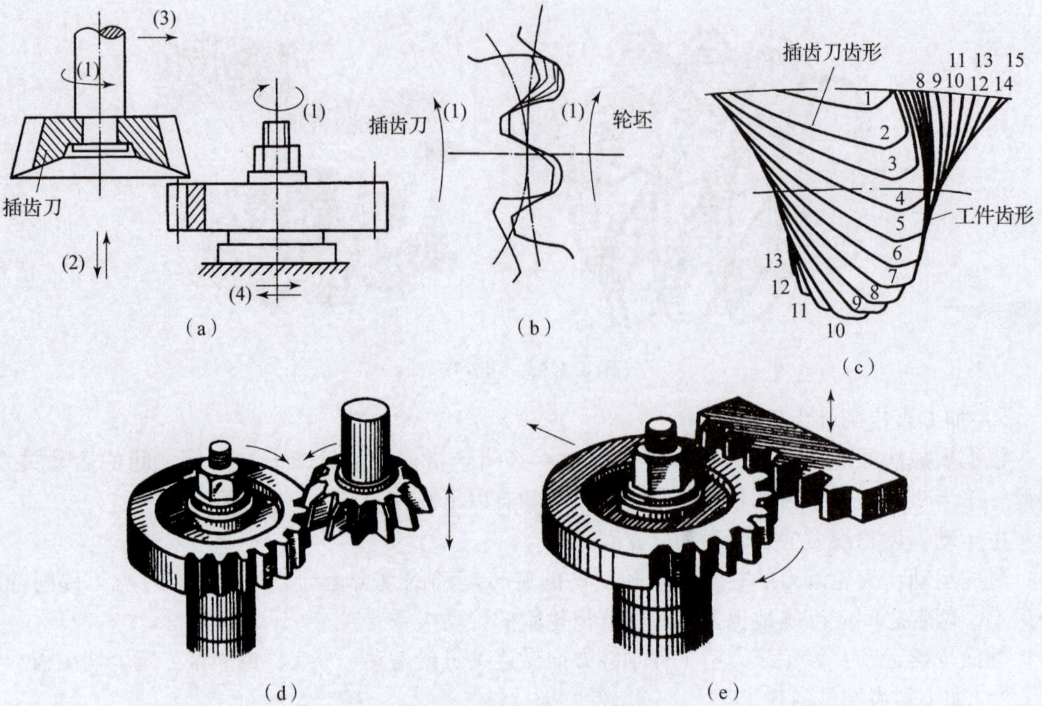

图 4.2.56 插齿原理及运动示意图

(a) 插齿运动示意图；(b) 齿轮啮合图；(c) 插齿原理图；(d) 圆周插齿刀；(e) 齿条刀插齿

（3）圆周进给运动（刀具转动）：分齿运动过程中，插齿刀每上下往复一次，其分度圆周转过的弧长。

（4）径向切入运动：插削开始阶段，插齿刀每上下往复一次，径向移动的距离，以逐渐插至全齿深。

（5）让刀运动：为避免插齿刀回程时，擦伤已加工表面，应使工作台沿径向让开一段距离，当插削行程开始时，工作台再恢复原位，这种工作台短距离的往复移动称为让刀运动。

2）插齿加工的特点

（1）齿形精度高，通常能达 IT7~IT9 级，最高可达 IT6 级。

（2）获得的齿廓表面粗糙度较小。

（3）有利于提高工件的齿形精度和减小表面粗糙度。

（4）工件公法线长度变动量较大。

（5）生产率相对滚齿低。

（6）加工斜齿轮很不方便，且不能加工蜗轮。

3. 其他齿轮加工方法

常用的齿面精加工方法有剃齿、珩齿和磨齿等方法。

1）剃齿加工

剃齿常用于未淬火圆柱齿轮的精加工，生产率很高，在成批、大量生产中得到广泛的应用。

（1）剃齿工作原理。

盘形剃齿刀外形很像齿轮，加工时剃齿刀和齿轮轴交错成一角度，做螺旋齿轮啮合。安装时，剃齿刀与工件轴线倾斜一个剃齿刀螺旋角 β。剃齿刀的圆周速度可以分解为沿工件齿向的切向速度和沿工件速度，从而带动工件旋转和轴向运动，使刀面上剃下一层极薄的切屑。同时，工作台往复运动，以剃削轮齿的全长，如图 4.2.57 所示。

图 4.2.57　剃齿原理

（2）剃齿加工有以下几种运动：

剃齿刀带动工件的高速正、反转运动，是基本运动。

工件沿轴向往复运动，使齿轮全齿宽均能剃出。

工件每往复一次做径向进给运动，以切除全部余量。

（3）加工特点：

剃齿加工的精度一般为 IT6 ~ IT7 级，表面粗糙度 Ra 为 0.4 ~ 0.8 μm，用于未淬火齿轮的精加工。

剃齿加工的生产率高，加工一个中等尺寸的齿轮一般只需 2 ~ 4 min，与磨齿相比较，生产率可提高 10 倍以上。

由于剃齿加工是自由啮合，机床无展成运动传动链，故机床结构简单、调整容易。

2）珩齿加工

珩齿的加工原理与剃齿相同，是对淬硬齿形进行精加工的方法之一。主要用于去除热处理后齿面上的氧化皮，减小轮齿表面粗糙度值，表面粗糙度 Ra 为 0.2 ~ 0.4 μm，从而降低齿轮传动的噪声。生产率高，一般用于大批加工 IT6 ~ IT8 级精度的淬火齿轮，如图 4.2.58 所示。

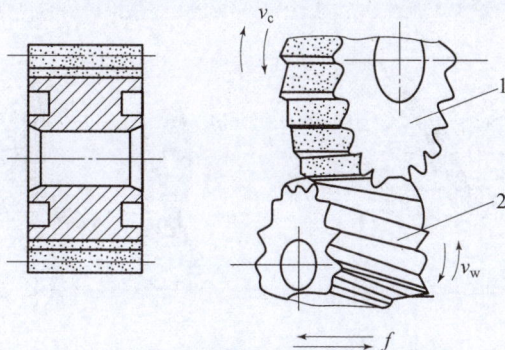

图 4.2.58　珩磨轮与珩磨原理
1—珩磨轮；2—工件

3）磨齿加工

磨齿加工主要用于对高精度齿轮或淬硬的齿轮进行齿形的精加工。一般条件下，加工齿轮精度可达 IT4～IT6 级，表面粗糙度可达 0.2～0.8 μm。由于磨齿采用砂轮与工件强制啮合的运动方式，不仅修正齿轮误差的能力强，而且特别适合加工齿面硬度很高的齿轮。但是除蜗杆形砂轮磨齿外，一般磨齿加工效率均较低、设备结构较复杂、调整设备困难、加工成本较高。目前，磨齿主要用于加工精度要求很高的齿轮，特别是硬齿面的齿轮。

（1）连续分度展成法磨齿。

连续分度展成法磨齿是利用蜗杆形砂轮的刀具磨削齿轮的轮齿，其加工过程和滚齿相似，如图 4.2.59 所示。

图 4.2.59　连续分度展成法磨齿

（2）单齿分度展成法磨齿。

单齿分度展成法磨齿可根据使用砂轮形状不同有蝶形砂轮磨齿、锥形砂轮磨齿等几种方法，如图 4.2.60 所示。

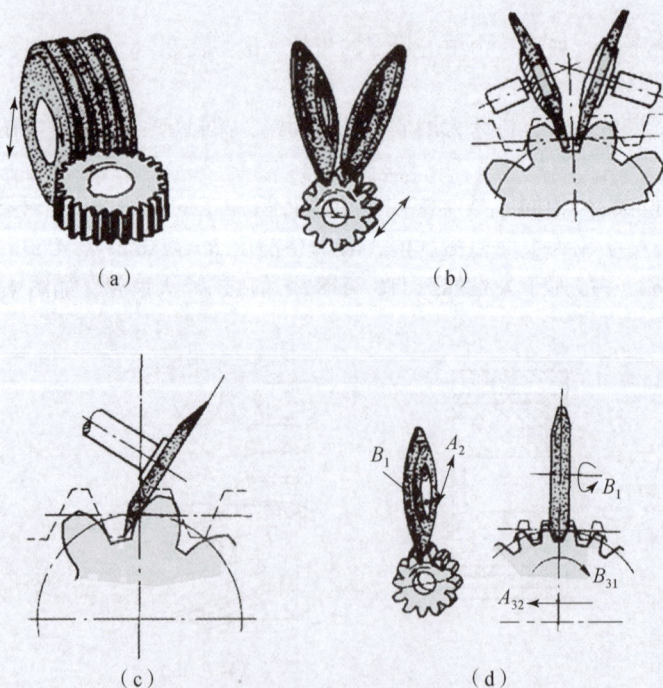

（a）　　　　　　　　　　（b）

（c）　　　　　　　　　　（d）

图 4.2.60　单齿分度展成法磨齿

4）齿轮加工的其他方法

滚制：齿轮的滚制加工有利用成形法与展成法。利用展成法的滚制是利用齿条与小齿轮、小齿轮与大齿轮、内齿轮与小齿轮的啮合，将淬火硬化的齿条形工具、小齿轮形工具、内齿轮形工具按压于齿轮轮坯，使轮坯滚动，借塑性变形加工成齿形。利用成形法的滚制是用对应于滚制齿轮的齿轮形状的成形滚制刀具，借特殊的滚轧加工成形齿形。

热间锻造：热间锻造的主要对象为直齿伞齿轮、螺旋伞齿轮及正齿轮，通常为以非铁合金为材料的齿轮，当不计加热之际发生的氧化皮时，热间锻造的精度及表面粗糙度不亚于机械加工。

高速锻造：利用高速的高压空气或氮气使滑块带着模具进行锻造或挤压的方法。

冷间锻造：主要有利用锻粗或锻头法扩大齿坯尺寸的成形与减少齿坯断面的挤出成形。

冲剪：玩具等精度要求不大的小型板齿轮常用冲剪法制成。

普通铸造：超大型齿轮不得不用铸造法来加工。直接将熔融的金属注入铸模中，凝固后取出，直接使用或机械加工后使用。

精密铸造法：有壳模法、石膏模法等。

还有粉末冶金法、射出成形法等齿轮加工方法。

5）齿形加工方法比较

（1）滚齿与插齿比较。

滚齿是齿轮滚刀做连续的旋转切削、切削速度较高，插齿是刀齿做往复运动，限制了切削速度，故滚齿生产率比插齿要高，滚齿机可以加工直齿、斜齿圆柱齿轮和蜗轮，但不能加工内齿轮和相距太近的多联齿轮；插齿时插齿刀沿齿全长连续切出，包络线数量也多，而滚齿时轮齿全长是由齿轮滚刀多次连续切出，故插齿的齿面粗糙度值较小；插齿刀的制造、刃磨检验比齿轮滚刀方便，易得到高精度，但插齿机分齿传动链比滚齿复杂，因此，加工齿轮的精度基本一样；插齿机可以加工内齿轮和多联齿轮，但不能加工蜗轮。

（2）滚齿、插齿与铣齿比较。

铣齿采用普通铣床设备和简单刀具即可加工齿形，只能加工 IT9 ~ IT11 级精度、表面粗糙度 Ra 为 3.2 ~ 6.3 μm 的齿轮。

滚齿和插齿的分度精度和齿形精度均较铣齿高，可以加工 IT6 级精度、表面粗糙度 Ra 为 1.6 ~ 3.2 μm 的齿轮；滚齿和插齿是连续分度和切削的，其生产率比铣齿高。用同一模数的齿轮滚刀和插齿刀，可以加工各种不同齿数的齿轮，大大减少了刀具数目，提高了效益。

表 4.7 所示为各种齿形主要加工工艺比较。

表 4.7　各种齿形主要加工工艺比较

分类	加工精度	产生率	表面粗糙度 Ra	适用范围
滚齿	通常 IT5 ~ IT8，最高 IT4 级	较高	3.2 ~ 6.3 μm	通用性大
插齿	通常 IT7 ~ IT9，最高 IT6 级	较高	1.6 ~ 3.2 μm	通用性大
剃齿	IT6 ~ IT7 级	高，2 ~ 4 min 一件	0.4 ~ 0.8 μm	主要用于精加工
珩齿	IT6 ~ IT8 级	低	0.2 ~ 0.4 μm	剃齿后的加工
磨齿	IT4 ~ IT6 级	较低	0.2 ~ 0.8 μm	淬硬后的精加工

4.2.7.6　齿轮加工工艺实例

齿轮零件图如图 4.2.61 所示。

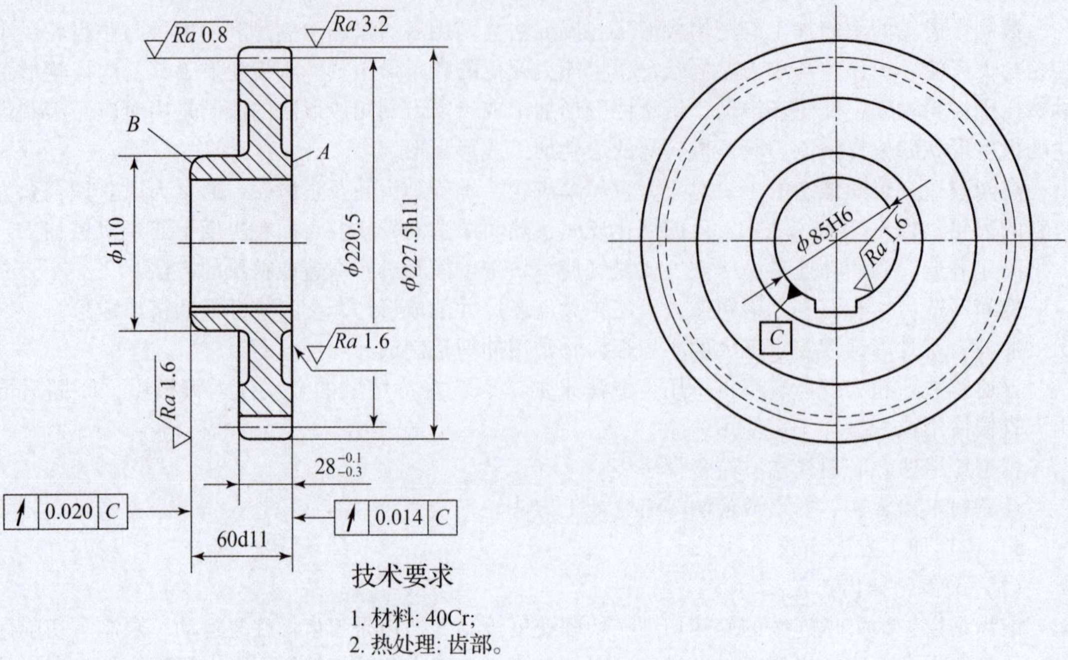

技术要求

1. 材料: 40Cr;
2. 热处理: 齿部。

图 4.2.61 齿轮零件图

表 4.8 所示为齿轮加工工序。

表 4.8 齿轮加工工序

序号	工序内容	定位基准
	毛坯锻造	
	正火	
1	粗车外形，各部留加工余量 2 mm	外圆和端面
2	精车各部，内孔至 ϕ84.8H7，总长留加工余量 0.2 mm，其余至尺寸	外圆
3	滚齿（齿厚留磨齿加工余量 0.25~0.35 mm）	内孔和端面 A
4	倒角	内孔和端面 A
5	钳工除毛刺	
6	热处理: 齿部 G52	
7	插键槽	内孔（找正用）和端面 A
8	靠磨大端面 A	内孔
9	平面磨磨削端面 B，总长至尺寸	端面 A
10	磨内孔 ϕ85H6 至尺寸	内孔和端面 A（找正用）
11	磨齿	内孔和端面 A
12	终结检验	

4.2.8 零件的结构工艺性分析

零件的结构工艺性是指所设计的零件在能满足使用要求的前提下制造的可行性和经济性。
零件的结构工艺性包括零件的整个工艺过程的工艺性，如铸造、锻造、冲压、焊接、热处理、切削加工等的工艺性，涉及面很广，具有综合性。在不同的生产类型和生产条件下，同一种零件制造的可行性和经济性可能不同，因此对其结构工艺性的要求也不同。所以，在对零件进行工艺性分析时，必须根据具体的生产类型和生产条件，全面、具体、综合地分析。在制定机械加工工艺规程时，主要进行零件的切削加工工艺性分析，主要涉及以下几点：

（1）工件应便于在机床或夹具上装夹，并尽量减少装夹次数。

（2）刀具易于接近加工部位，便于进刀、退刀、越程、测量及观察切削情况等。

（3）尽量减少刀具调整和走刀次数。

（4）尽量减少加工面积及空行程，提高生产率。

（5）便于采用标准刀具，尽可能减少刀具种类。

（6）尽量减少工件和刀具的受力变形。

（7）改善加工条件，便于加工，必要时应便于采用多刀、多件加工。

（8）有适宜的定位基准，且定位基准至加工面的标注尺寸应便于测量。

表4.9所示为常见零件的结构工艺性示例，更多内容见相关数字资源。

表4.9　常见零件的结构工艺性示例

工艺性内容	不合理的结构	合理的结构	说明
1. 加工面积应尽量小			1. 减少加工量； 2. 减少刀具及材料的消耗量
2. 钻孔的入端和出端应避免斜面			1. 避免钻头折断； 2. 提高生产率，保证精度
3. 槽宽尺寸一致			1. 减少换刀次数； 2. 提高生产率
4. 键槽布置在同一方向上			1. 减少调整次数； 2. 保证位置精确

模块四　机械零件切削加工及工艺基本知识　■　109

工艺性内容	不合理的结构	合理的结构	说明
5. 孔的位置不能距壁太近		S $S>D/2$ D	1. 可以采用标准刀具； 2. 保证加工精度
6. 槽的底面不应与其他加工面重合			1. 便于加工； 2. 避免损伤加工表面
7. 螺纹根部应有退刀槽			1. 避免损伤刀具； 2. 提高生产率

4.3 定位基准及夹紧

4.3.1 定位

工件在加工之前需要在机床或夹具中有一个准确的位置，这个位置的选取过程称为定位；已定位好的工件加工时受到切削力等作用容易产生位置移动，因此需要固定，这个操作称为夹紧；对于定位和夹紧的过程合称为装夹。

1. 工件定位的方法

1）直接找正定位法

此方法生产率低，加工精度主要取决于工人操作技术水平和测量工具的精确度，一般用于单件小批生产，如图 4.3.1 所示。

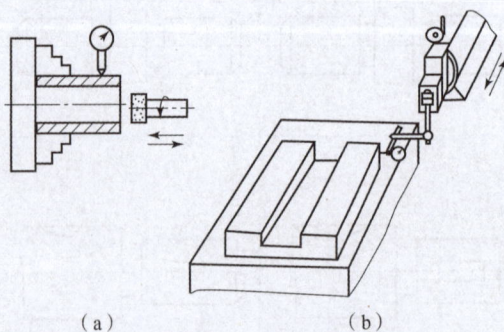

（a）   （b）

图 4.3.1 直接找正定位示例

（a）磨内孔时工件的找正；（b）刨槽时工件的找正

2）划线找正定位法

该定位方法精度低，一般用于生产批量不大的工件。当所选用的毛坯为形状较复杂、尺寸偏差较大的铸件或锻件时，在加工阶段的初期，为了合理分配加工余量，经常采用划线找正定位法，如图4.3.2所示。

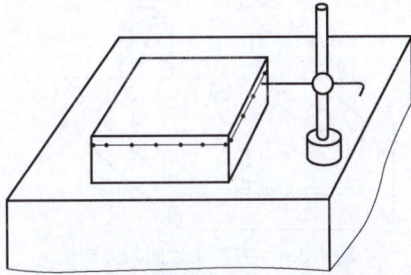

图4.3.2　划线找正定位法示例

3）利用夹具定位法

工件的定位是制定零件机械加工工艺规程时的一个非常重要的工作，涉及如何根据工件的加工技术要求并按照工件定位的基本原理，分析、研究和确定应限制工件的哪些自由度，应如何选择工件的定位基准（面），以及如何根据定位基准的情况选择合适的定位元件，来满足工件加工技术要求等内容。

2. 工件定位的基本原理

1）六点定位原则

工件的自由度——任何一个工件，如果对其不加任何限制，那么它在空间的位置是不确定的，可以向任何方向移动或转动，工件所具有的这种运动的可能性即自由度。

如果把工件放在空间直角坐标系中，则工件具有六个自由度，如图4.3.3所示。

工件定位的"六点定则"——工件的定位实质上就是限制工件应该被限制的自由度，即若要确定工件某一坐标方向上的位置，则只需用一个定位支承点限制工件在该方向上的自由度，用六个合理布置的定位支承点限制工件的六个自由度，就是工件的位置完全确定。工件具体定位时，实际上不是用定位支承点，而是用各种不同形状的定位元件定位。不同的定位元件限制工件的自由度数是不一样的，从而使工件六个自由度都被限制，则位置完全被确定。

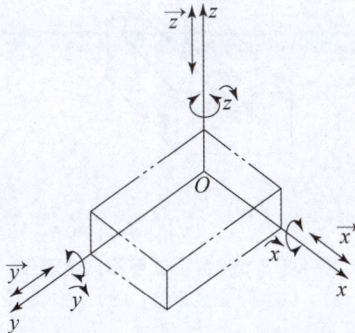

图4.3.3　方形工件的六个自由度

图4.3.4中，各支承点限制的自由度如下：

1，2，3——z轴移动，x轴、y轴的旋转；

4，5——x 轴移动，z 轴转动；

6——y 轴移动。

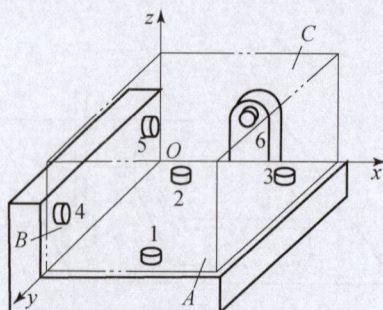

图 4.3.4　方形工件的六点定位

注意 1：两种错误理解。

（1）定位与夹紧相混：只要工件在夹具中被夹紧，工件也就不存在自由度了，因此工件自然就定位了。

（2）定位反方向移动：工件虽然已经被定位，但是它仍具有沿着定位支承点的相反方向移动的自由度。

注意 2：在布置支承点时，底面上的三个支承点不能在同一条直线上，且三个支承点形成的三角形面积越大越好。侧面上的两个支承点形成的连线不能垂直于三点所形成的平面，且两点之间的距离越远越好。

2）工件的定位形式

工件的定位有以下三种形式：

（1）完全定位——用六个合理布置的定位支承点限制工件的六个自由度，使工件位置完全确定的定位形式，如图 4.3.5（c）所示。

（2）不完全定位——工件被限制的自由度少于六个，但能满足加工技术要求的定位形式，如图 4.3.5（a）、（b）所示。

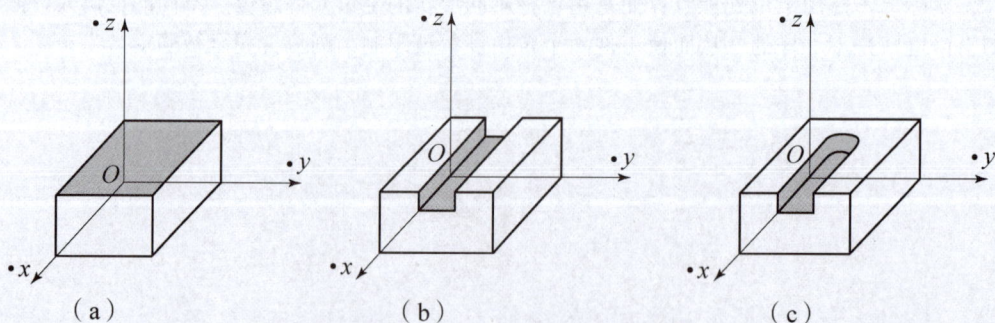

（a）　　　　　　　　　　（b）　　　　　　　　　　（c）

图 4.3.5　完全定位与不完全定位
（a）、（b）不完全定位；（c）完全定位

（3）过定位——两个或两个以上的定位支承点同时限制工件的同一个自由度的定位形式，称为过定位或重复定位。如图 4.3.6 和图 4.3.7 所示的定位形式，由于三个支承钉已经限制了三个自由度，再加上一个支承钉也是限制同样的自由度，因此其中有自由度被重复限制了，所以属于过定位。

图4.3.6　矩形工件的部分定位和过定位

（a）部分定位；（b）过定位

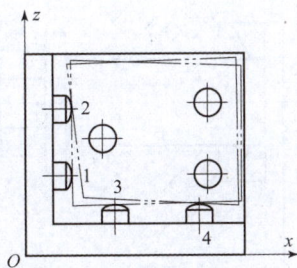

图4.3.7　工件过定位案例

图4.3.8所示工件的端面和小头孔不可能绝对垂直，长销1也不可能与支承板2绝对垂直，所以在夹紧工件时定位元件就会产生变形，或者工件的端面与支承板的定位面不能完全接触，其结果必然会影响加工精度。图4.3.9所示情况与图4.3.8一样，不再分析。

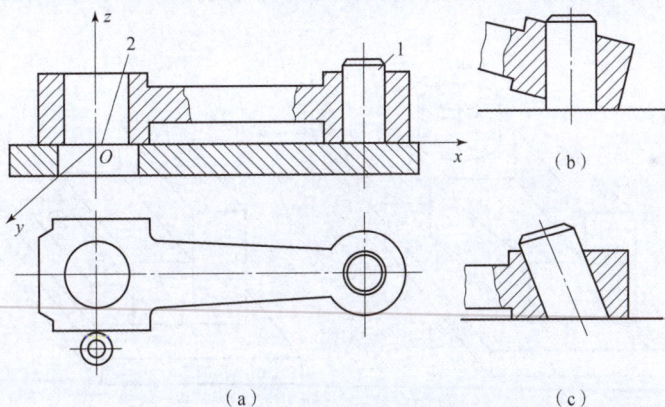

图4.3.8　连杆加工平面过定位引起夹紧变形

1—长销；2—支承板

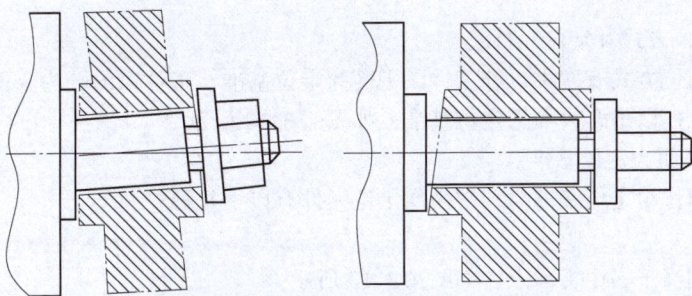

图4.3.9　轮毂加工装夹中过定位引起的状况

如果工件上的各定位基准面之间以及各定位元件之间的位置精度都很高,这时即使采用了过定位,也往往不会造成不良后果,反而能提高工件在加工中的支承刚度和稳定性,因此,这种情况下的过定位是可以采用的,实际生产中也经常使用。所以说,过定位不一定必须避免,而应正确对待。

反之,如果工件的定位面是毛坯面或虽经过机械加工,但加工精度不高,这时过定位一般是不允许的,因为它可能造成定位不准确,或定位不稳定,或发生定位干涉等情况,如图 4.3.8 和图 4.3.9 所示。此时过定位可以采取一些措施进行改进,如图 4.3.10 所示。通常应尽量避免采用过定位,但是在某些特殊情况下也是允许的。

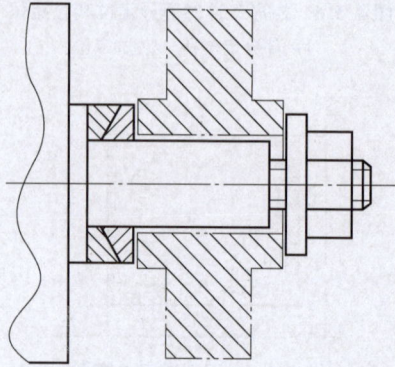

图 4.3.10 轮毂加工装夹过定位的改进

(4)欠定位——按照加工技术要求,需要限制的自由度结果没有被限制的现象。欠定位现象是绝不允许出现的,因为其不能保证工件的加工技术要求。如图 4.3.11 所示,在工件上铣削直的台阶,如果 y 方向没有被限制,就不能保证台阶的直角边和边线的距离尺寸要求,这种情况属于欠定位。

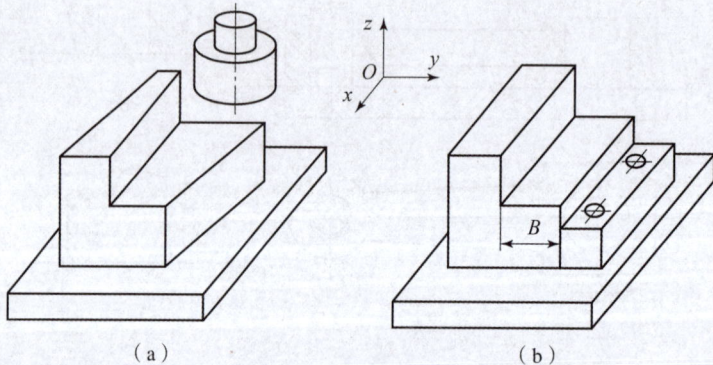

(a)   (b)

图 4.3.11   欠定位示例

3. 定位方式及定位元件

1)常见的定位方式及定位元件

常见的工件定位方式有四种,即工件以平面为定位基准、工件以内孔为定位基准、工件以外圆为定位基准和工件以组合表面为定位基准,如图 4.3.12 所示。

(1)工件以平面为定位基准。

当工件以平面作为定位基准时,常用的定位元件有以下几种:

①支承钉。

一个支承钉相当于一个支承点,如图 4.3.13 所示。

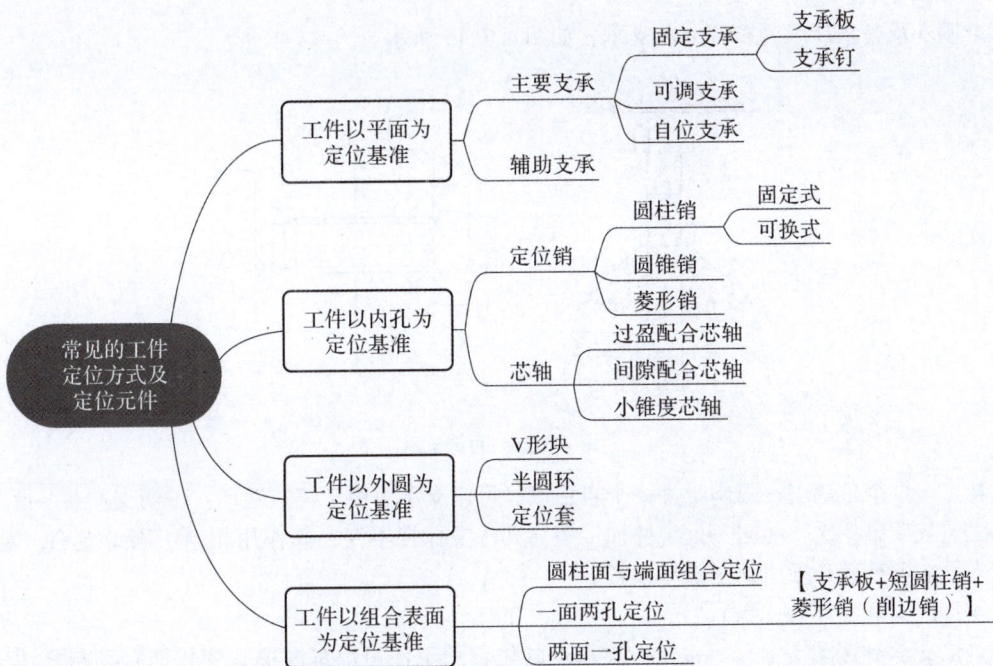

图 4.3.12 常见的工件定位方式及定位元件

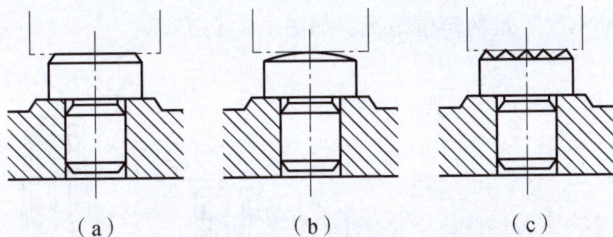

图 4.3.13 支承钉

(a) 平头支承钉；(b) 球头支承钉；(c) 齿纹支承钉

②支承板。

接触面比支承钉大的定位元件，与大平面接触定位时，该支承板相当于三个不在一条直线上的定位支承点。一个窄长支承板相当于两个定位支承点。

特点：支承板适用于工件以精基准定位的场合。如图4.3.14所示，上述支承钉与支承板是固定在夹具体上使用的，因此，也称固定支承。

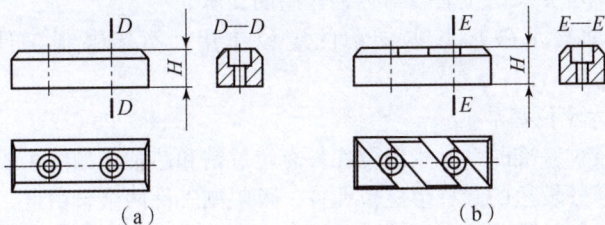

图 4.3.14 支承板

(a) A型；(b) B型

③可调支承。

可调支承是指高度可以调节的支承，如图 4.3.15 所示。

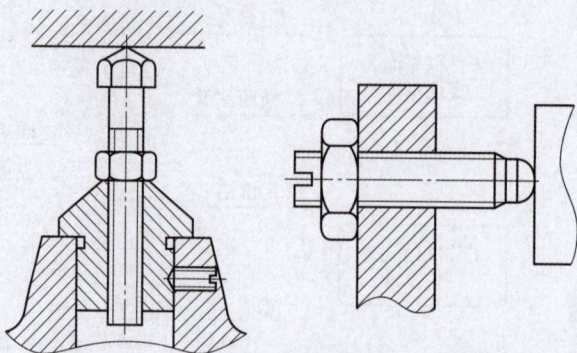

图 4.3.15 可调支承

特点：一个可调支承限制工件一个自由度。可调支承适用于铸造毛坯；可调支承在一批工件加工之前只调整一次，在同一批工件加工中，其位置保持不变，其作用相当于固定支承，因此，可调支承在调整后必须用锁紧螺母锁紧。

④自位支承（浮动支承）。

自位支承（浮动支承）——定位支承点的位置随工件定位基准位置变化而自动与之适应的定位元件。

特点：自位支承一般只起一个定位支承点的作用；可提高工件的支承刚度和定位稳定性，适用于粗基准定位或工件刚度不足的定位情况，如图 4.3.16 所示。

（a）   （b）

图 4.3.16 自位支承

⑤辅助支承。

辅助支承——对基本支承定位后参与辅助作用的支承。

特点：不允许辅助支承破坏基本支承的定位作用；不起限制工件自由度的作用，如图 4.3.17 所示。

（2）工件以内孔为定位基准。

当工件以内孔为定位基准时，常用定位元件有定位销和芯轴，如图 4.3.18 所示。

定位销——轴向尺寸较短的圆柱形定位元件，可限制工件两个自由度。

定位销有圆柱销、圆锥销、菱形销等形式。圆柱销又分为固定式和可换式，如图 4.3.19 所示。圆锥销有用于粗基准和精基准定位两种类型，如图 4.3.20 所示。由于工件用圆锥销定位易倾斜，故多成对使用或与其他定位元件配合使用，如图 4.3.21 所示。

图 4.3.17　辅助支承

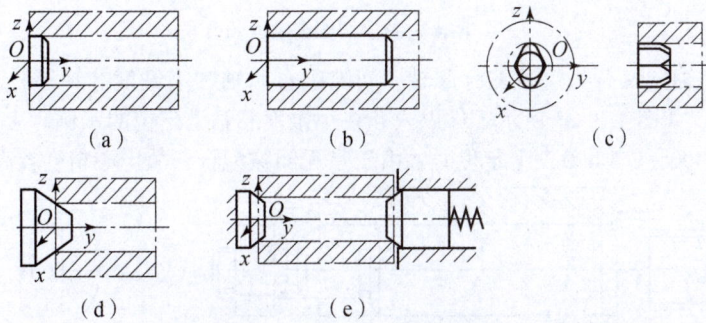

图 4.3.18　工件以内孔定位的常用定位元件

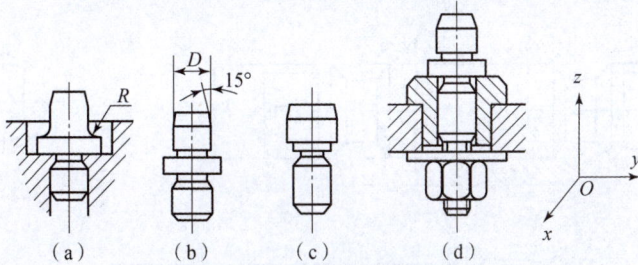

图 4.3.19　常见的圆柱销结构

（a）3 mm≤D<10 mm；（b）10 mm≤D<18 mm；（c）D>18 mm；（d）带套可换定位销

图 4.3.20　粗、精基准圆锥销定位

（a）粗基准定位；（b）精基准定位

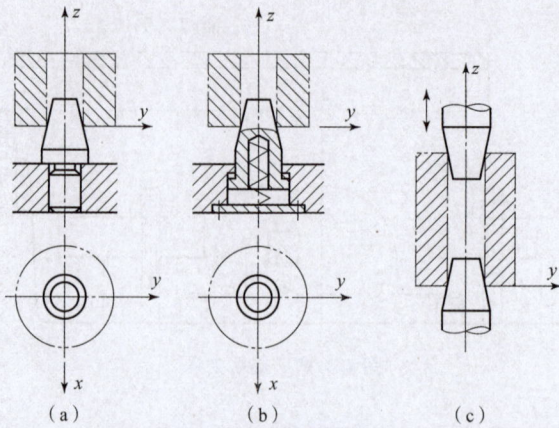

图 4.3.21　圆锥销定位

芯轴有刚性芯轴（又分为过盈配合芯轴、间隙配合芯轴和小锥度芯轴等）、弹性芯轴两种，如图 4.3.22 所示。如图 4.3.23 所示工件以内孔在小锥度芯轴上定位的示例。工件在小锥度芯轴（常用锥度为 1/1 000 ~ 1/5 000）上定位时，由于是无间隙配合，故定心精度较高。

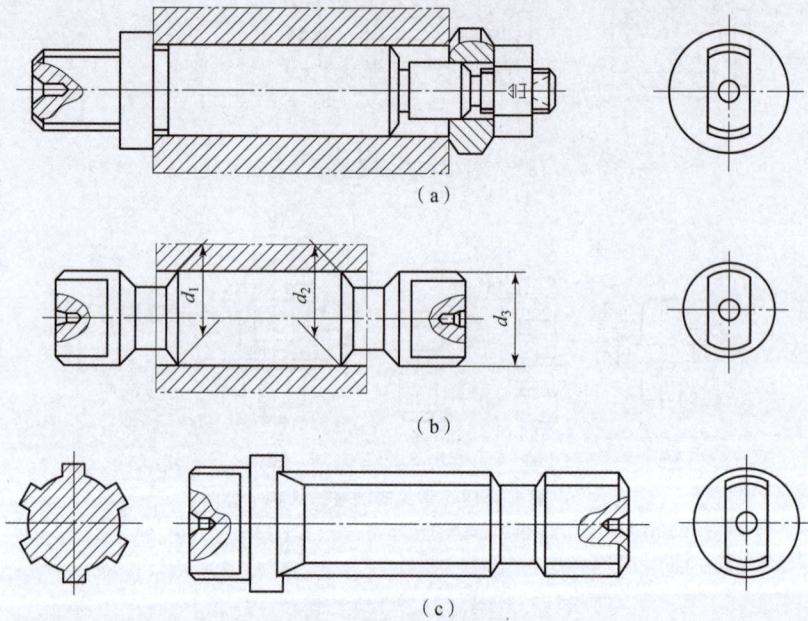

图 4.3.22　圆柱芯轴

（a）间隙配合芯轴；（b）过盈配合芯轴；（c）花键芯轴

图 4.3.23　工件以内孔在小锥度芯轴上定位的示例

（3）工件以外圆为定位基准。

工件以外圆为定位基准是指工件的定位基准为圆柱面的轴心线或外圆柱面，前者称为定心定位，后者称为支承定位，如图 4.3.24～图 4.3.26 所示。

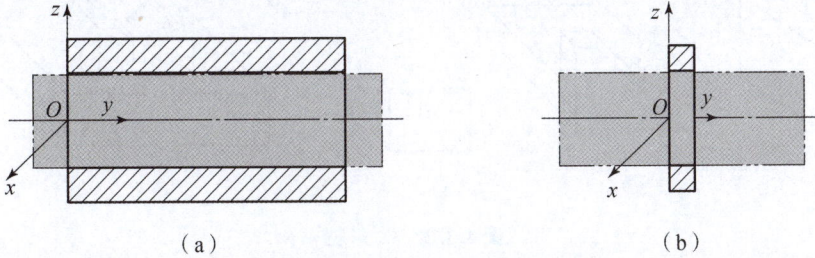

图 4.3.24　长、短定位套
（a）长定位套；（b）短定位套

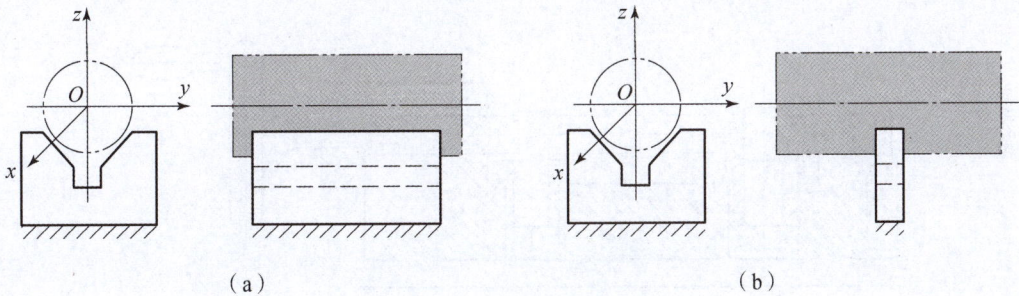

图 4.3.25　长、短 V 形块
（a）长 V 形块；（b）短 V 形块

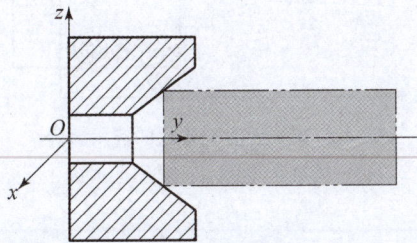

图 4.3.26　圆锥套

当工件以外圆为定位基准时，常用的定位元件有以下几种：V 形块、定位套、半圆环（套）等，其中以 V 形块最常用。

① V 形块。

工件以外圆柱面在 V 形块上定位时的定位基准可以认为是其母线（也可以认为是其轴线），如图 4.3.27 所示。

V 形块的最大优点：对中性好，可使一批工件的定位基准（轴线）对中在 V 形块两斜面的对称平面上，而不受定位基准面直径误差的影响，且装夹很方便。V 形块的应用范围较广，不论定位基准面是否经过加工，是完整的圆柱表面还是局部的圆弧面，都可采用 V 形块定位。

（a）　　　　　（b）　　　　（c）　　　　　（d）

图 4.3.27　V 形块

（a）单个短 V 形块；（b）整体式短 V 形块组合；（c）分体式短 V 形块组合；（d）装配式短 V 形块组合

除上述固定式 V 形块外，夹具上还经常采用活动 V 形块。图 4.3.28 所示为活动 V 形块的应用示例。活动 V 形块除具有定位作用外，还兼有夹紧作用。

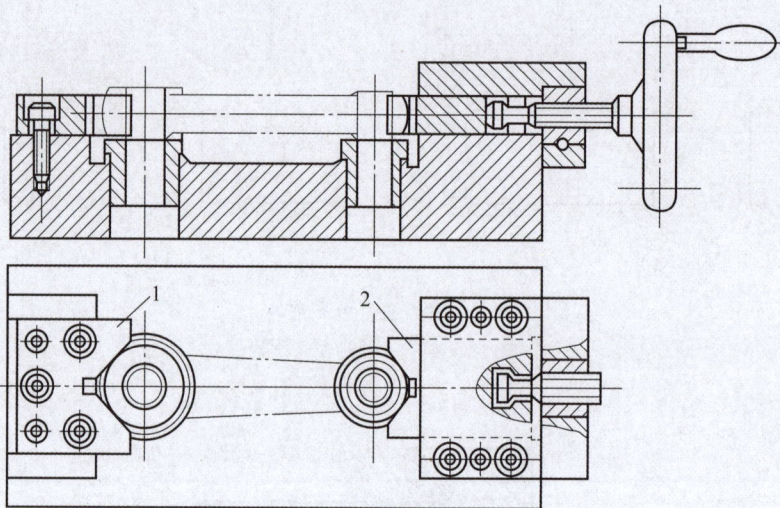

图 4.3.28　活动 V 形块的应用示例

1—固定 V 形块；2—活动 V 形块

②定位套。

常见的定位套如图 4.3.29 所示。

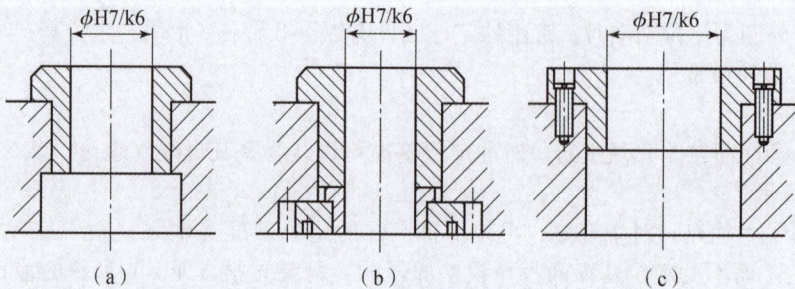

$\phi H7/k6$　　　$\phi H7/k6$　　　$\phi H7/k6$

（a）　　　　　（b）　　　　　（c）

图 4.3.29　常见的定位套

（a）短定位套；（b）长定位套；（c）可更换定位套

特点：定位套是定心定位中常用的定位元件，其结构简单、容易制造，但定心精度不高，只适用于工件以精基准定位方式时；为了限制工件的轴向自由度，定位套常与其端面（支承板）配合使用。

③半圆环（套）。

图4.3.30所示为两种半圆环定位装置，其下面的半圆环起定位作用，上面的半圆环起夹紧作用。

图4.3.30（a）为可卸式，图4.3.30（b）为铰链式，后者装卸工件更方便。

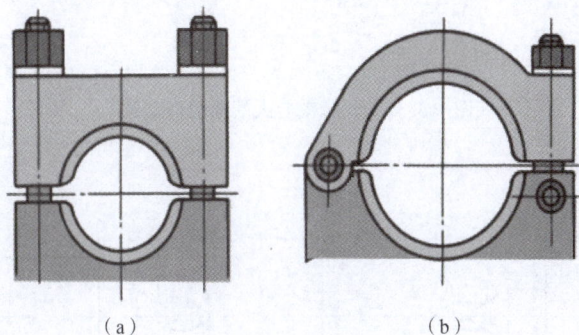

（a）   （b）

图4.3.30　半圆环（套）

（a）可卸式；（b）铰链式

特点：半圆环定位装置主要适用于大型轴类工件及从轴向进行装卸不方便的工件。

（4）工件以组合表面定位。

当工件以单一表面做定位基准不足以限制所需要限制的自由度时，常采用平面、外圆、内孔等表面进行组合定位。两个顶尖孔、孔及其端面、轴及其端面、一面两个孔、两面一孔等组合表面进行定位。

在组合表面定位中，首先要解决各个基准面之间的主次关系。一般情况下，限制自由度数目最多的定位表面称为第一定位基准面或主基准面；限制自由度数目次多的定位表面称为第二定位基准面或导向面；只限制一个自由度的定位表面称为第三定位基准面或止推面。

①圆柱面（外圆或内孔）与端面组合定位。

生产实践中采用圆柱面与端面组合定位的工件很多，如箱体、盖板、连杆等零件的加工。采用组合定位可以实现在一次装夹中加工尽量多的工件表面，容易实现基准统一，同时也有利于保证工件各个表面之间的相互位置精度，如图4.3.31和图4.3.32所示。

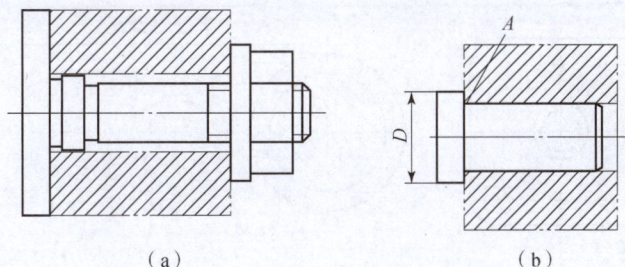

（a）   （b）

图4.3.31　圆柱面与端面组合定位

如图4.3.33所示工件在两顶尖上的定位，首先确定前顶尖限制的自由度，它们是 x、y、z 轴方向的移动。然后再分析后顶尖限制的自由度。此时，应与前顶尖一起综合考虑，可以确定其限制的自由度是 y、z 轴方向的旋转。

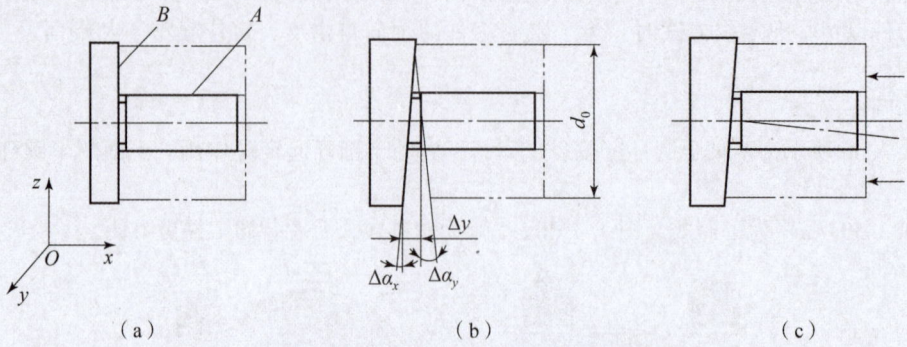

图 4.3.32　长芯轴与大端面组合定位

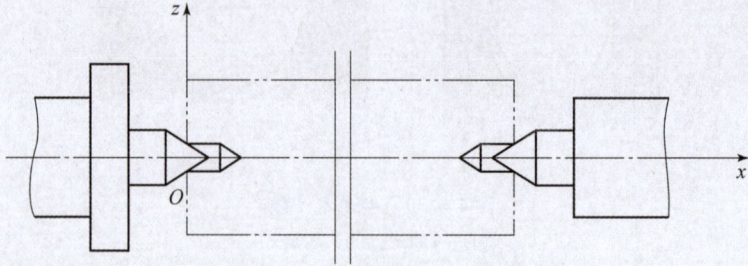

图 4.3.33　工件在两顶尖上的定位

②一面两孔定位。

一面两孔定位——采用一个大支承板和两个与该板垂直的定位销（一平面和一圆柱销及削边销）进行定位的方式。

如图 4.3.34 所示，在加工箱体、杠杆、盖板和支架等零件时，就是以两个轴线平行的孔以及与两孔轴线相垂直的大平面为定位基准。

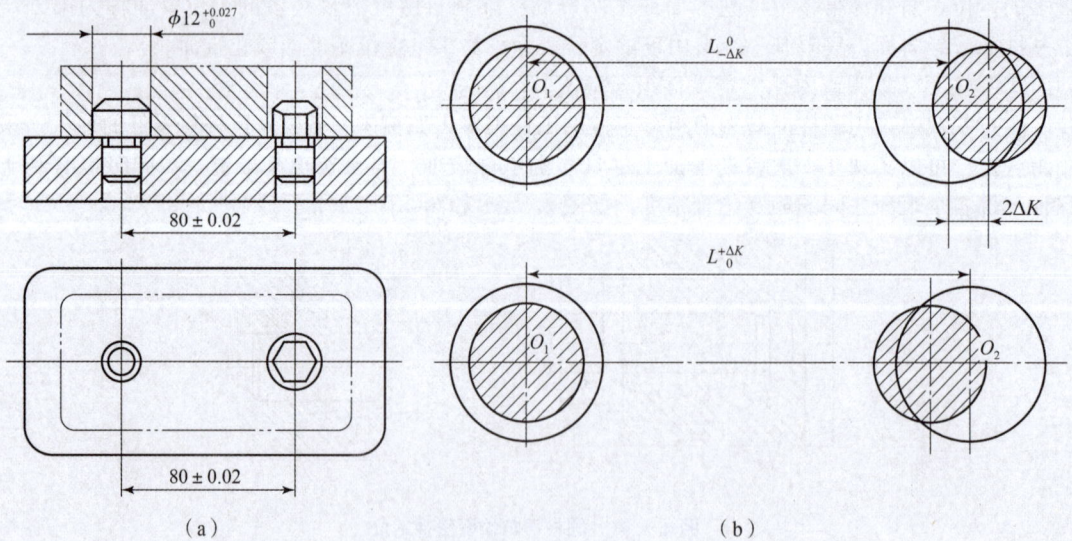

图 4.3.34　一面两孔定位

工件定位平面——限制了三个自由度，是主基准。

与左圆柱销相配合的孔——限制了两个自由度，是第二定位基准。

与削边销相配合的孔——限制了一个自由度，是第三定位基准。

分析：

工件以一面两孔定位时，如采用两个圆柱销，由于两个圆柱销均限制工件两个相同的自由度，即重复限制，会造成工件在两孔中心线连线方向上出现过定位。此时由于工件上两定位孔的孔距及夹具上两销的销距都有误差，当误差较大时，这种过定位会使工件无法准确装到夹具上。因此，实际生产中，工件以一面两孔定位时，为了避免过定位，一般不采用两个圆柱销，而是采用图4.3.34所示的一个短圆柱销和一个削边销（菱形销）。

特点：

容易实现基准统一；位置精度高，但是存在过定位现象（支承平面限制三个自由度，每根短圆柱销限制两个自由度）。

③两面一孔定位。

图4.3.35所示为两面一孔及其端面定位（齿轮加工中常用）。其他组合面定位有时还会采用V形导轨、燕尾导轨等组合成形表面作为定位基准，在此不详细叙述。

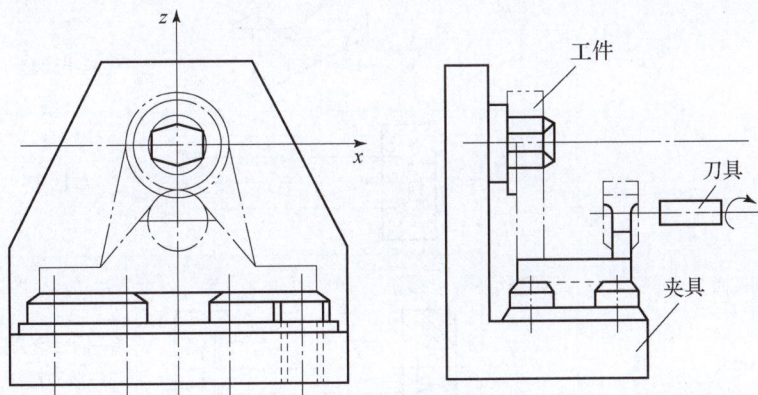

图4.3.35　两面一孔及其端面定位

表4.10所示为常用元件限制的自由度。

表4.10　常用元件限制的自由度

工件定位基面	定位元件	定位简图	定位元件特点	限制的自由度
平面	支承钉		平面组合	$1、2、3—\vec{z}$、$\widehat{x}$、$\widehat{y}$ $4、5—\vec{x}$、$\widehat{z}$ $6—\vec{y}$
	支承板		平面组合	$1、2—\vec{z}$、$\widehat{x}$、$\widehat{y}$ $3—\vec{x}$、$\vec{z}$

工件定位基面	定位元件	定位简图	定位元件特点	限制的自由度
圆孔	定位销（芯轴）	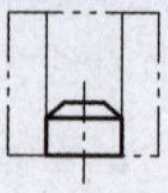	短销（短芯轴）	$\vec{x}$、$\vec{y}$
		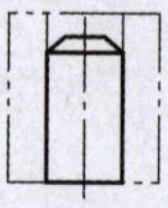	长销（长芯轴）	$\vec{x}$、$\vec{y}$ $\hat{x}$、$\hat{y}$
外圆柱面 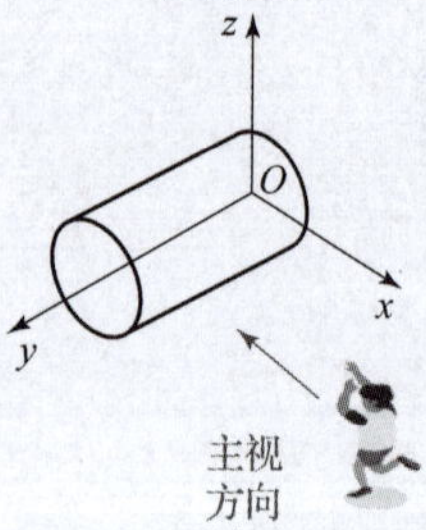	定位套	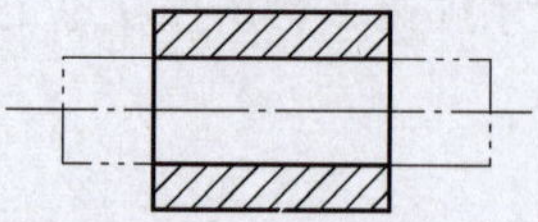	长套	$\vec{x}$、$\vec{z}$ $\hat{x}$、$\hat{z}$
	半圆套	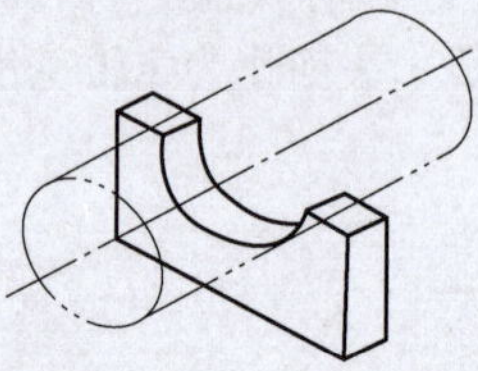	短半圆套	$\vec{x}$、$\vec{z}$
			长半圆套	$\vec{x}$、$\vec{z}$ $\hat{x}$、$\hat{z}$
	锥套	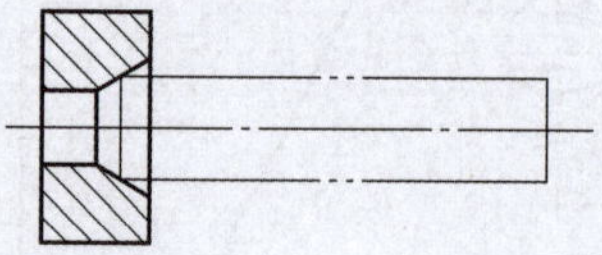	单锥套	$\vec{x}$、$\vec{y}$、$\vec{z}$
		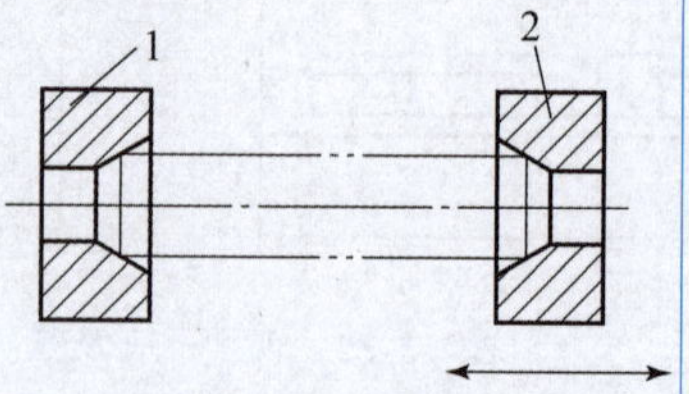	1—固定锥套；2—活动锥套	$\vec{x}$、$\vec{y}$、$\vec{z}$ $\hat{x}$、$\hat{z}$
	支承板或支承钉	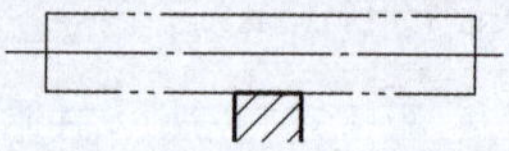	短支承板或支承钉	$\vec{z}$
		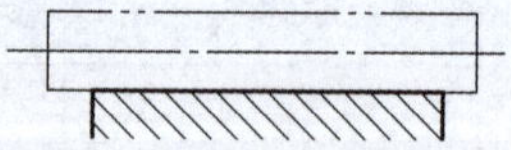	长支承板或两个支承钉	$\vec{z}$、$\hat{x}$
	V形架	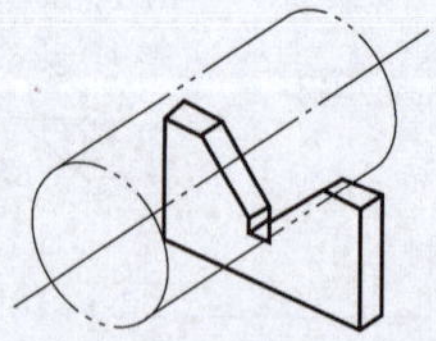	窄V形架	$\vec{x}$、$\vec{z}$
		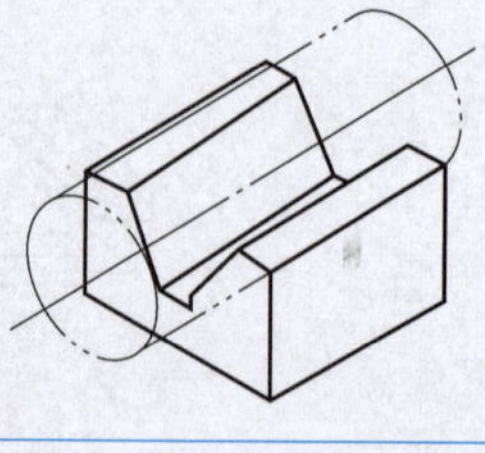	宽V形架	$\vec{x}$、$\vec{z}$ $\hat{x}$、$\hat{z}$

外圆柱面

主视方向以下类同

工件定位基面	定位元件	定位简图	定位元件特点	限制的自由度
外圆柱面 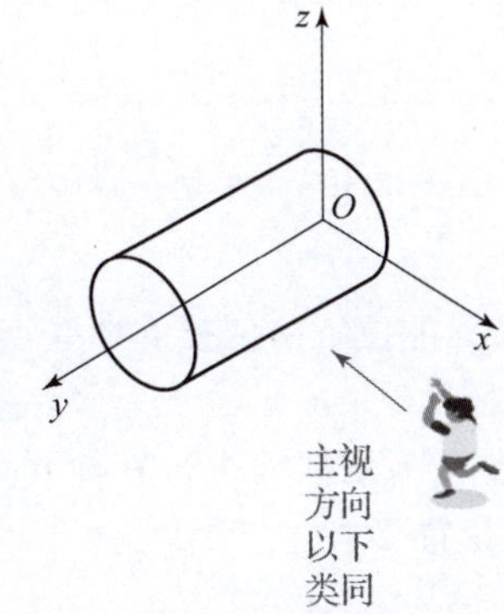 主视方向以下类同	菱形销	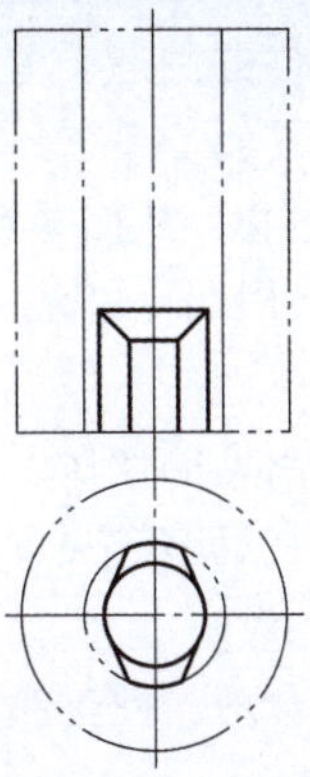	短菱形销	$\vec{y}$
		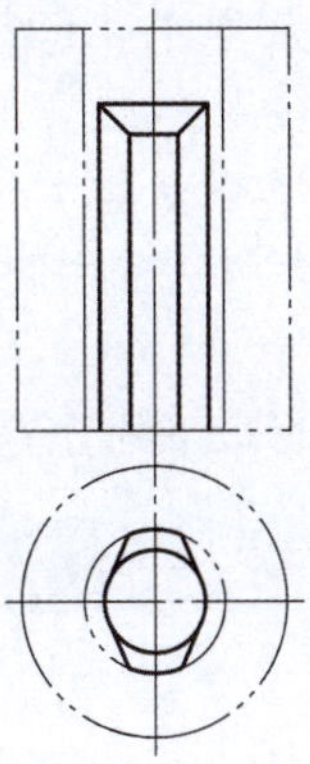	长菱形销	$\vec{x}$、$\widehat{y}$

圆孔	圆锥销	定位情况	固定锥销	浮动锥销	固定锥销与浮动锥销组合
		图示	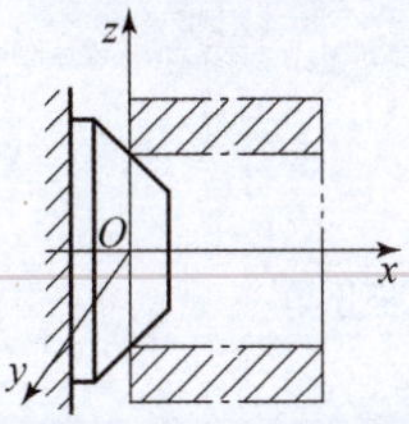	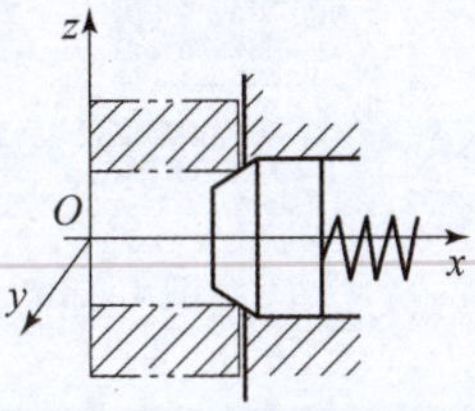	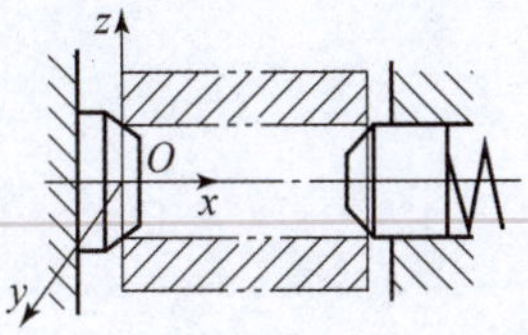
		限制的自由度	$\vec{x}$、$\vec{y}$、$\vec{z}$	$\vec{y}$、$\vec{z}$	$\vec{x}$、$\vec{y}$、$\vec{z}$、$\widehat{y}$、$\widehat{z}$

工件的定位面		夹具的定位元件			
圆锥孔	锥顶尖和锥度芯轴	定位情况	固定顶尖	浮动顶尖	锥度芯轴
		图示	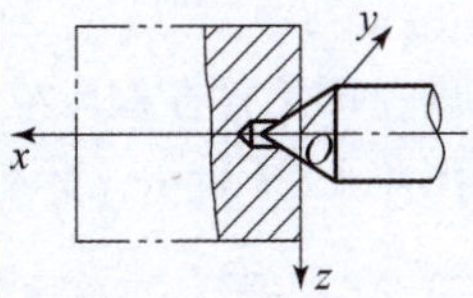	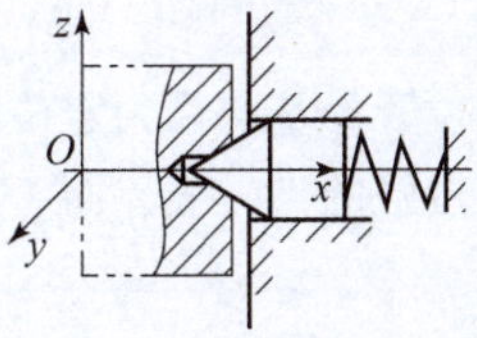	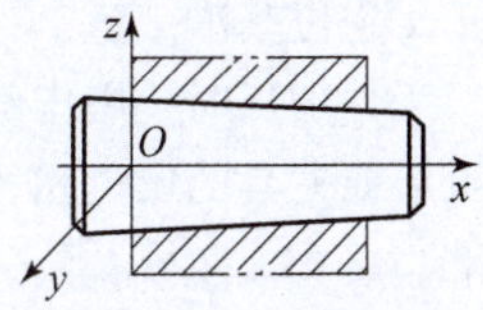
		限制的自由度	$\vec{x}$、$\vec{y}$、$\widehat{z}$	$\vec{y}$、$\vec{z}$	$\vec{x}$、$\vec{y}$、$\vec{z}$、$\widehat{y}$、$\widehat{z}$

2）对定位元件的基本要求

（1）足够的精度。

定位元件的精度将直接影响工件的定位精度。可根据分析计算、查设计手册、参考工厂现有资料或根据经验等合理确定定位元件的制造公差。

（2）耐磨性好。

定位元件在使用过程中会受到磨损，从而导致定位精度下降，当磨损到一定程度时，定位元件必须更换。为了延长定位元件的更换周期，提高夹具的使用寿命，定位元件应有较好的耐磨性。

（3）足够的强度和刚度。

定位元件不仅起到限制工件自由度的作用，而且在加工过程中还要承受工件重力、切削力、夹紧力等，因此，定位元件必须要有足够的强度和刚度。

（4）工艺性好。

定位元件的结构应力求简单、合理，便于制造、装配和维修。

4. 基准

基准——指生产对象（如零、部件等）上用来确定其他点、线、面的位置所依据的那些点、线、面。

零件在生产过程中，必须以其某个要素（点、线、面）或几个要素为依据来进行其他要素的加工、测量或装配，如便于实现零件表面之间的垂直度、平行度等位置要求。

1）基准及其分类

基准根据作用的不同，可将它做以下的分类，如图4.3.36所示。

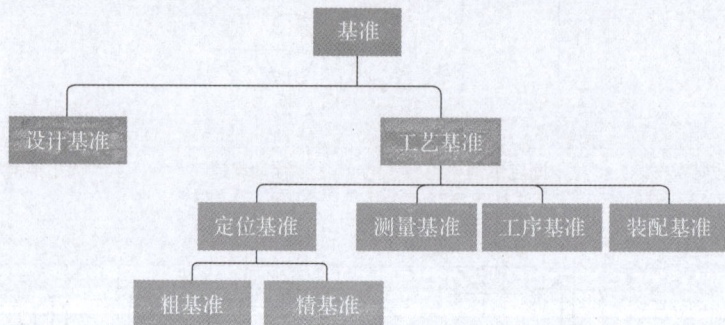

图 4.3.36　基准分类

2）各类基准

（1）设计基准。

在零件设计图样上所采用的基准称为设计基准，该基准是设计人员从零件的工作条件、性能要求出发，适当考虑加工工艺性而选定的。

（2）工艺基准。

在工艺过程中所采用的基准称为工艺基准，其分类如图4.3.36所示。

①定位基准。

工件加工时，用作确定位置的基准称为定位基准，即工件在机床或夹具上定位时，其上直接与机床或夹具的定位元件相接触的点、线、面。如图4.3.37所示，标有"⌒"的表面就是定位基准。

分类：

粗基准：以工件上未加工过的表面（毛坯面）进行定位的基准。

图 4.3.37　支座零件车削加工定位基准

（a）安装Ⅰ；（b）安装Ⅱ

精基准：以工件上已加工过的表面进行定位的基准。

②测量基准。

测量基准——工件在测量、检验时所使用的基准。

图 4.3.38 所示为两个不同的测量基准，其中图 4.3.38（a）为左端小圆柱的上母线，图 4.3.38（b）为大圆柱的下母线。

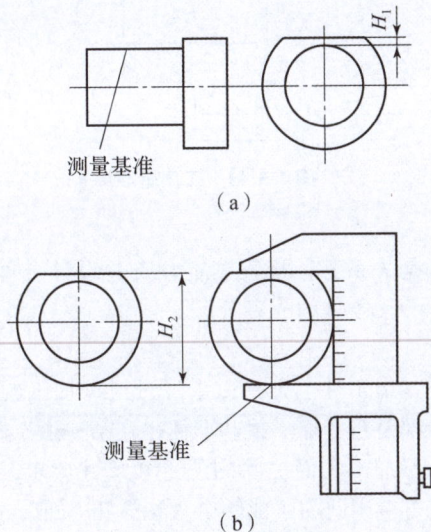

（a）

（b）

图 4.3.38　测量基准

③工序基准。

工序基准——在工序简图上用来确定本工序加工表面加工后的尺寸、形状、位置的基准。

如图 4.3.39 所示工件，加工表面为 ϕD 孔，要求其中心线与 A 面垂直，与 C 面和 B 面分别保证距离尺寸为 L_1 和 L_2。因此，表面 A、B、C 均为本道工序的工序基准。

工序基准除采用工件上的实际线、面以外，还可以是工件表面的几何中心、对称面或对称线等。

如图 4.3.40 所示小轴，键槽的工序基准既有轴肩 A 和外圆母线 B，又有外圆表面的轴向对称面 D。

图 4.3.39 工序基准

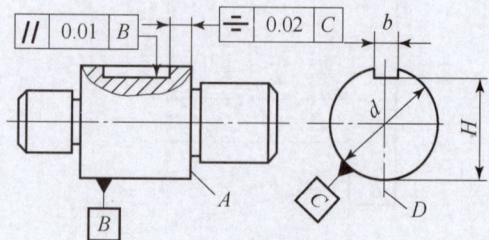

图 4.3.40 小轴

④装配基准。

装配基准——装配时用来确定零、部件在产品中相对位置所采用的基准。如图 4.3.41 所示，齿轮以其内孔及一端面装配到与其配合的轴上，故齿轮内孔 A 及端面 B 为装配基准。

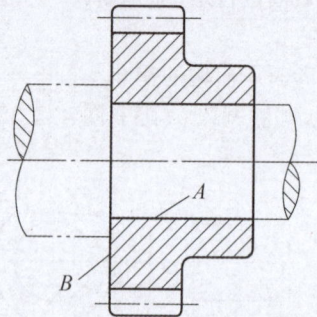

图 4.3.41 工序基准

3）定位基准的选择

定位基准是否能正确选择是关系工艺规程制定和夹具设计合理性的主要因素之一，并将影响工件的加工精度、生产率和劳动条件的改善等。

（1）粗基准的选择。

根据前述的内容，粗基准是指工件上凡是以未经过机械加工的表面（毛坯面）作为定位的基准。但不是粗加工用的基准都是粗基准。粗基准往往在第一道工序第一次装夹中使用。选择时主要考虑如何保证加工表面与不加工表面之间的位置和尺寸要求，保证加工表面的加工余量均匀和足够，以及减少装夹次数等。因此为了能够合理选择粗基准，一般应遵循以下原则：

①若工件加工后，首先保证某重要表面的加工余量均匀，则应以该表面为粗基准。

如图 4.3.42（a）所示，先以导轨面为粗基准加工床腿面，再以床腿面为精基准加工导轨面，这样导轨面的加工余量就较均匀。否则，如图 4.3.42（b）所示，由于毛坯平面位置误差很大，将导致导轨面余量很不均匀甚至余量不够。

②如果零件上有一个不需加工的表面，在该表面能够被利用的情况下，则尽可能选此表面作为第一次装夹的粗基准。

如图 4.3.43 所示，应选择表面 A 作为粗基准，这不仅只需一次装夹，而且 B 面与 A 面及 C 面与 A 面之间的位置精度也较高。

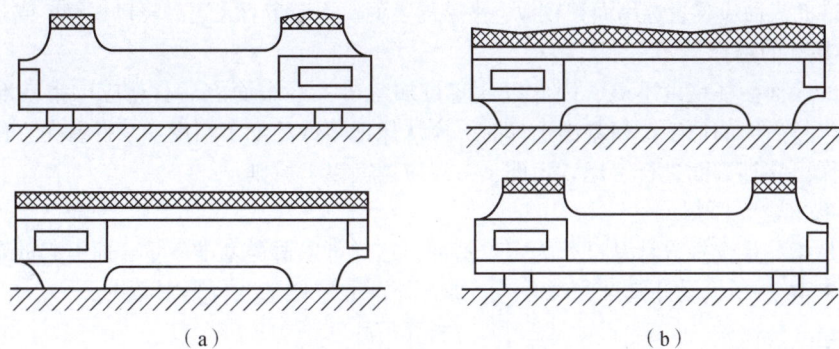

图 4.3.42 导轨加工示意图

（a）正确；（b）不正确

图 4.3.43 只需一个表面不加工的零件

③若零件上所有表面都需要加工，则应选择加工余量最小的毛坯表面作为粗基准。

如图 4.3.44 所示阶梯轴，因 $\phi55$ mm 外圆的加工余量较小，为保证各加工面有足够的加工余量，故应选 $\phi55$ mm 外圆为粗基准。否则，如果选 $\phi108$ mm 外圆为粗基准加工 $\phi55$ mm 外圆表面，当两外圆有 3 mm 的偏心时，则加工后的 $\phi50$ mm 外圆表面的一侧可能会因余量不足而残留部分毛坯表面，从而使工件报废。

④当零件上有一些表面不需要进行机械加工（应在没有要求保证重要表面加工余量均匀的情况下），且不加工表面与加工表面之间具有一定的相互位置精度要求时，应以不加工表面中与加工表面相互位置精度要求较高的表面作为粗基准。如图 4.3.45 所示，零件上 A 面和 B 面均不需要加工，但 A 面与需要加工的孔有较高位置精度要求，故应选 A 面作为粗基准。

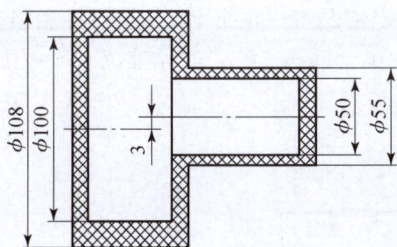

图 4.3.44 存在加工余量最小表面的零件

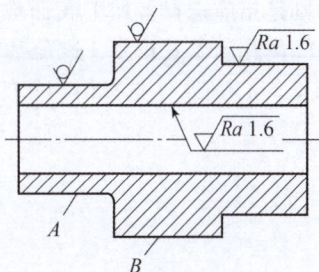

图 4.3.45 A 面和孔的平行度大于 B 面

⑤同一尺寸方向的粗基准通常只能使用一次，以免带来很大的加工误差。

由于作为粗基准的毛坯表面一般都比较粗糙且精度较低，在工件装夹时只能以该表面凸出的部位与机床或夹具相接触。如果在两次装夹中重复使用同一粗基准，会因为实际接触位置的不同而产生较大的定位误差，使两次装夹后分别加工出的表面之间出现较大的位置误差。

⑥粗基准的表面应尽量选用面积较大、平整的表面，不应带有飞边、浇口、冒口或其他缺陷。

（2）精基准的选择。

粗基准的表面往往精度不高，因此以此定位加工出一些表面之后，就应以精基准作为主要的定位基准进行后续的加工。精基准选择时，应从保证零件的加工精度、工件装夹方便、夹具结构简单、操作可靠等方面进行考虑。为此，一般应遵循以下原则：

①"基准重合"原则。

该原则是指尽量选择设计基准作为定位基准，这样可以避免基准不重合而引起的定位误差。

如图4.3.46所示，设计基准为中心线，加工外圆的定位基准也是中心线。

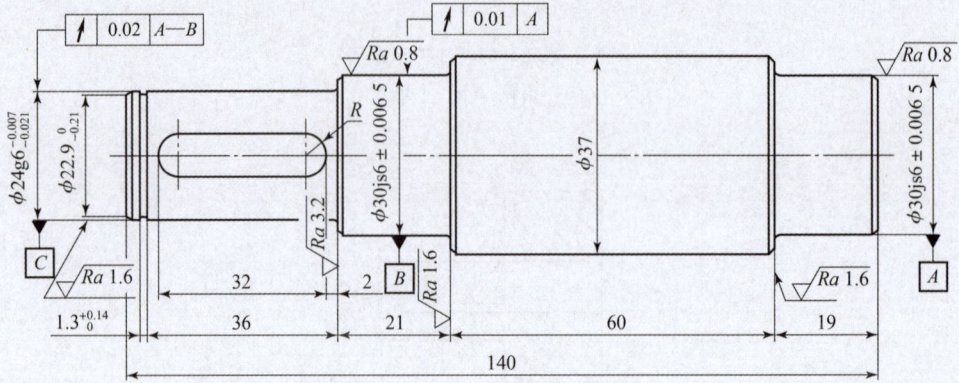

（a）

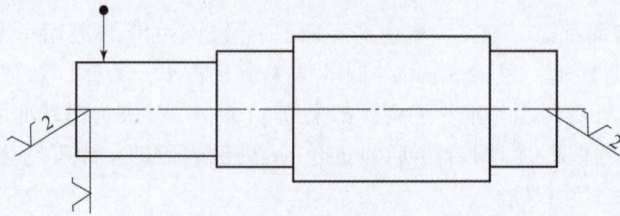

（b）

图4.3.46 轴的零件图和采用两顶尖装夹符号
（a）轴的零件图；（b）采用两顶尖装夹符号

②"基准统一"原则。

该原则是指应选择各加工表面都能共同使用的定位基准来作为精基准，这样，便于保证各加工表面间的相互位置精度，避免基准转换所产生的定位误差，并简化夹具的设计和制造工作。

如图4.3.47所示，选择两相邻的侧面作基准，加工全部孔，符合"基准统一"原则。

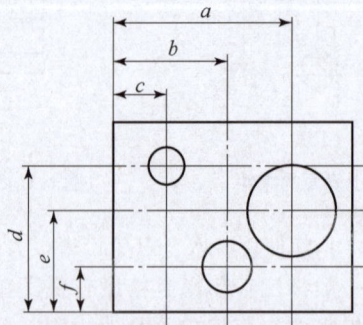

图4.3.47 "基准统一"的零件

③ "互为基准" 原则。

当两个表面互相位置精度要求很高，可以采取互为定位精基准的原则，反复多次加工，来保证加工表面的技术要求。

如图 4.3.48 所示导套加工，先装夹外圆以外圆柱面定位，磨内孔；然后再以加工好的内孔在芯轴上定位，磨外圆，从而达到较高的同轴度。

④ "自为基准" 原则。

当某些精加工要求加工余量小且均匀时，选择加工表面本身作为定位基准，称为 "自为基准" 原则，如图 4.3.49 所示。机床导轨精加工余量小而均匀，用百分表找正加工表面自身为基准，进行磨削加工，符合 "自为基准" 原则。

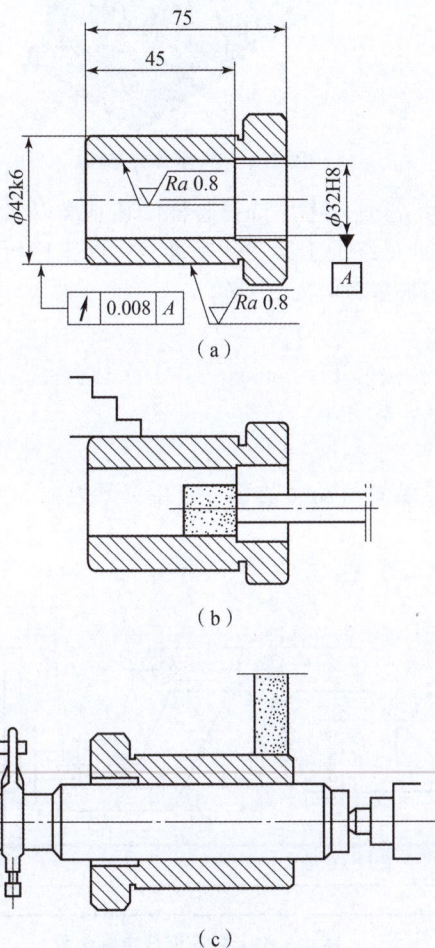

（a）

（b）

（c）

图 4.3.48　导套加工

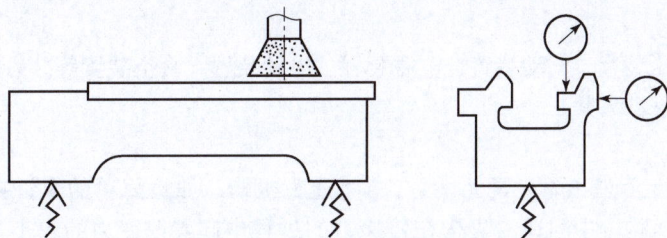

图 4.3.49　"自为基准" 原则

⑤ "准确、可靠、方便"原则。

应选择面积大、精度高、粗糙度值小的表面为基准。

如图4.3.50所示箱体类零件，以装配基准面（底面）为基准。

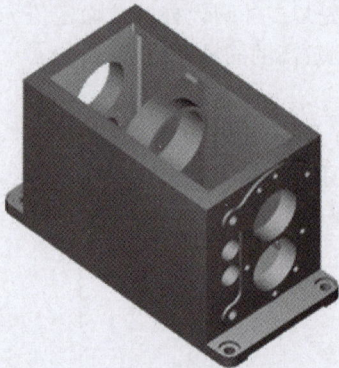

图4.3.50　箱体类零件

通常在制定工艺规程时，总是先考虑选择怎样的精基准以保证达到精度要求并把各个表面加工出来，即先选择零件表面最终加工所用精基准和中间工序所用的精基准，然后再考虑选择合适的最初工序的粗基准把精基准面加工出来。

4.3.2　夹紧

1. 夹紧装置的组成和基本要求

1）夹紧装置的组成

如图4.3.51所示，夹紧装置由动力装置（产生夹紧力）和夹紧机构（传递夹紧力）组成。

部分夹紧机构

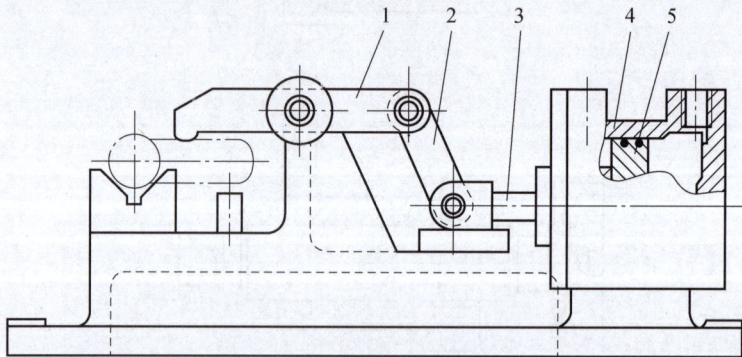

图4.3.51　铣床液压夹紧装置

1—压板；2—铰链臂；3—活塞杆；4—液压缸；5—活塞

（1）动力装置。

动力装置有液压装置、气动装置、电磁装置、电动装置、真空装置等。另外以操作者的人力为动力源时，称为手动夹紧。

（2）夹紧机构。

该机构包含执行元件（即夹紧元件）、中间递力机构。如最简单的螺钉夹紧机构的夹紧元件，也是中间递力机构。中间递力机构在传递力的过程中起着改变力的大小、方向和自锁的作用。手动夹紧装置必须有自锁功能，以防自动松开，造成事故。

如图 4.3.51 所示，其夹紧装置就是由液压缸 4（动力装置）、压板 1（夹紧元件）和铰链臂 2（中间递力机构）组成的。

2）夹紧装置的基本要求

（1）夹紧时不得改变工件定位后所占据的正确位置。

（2）夹紧力的大小应适当可靠，既要保证工件在整个加工过程中不发生位置变动和振动，又不允许工件产生过大的夹紧变形和表面损伤。

（3）夹紧装置的复杂程度应与工件生产纲领相适应。

（4）工艺性与使用性好。其结构应力求简单、便于制造和维修，操作方便、安全、省力。

2. 夹紧力的确定

夹紧力包括大小、方向和作用点三个要素，它们的确定是夹紧装置设计中首先要解决的问题。此时要分析工件的结构特点、加工要求、切削力及其他外力作用于工件的情况，而且必须考虑定位装置的结构形式和布置方式。

1）夹紧力的方向

（1）夹紧力的方向应垂直于主要定位基面。

夹紧力方向的选择以保证定位的稳定可靠。如图 4.3.52 所示，夹紧力方向应朝向主要定位基准面 A。

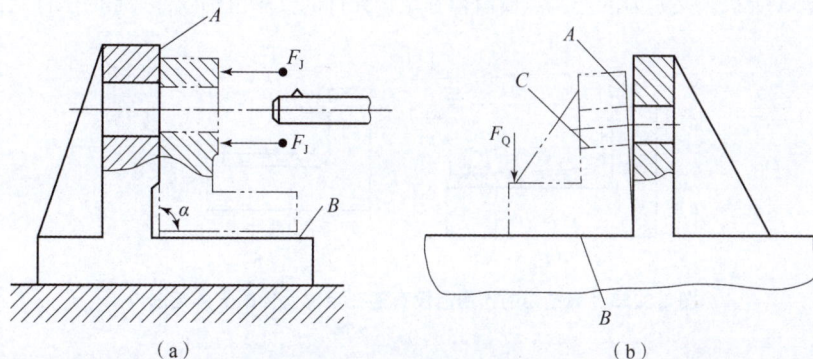

图 4.3.52 夹紧力的作用方向
（a）合理；（b）不合理

（2）夹紧力应朝向工件刚性较好的方向。

在夹紧薄壁零件时尤其需注意夹紧力方向的选择。图 4.3.53 所示为套筒夹紧，用特制螺母从轴向夹紧，避免了三爪径向夹紧变形的缺陷。

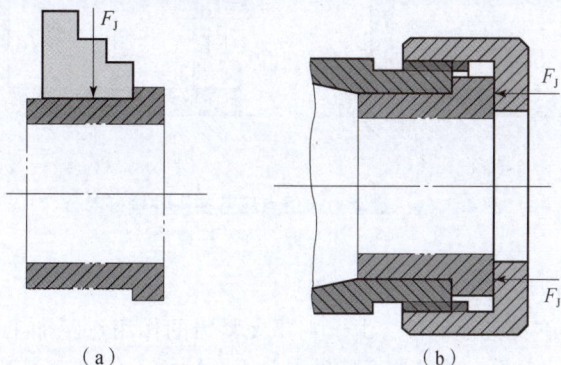

图 4.3.53 套筒夹紧
（a）不合理；（b）合理

（3）夹紧力方向应使所需夹紧力最小。

当夹紧力和切削力、工件自身重力的方向均相同时，加工过程中所需的夹紧力为最小，如图4.3.54所示。

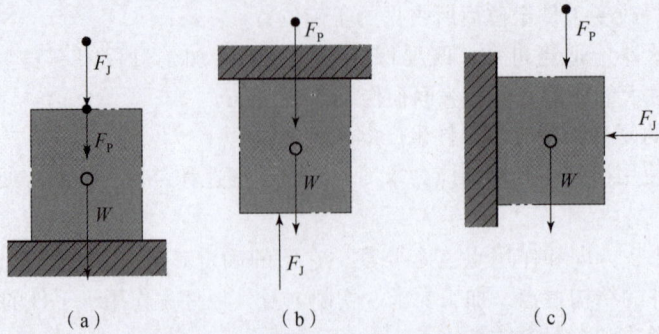

图4.3.54　夹紧力方向与夹紧力大小的关系

2）夹紧力的作用点

夹紧力的作用点是指夹紧元件与工件相接触的位置。

（1）夹紧力的作用点应落在定位元件的支承范围内。

如图4.3.55所示，夹紧力的作用点没有落在定位元件的支承范围内，夹紧时工件定位被破坏了。

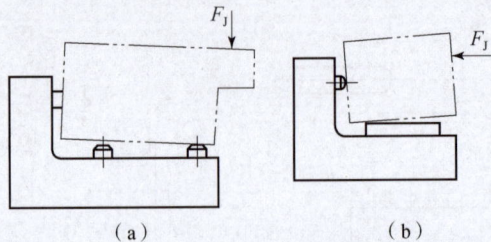

图4.3.55　夹紧力的作用点没有落在定位元件的支承范围内
（a）、（b）不合理

（2）夹紧力的作用点应落在工件刚性较好的方向和部位。

如图4.3.56所示，将单点夹紧改为多点夹紧，使着力点落在刚性较好的侧壁上，减小工件的夹紧变形。

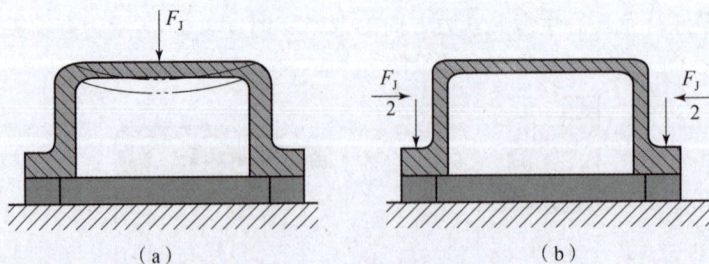

图4.3.56　夹紧力作用点应落在刚性较好部位
（a）不合理；（b）合理

（3）夹紧力作用点应靠近工件的加工表面。

如图4.3.57所示，在拨叉上铣槽，由于主要夹紧力的作用点距加工表面较远，故在靠近加工表面的地方设置了辅助支承，并增加了辅助夹紧力。这样不仅提高了工件的装夹刚性，而且还减少了加工时的振动。

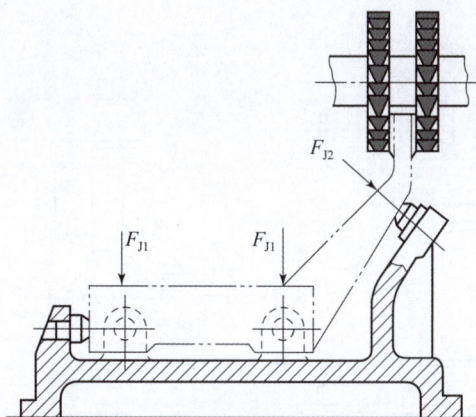

图 4.3.57　夹紧力作用点应靠近加工表面

3）夹紧力的大小估算

夹紧力大小需要根据切削力、工件重力的大小、方向和相互位置关系等进行大小的估算，详细内容见有关数字资源，本部分不做介绍。

3. 典型夹紧机构

夹紧机构根据不同的零件有各种方式，本部分主要介绍典型的三类夹紧机构：斜楔夹紧机构、偏心夹紧机构、螺旋夹紧机构，其余夹紧机构见有关数字资源。

1）斜楔夹紧机构

斜楔夹紧机构——采用斜度楔块的移动，直接或间接带动工件的移动进行夹紧的方法。

图 4.3.58 所示为螺旋 – 斜楔夹紧机构，夹紧杠杆通过斜楔的移动来夹紧工件，图 4.3.59（a）所示为在工件上钻 $\phi 8$ mm 的孔。当夹紧工件时，对斜楔大头进行施力；当松开工件时，对斜楔小头进行施力。由于用斜楔直接夹紧工件时夹紧力小且费时费力，所以，生产实践中单独应用的情况不多，一般情况下是将斜楔与其他机构联合使用。图 4.3.59（b）所示为将斜楔与滑柱压板组合，图 4.3.59（c）所示为由端面斜楔与压板组合而成的手动夹紧机构。当利用斜楔手动夹紧工件时，应使斜楔具有自锁功能，即斜楔的斜面升角应小于斜楔与工件和斜楔与夹具体之间的摩擦角之和。

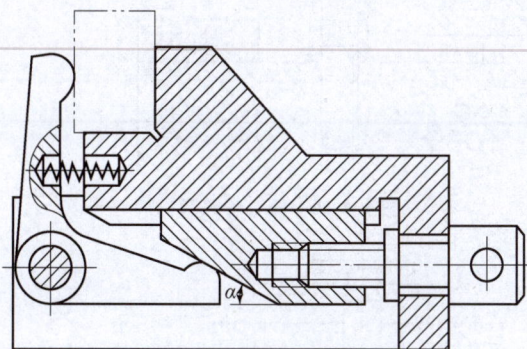

图 4.3.58　螺旋 – 斜楔夹紧机构

特点及应用：

（1）有增力作用，扩力比约等于 3。

（2）夹紧行程小，$h/s = \tan \alpha$，故 h 远小于 s。

（3）结构简单，但操作不方便。

模块四　机械零件切削加工及工艺基本知识　■　135

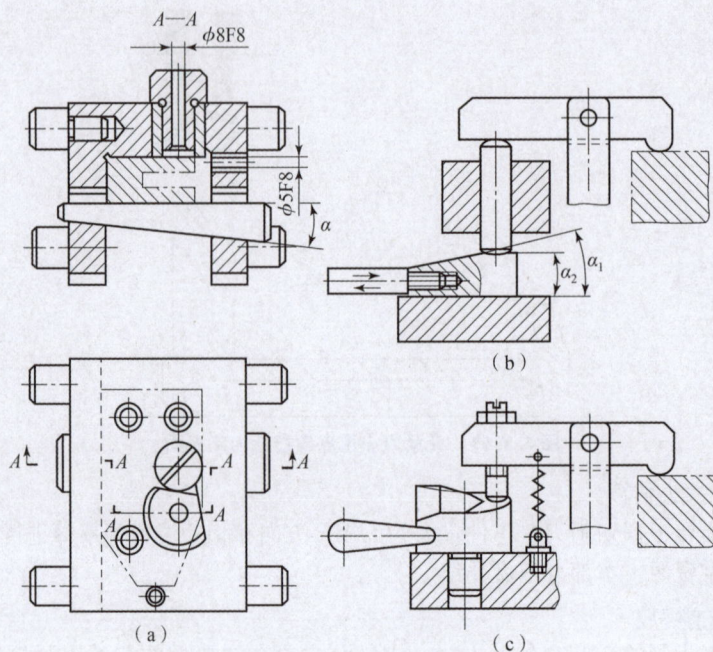

图 4.3.59 斜楔夹紧机构

主要用于机动夹紧，且毛坯质量较高的场合。

2）偏心夹紧机构

偏心夹紧机构——用偏心件直接或间接夹紧工件的机构。常用的偏心件是偏心轮和偏心轴，图 4.3.60 和图 4.3.61 分别所示为偏心轮夹紧机构和偏心轴夹紧机构。

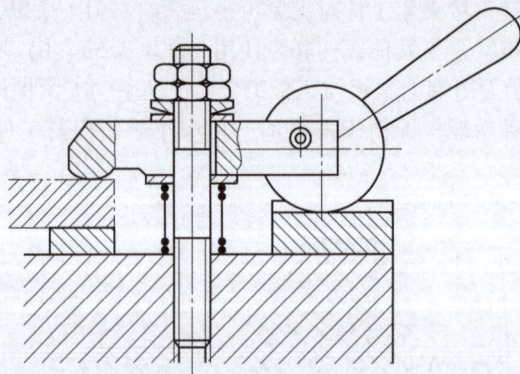

图 4.3.60 偏心轮夹紧机构

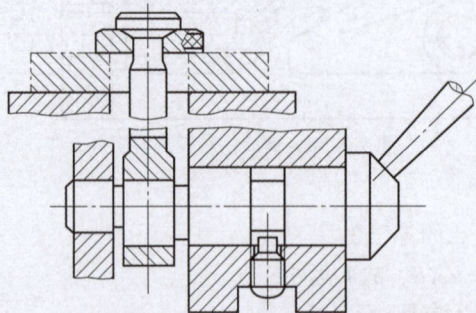

图 4.3.61 偏心轴夹紧机构

特点及应用：

其优点是结构简单、操作方便、夹紧迅速；其缺点是夹紧力和夹紧行程小，自锁性不太好，一般用于切削力不大、振动小、没有离心力影响的加工中，工件尺寸公差不大的场合。

3）螺旋夹紧机构

螺旋夹紧机构——由螺钉、螺母、垫圈、压板等元件组成的夹紧机构。

特点及应用：

（1）结构简单、自锁性好、夹紧可靠。

（2）扩力比斜楔夹紧力大很多；夹紧力和夹紧效率低，是应用最为广泛的一种夹紧机构。

（3）夹紧行程大，不受限制。

（4）夹紧动作慢，辅助时间长。

分类：

单个螺旋夹紧机构、螺旋压板夹紧机构和钩形压板夹紧机构。下面介绍前两类螺旋夹紧机构。

（1）单个螺旋夹紧机构。

图 4.3.62 所示为单个螺旋夹紧机构。图 4.3.62（b）使用压块，避免了图 4.3.62（a）直接和工件接触，损坏工件的缺点。

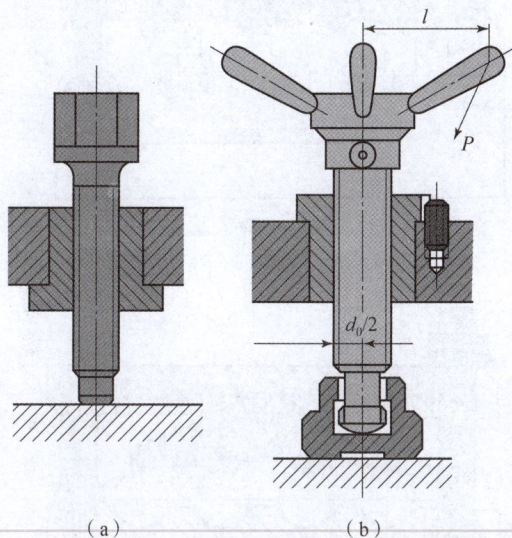

（a）   （b）

图 4.3.62 单个螺旋夹紧机构

（2）螺旋压板夹紧机构。

图 4.3.63（a）、（b）所示为移动压板，图 4.3.63（c）所示为回转压板。

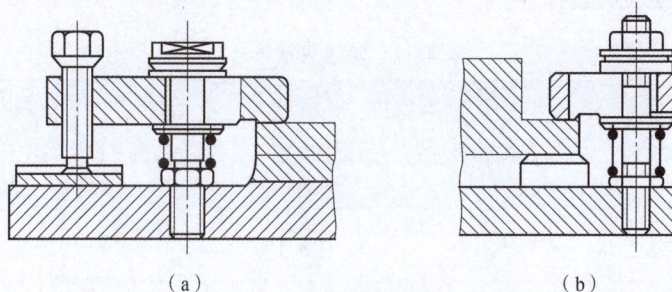

（a）   （b）

图 4.3.63 螺旋压板夹紧机构

（a）、（b）移动压板

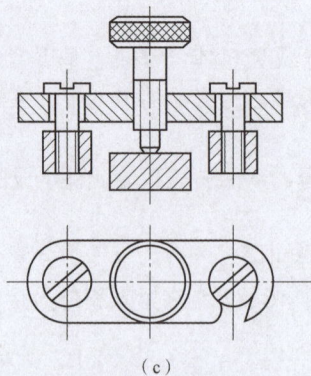

图 4.3.63　螺旋压板夹紧机构（续）

（c）回转压板

其他夹紧机构如图 4.3.64 和图 4.3.65 所示。

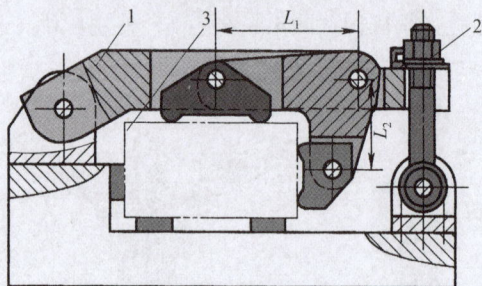

图 4.3.64　联动夹紧机构

1—压板；2—螺母；3—工件

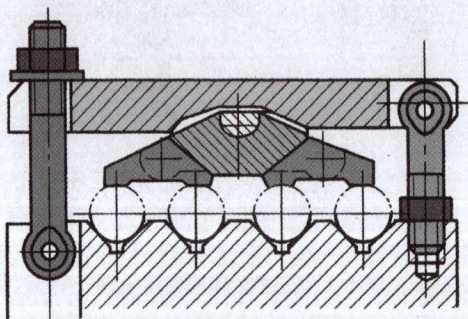

图 4.3.65　多件夹紧机构

表 4.11 所示为定位夹紧符号。

表 4.11　定位夹紧符号

分类	标注位置	独　立		联　动	
		标注在视图轮廓线上	标注在视图正面上	标注在视图轮廓线上	标注在视图正面上
主要定位点	固定式	⌃	⊙	⌃⌃	⊙ ⊙
	活动式	⌃	◯	⌃⌃	◯ ◯

分类 / 标注位置	独立		联动	
	标注在视图轮廓线上	标注在视图正面上	标注在视图轮廓线上	标注在视图正面上
辅助定位点				
机械夹紧				
液压夹紧	Y	Y	Y	Y
气动夹紧	Q	Q	Q	Q
电磁夹紧	D	D	D	D

表4.12 所示为定位夹紧符号标注示意图。

表 4.12 定位夹紧符号标注示意图

序号	说明	定位、夹紧符号标注示意图	装置符号标注或与定位、夹紧符号联合标注示意图
1	床头固定顶尖、床尾固定顶尖定位拨杆夹紧		
2	床头固定顶尖、床尾浮动顶尖定位拨杆夹紧		
3	床头内拨顶尖、床尾回转顶尖定位夹紧	回转	
4	床头外拨顶尖、床尾回转顶尖定位夹紧	回转	

序号	说明	定位、夹紧符号标注示意图	装置符号标注或与定位、夹紧符号联合标注示意图
5	床头弹簧夹头定位夹紧，夹头内带有轴向定位，床尾内顶尖定位		
6	弹簧夹头定位夹紧		
7	液压弹簧夹头定位夹紧，夹头内带有轴向定位		
8	弹性芯轴定位夹紧		
9	气动弹性芯轴定位夹紧，带端面定位		
10	锥度芯轴定位夹紧		
11	圆柱芯轴定位夹紧，带端面定位		
12	三爪卡盘定位夹紧		

4.4 机械加工工艺规程制定

本章在前面对零件加工认识的基础上,掌握零件加工工艺规程制定的有关知识,主要是工艺路线的拟定。

4.4.1 基础知识及术语

1. 工艺过程

工艺过程是指改变生产对象的形状、尺寸、相对位置和性质等,使其成为成品或半成品的过程。而机械加工工艺过程是指利用机械加工的方法,直接改变毛坯的形状、尺寸和表面质量,使其转变为成品的过程。本节主要讨论机械加工工艺过程,为便于叙述,以下将机械加工工艺过程简称工艺过程。

2. 工艺过程的组成

要完成一个零件的工艺过程,需要采用多种不同的加工方法和设备,通过一定的工序进行加工而实现。工艺过程就是由一个或若干个顺序排列的工序组成的,每个工序又可分为若干个安装、工位、工步和走刀。

1)工序

一个或一组工人,在一个工作地对同一个或同时对几个工件所连续完成的那部分工艺过程称为工序。注意:同一工作地是指同一台机床、同一个钳工台或同一个装配地点;"连续"是指中间没有插入另一个工件加工,只要在同一台机床上即使多次调头装夹工件及变换刀具,也是连续。如图4.4.1所示阶梯轴,其加工工序如表4.13所示。

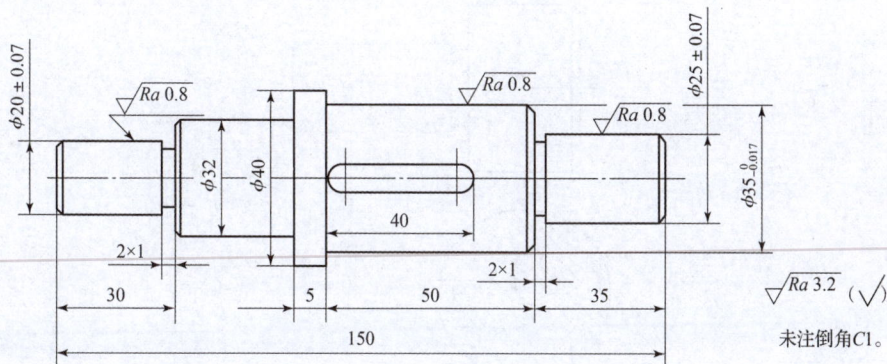

图 4.4.1 阶梯轴

表 4.13 阶梯轴加工工序

工序号	工序名称	工序内容	设备
10	钻顶尖孔	铣两端面,钻顶尖孔	专用机
20	车一	车一端外圆、割槽、倒角	车床
30	车二	车另一端外圆、割槽、倒角	车床
40	铣	铣键槽	铣床

续表

工序号	工序名称	工序内容	设备
50	去毛刺	去键槽毛刺	钳工台
60	粗磨	粗磨外圆	磨床
70	热处理	外圆高频淬火	高频机
80	精磨	精磨外圆	磨床

2）安装

前面已经介绍了工件定位、夹紧和装夹的概念，而工件（或装配单元）经一次装夹后所完成的那部分工序称为安装。

3）工位

为了减少安装次数，常采用回转工作台、回转夹具或移位夹具等多工位夹具，在一次装夹中先后处于几个不同的位置对工件进行加工。这种为了完成一定的工序内容，工件经一次装夹后，工件（或装配单元）与夹具或设备的可动部分一起相对刀具或设备的固定部分所占据的每一个位置，称为工位。

4）工步

在加工表面（或装配时的连接表面）和加工（或装配）工具不变的情况下，所连续完成的那一部分工序，称为工步，这里的"连续"指的是切削用量中的转速与进给量均没有发生改变。以上几个因素中任一因素发生变化，即形成了新的工步。一个工序可以包括一个或几个工步，实例如图4.4.2和表4.14、表4.15所示。

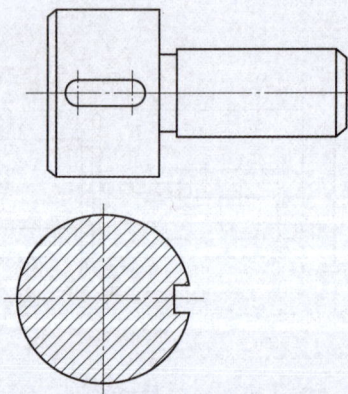

图 4.4.2 小轴

表 4.14 小轴单件小批生产的工艺过程

工序号	工序内容	工步数量/个	设备
10	车一端面，钻中心孔； 调头，车另一端面，钻中心孔	4	车床Ⅰ
20	车大外圆及倒角；调头，车小外圆、切槽及倒角	5	车床Ⅱ
30	铣键槽、去毛刺	1	铣床

表 4.15　小轴大批大量生产的工艺过程

工序号	工序内容	工步数量/个	设备
10	铣两端面，钻两端中心孔	2	专用机床
20	车大外圆及倒角	2	车床Ⅰ
30	车小外圆、切槽及倒角	3	车床Ⅱ
40	铣键槽	1	专用铣床
50	去毛刺		钳工台

5）走刀

走刀是指同一加工表面加工余量较大，可以分作几次工作进给，每次工作进给所完成的工步称为一次走刀。

3. 工艺规程

工艺规程是规定产品或零部件制造工艺过程和操作方法等的工艺文件。工艺文件是一些不同格式的卡片。

工艺文件的类型与格式较多，一般机械加工工艺规程的工艺文件有七种，最常用的为机械加工工艺过程卡片和机械加工工序卡片，具体见有关数字资源。

机械加工工艺过程卡片是以工序为单位简要说明零件机械加工过程的一种工艺文件，主要用于单件小批生产和中批生产的零件，大批大量生产可酌情自定。该卡片是生产管理方面的工艺文件（具体见有关数字资源）。

机械加工工序卡片是在工艺过程卡片的基础上，进一步按每道工序所编制的一种工艺文件，其主要内容包括工序简图、该工序中每个工步的加工内容、工艺参数、操作要求以及所用的设备和工艺装备等。机械加工工序卡片主要用于大批大量生产中所有的零件，中批生产中复杂产品的关键零件以及单件小批生产中的关键工序（具体见有关数字资源）。

4. 加工方法和加工方案的选择

加工方案是零件加工从毛坯表面到最终成形表面的加工路线。在选择加工方案时，应根据工件的加工精度、表面粗糙度、材料和热处理要求、工件的结构形状和尺寸大小、生产纲领等条件，以及本车间设备情况、技术水平，并结合各种加工方法的经济精度、经济表面粗糙度等因素，综合考虑进行选择，应同时满足加工质量、生产率和经济性等方面的要求。由于初学者没有较多的经验，图 4.4.3～图 4.4.5 罗列了外圆柱面、内圆柱面、平面的典型加工工艺路线。

所谓经济精度是指在正常加工条件下（采用符合质量标准的设备、工艺装备和标准技术等级的工人，不延长加工时间）所能保证的加工精度。

经济表面粗糙度的概念类同于经济精度的概念，各均已制成表格，在有关机械加工的各种手册中都能查到。表 4.16～表 4.19 分别摘录了外圆柱面、平面、孔和轴线平行的孔（保证孔的位置精度）的加工方案及其经济精度和经济表面粗糙度，供选用时参考。

粗车
IT12~IT13
$Ra10\sim80\ \mu m$

半精车
IT10~IT11
$Ra2.5\sim12.5\ \mu m$

精车
IT7~IT8
$Ra1.25\sim5\ \mu m$

金刚石车
IT5~IT6
$Ra0.02\sim1.25\ \mu m$

滚压
IT6~IT7
$Ra0.16\sim1.25\ \mu m$

粗磨
IT8~IT9
$Ra1.25\sim10\ \mu m$

精磨
IT6~IT7
$Ra0.16\sim1.25\ \mu m$

研磨
IT5
$Ra0.008\sim0.32\ \mu m$

超精加工
IT5
$Ra0.01\sim0.32\ \mu m$

砂带磨
IT5
$Ra0.01\sim0.16\ \mu m$

精密磨削
IT5
$Ra0.008\sim0.08\ \mu m$

抛光
$Ra0.008\sim1.25\ \mu m$

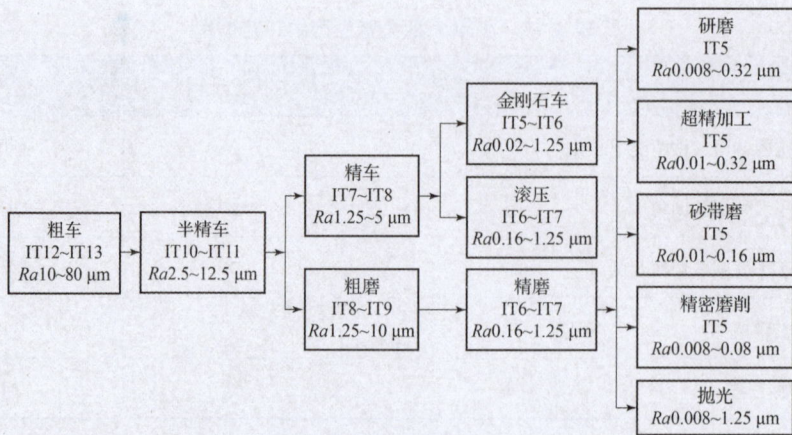

图 4.4.3　外圆柱面的典型加工工艺路线

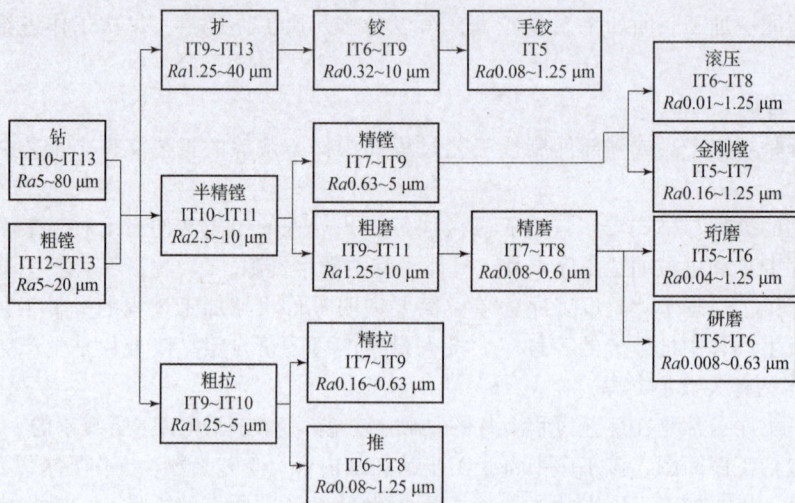

钻
IT10~IT13
$Ra5\sim80\ \mu m$

粗镗
IT12~IT13
$Ra5\sim20\ \mu m$

扩
IT9~IT13
$Ra1.25\sim40\ \mu m$

铰
IT6~IT9
$Ra0.32\sim10\ \mu m$

手铰
IT5
$Ra0.08\sim1.25\ \mu m$

半精镗
IT10~IT11
$Ra2.5\sim10\ \mu m$

精镗
IT7~IT9
$Ra0.63\sim5\ \mu m$

粗磨
IT9~IT11
$Ra1.25\sim10\ \mu m$

精磨
IT7~IT8
$Ra0.08\sim0.6\ \mu m$

滚压
IT6~IT8
$Ra0.01\sim1.25\ \mu m$

金刚镗
IT5~IT7
$Ra0.16\sim1.25\ \mu m$

珩磨
IT5~IT6
$Ra0.04\sim1.25\ \mu m$

研磨
IT5~IT6
$Ra0.008\sim0.63\ \mu m$

粗拉
IT9~IT10
$Ra1.25\sim5\ \mu m$

精拉
IT7~IT9
$Ra0.16\sim0.63\ \mu m$

推
IT6~IT8
$Ra0.08\sim1.25\ \mu m$

图 4.4.4　内圆柱面的典型加工工艺路线

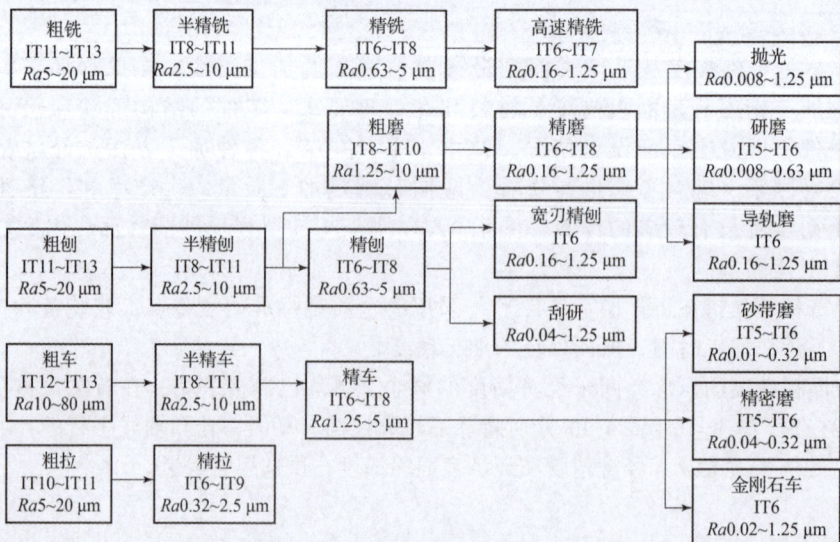

粗铣
IT11~IT13
$Ra5\sim20\ \mu m$

半精铣
IT8~IT11
$Ra2.5\sim10\ \mu m$

精铣
IT6~IT8
$Ra0.63\sim5\ \mu m$

高速精铣
IT6~IT7
$Ra0.16\sim1.25\ \mu m$

粗磨
IT8~IT10
$Ra1.25\sim10\ \mu m$

精磨
IT6~IT8
$Ra0.16\sim1.25\ \mu m$

粗刨
IT11~IT13
$Ra5\sim20\ \mu m$

半精刨
IT8~IT11
$Ra2.5\sim10\ \mu m$

精刨
IT6~IT8
$Ra0.63\sim5\ \mu m$

宽刃精刨
IT6
$Ra0.16\sim1.25\ \mu m$

刮研
$Ra0.04\sim1.25\ \mu m$

粗车
IT12~IT13
$Ra10\sim80\ \mu m$

半精车
IT8~IT11
$Ra2.5\sim10\ \mu m$

精车
IT6~IT8
$Ra1.25\sim5\ \mu m$

粗拉
IT10~IT11
$Ra5\sim20\ \mu m$

精拉
IT6~IT9
$Ra0.32\sim2.5\ \mu m$

抛光
$Ra0.008\sim1.25\ \mu m$

研磨
IT5~IT6
$Ra0.008\sim0.63\ \mu m$

导轨磨
IT6
$Ra0.16\sim1.25\ \mu m$

砂带磨
IT5~IT6
$Ra0.01\sim0.32\ \mu m$

精密磨
IT5~IT6
$Ra0.04\sim0.32\ \mu m$

金刚石车
IT6
$Ra0.02\sim1.25\ \mu m$

图 4.4.5　平面的典型加工工艺路线

表 4.16　外圆柱面加工方案及适用范围

序号	加工方案	经济精度（公差等级表示）	经济表面粗糙度 Ra/μm	适用范围
1	粗车	IT11~IT13	12.5~50	适用于淬火钢以外的各种金属
2	粗车→半精车	IT8~IT10	3.2~6.3	
3	粗车→半精车→精车	IT7~IT8	0.8~1.6	
4	粗车→半精车→精车→滚压（或抛光）	IT7~IT8	0.025~0.2	
5	粗车→半精车→磨削	IT7~IT8	0.4~0.8	主要用于淬火钢，也可用于未淬火钢，但不宜加工有色金属
6	粗车→半精车→粗磨→精磨	IT6~IT7	0.1~0.4	
7	粗车→半精车→粗磨→精磨→超精加工（或轮式超精磨）	IT5	0.012~0.1（或 Rz 0.1）	
8	粗车→半精车→精车→精细车（金刚车）	IT6~IT7	0.025~0.4	主要用于要求较高的有色金属加工
9	粗车→半精车→粗磨→精磨→超精磨（或镜面磨）	IT5 以上	0.006~0.025	极高精度的外圆加工
10	粗车→半精车→粗磨→精磨→研磨	IT5 以上	0.006~0.1（或 Rz 0.05）	

表 4.17　平面加工方案及适用范围

序号	加工方案	经济精度（公差等级表示）	经济表面粗糙度 Ra/μm	适用范围
1	粗车	IT11~IT13	12.5~50	端面
2	粗车→半精车	IT8~IT10	3.2~6.3	
3	粗车→半精车→精车	IT7~IT8	0.8~1.6	
4	粗车→半精车→磨削	IT6~IT8	0.2~0.8	
5	粗刨（或粗铣）	IT11~IT13	6.3~25	一般不淬硬平面（端铣表面粗糙度 Ra 值较小）
6	粗刨（或粗铣）→精刨（或精铣）	IT8~IT10	1.6~6.3	
7	粗刨（或粗铣）→精刨（或精铣）→刮研	IT6~IT7	0.1~0.8	精度要求较高的不淬硬平面，批量较大时宜采用宽刃精刨方案
8	以宽刃精刨代替上述刮研	IT7	0.2~0.8	
9	粗刨（或粗铣）→精刨（或精铣）→磨削	IT7	0.2~0.8	精度要求高的淬硬平面或不淬硬平面
10	粗刨（或粗铣）→精刨（或精铣）→粗磨→精磨	IT6~IT7	0.025~0.4	

序号	加工方案	经济精度（公差等级表示）	经济表面粗糙度 $Ra/\mu m$	适用范围
11	粗铣→拉	IT7 ~ IT9	0.2 ~ 0.8	大量生产，较小的平面（精度视拉刀精度而定）
12	粗铣→精铣→磨削→刮研	IT5 以上	0.006 ~ 0.1（或 Rz 0.05）	高精度平面

表 4.18 孔加工方案及适用范围

序号	加工方案	经济精度（公差等级表示）	经济表面粗糙度 $Ra/\mu m$	适用范围
1	钻	IT11 ~ IT13	12.5	加工未淬火钢及铸铁的实心毛坯，也可用于加工有色金属。孔径小于 15 ~ 20 mm
2	钻→扩	IT8 ~ IT10	1.6 ~ 6.3	
3	钻→粗铰→精铰	IT7 ~ IT8	0.8 ~ 1.6	
4	钻→扩	IT10 ~ IT11	6.3 ~ 12.5	加工未淬火钢及铸铁的实心毛坯，也可用于加工有色金属。孔径大于 15 ~ 20 mm
5	钻→扩→铰	IT8 ~ IT9	1.6 ~ 3.2	
6	钻→扩→粗铰→精铰	IT7	0.8 ~ 1.6	
7	钻→扩→机铰→手铰	IT6 ~ IT7	0.2 ~ 0.4	
8	钻→扩→拉	IT7 ~ IT9	0.1 ~ 1.6	大批大量生产（精度由拉刀的精度而定）
9	粗镗（或扩孔）	IT11 ~ IT13	6.3 ~ 12.5	
10	粗镗（粗扩）→半精镗（精扩）	IT9 ~ IT10	1.6 ~ 3.2	除淬火钢外各种材料，毛坯有铸出孔或锻出孔
11	粗镗（粗扩）→半精镗（精扩）→精镗（铰）	IT7 ~ IT8	0.8 ~ 1.6	
12	粗镗（粗扩）→半精镗（精扩）→精镗→浮动镗刀精镗	IT6 ~ IT7	0.4 ~ 0.8	
13	粗镗（扩）→半精镗→磨孔	IT7 ~ IT8	0.2 ~ 0.8	主要用于淬火钢，也可用于未淬火钢，但不宜用于有色金属
14	粗镗（扩）→半精镗→粗磨→精磨	IT6 ~ IT7	0.1 ~ 0.2	
15	粗镗→半精镗→精镗→精细镗（金刚镗）	IT6 ~ IT7	0.05 ~ 0.4	主要用于精度要求较高的有色金属加工
16	钻→（扩）→粗铰→精铰→珩磨；钻→（扩）→拉→珩磨；粗镗→半精镗→精镗→珩磨	IT6 ~ IT7	0.025 ~ 0.2	精度要求很高的孔
17	以研磨代替上述方法中的珩磨	IT5 ~ IT6	0.006 ~ 0.1	

表 4.19　轴线平行的孔的位置精度（经济精度）

加工方法	工件的定位	两孔轴线间的距离误差或从孔轴线到平面的距离误差/mm	加工方法	工件的定位	两轴线间的距离误差或从孔轴线到平面的距离误差/mm
立钻或摇臂钻上钻孔	用钻模	0.1~0.2	卧式镗床上镗孔	用镗模	0.05~0.08
	按划线	1.0~3.0		按定位样板	0.08~0.2
立钻或摇臂钻上镗孔	用镗模	0.05~0.08		按定位器的指示读数	0.04~0.06
车床上镗孔	按划线	1.0~2.0		用块规	0.05~0.1
	用带有滑座的角尺	0.1~0.3		用内径规或用塞尺	0.05~0.25
坐标镗床上镗孔	用光学仪器	0.004~0.015		用程序控制的坐标装置	0.04~0.05
金刚镗床上镗孔	—	0.008~0.02		用游标卡尺	0.2~0.4
多轴组合机床上镗孔	用镗模	0.03~0.05		按划线	0.4~0.6

选择各种加工表面的加工方法和加工方案时，只要现场的加工条件许可，应选择与该加工表面的精度等级相适应的加工方法和加工方案，考虑加工精度和表面粗糙度要求，同时要兼顾生产率较高、经济性较好。例如，如果粗车能达到要求，无须精车；如果精车能达到要求，不采用磨削加工。反之，在加工公差等级为 IT6 的外圆柱面时，需在车削的基础上进行磨削，如不用磨削只采用车削，由于需要仔细刃磨刀具、精细调整机床、采用较小的进给量等，加工时间较长，也不经济。

在选择加工表面的加工方法和加工方案时，应综合考虑以下因素：

（1）加工表面的技术要求。

（2）工件材料的性质。

例如，淬火钢的精加工要采用磨削，有色金属的精加工为避免磨削时堵塞砂轮，则要用高速精细车或精细镗（金刚镗）。

（3）工件的形状和尺寸。

例如，公差等级为 IT7 的孔可采用镗、铰、拉和磨的方法加工，但箱体上的孔一般不宜采用拉或磨，而常常采用镗孔（大孔时）或铰孔（小孔时）。

（4）生产类型。

所选择的加工方法要与生产类型相适应。大批大量生产应选用生产率高和质量稳定的加工方法。例如，平面和孔可采用拉削加工，单件小批生产则采用刨削、铣削平面和钻、扩、铰或镗孔。又如，为保证质量可靠和稳定，保证高成品率，在大批大量生产中采用珩磨和超精磨加工精密零件，也常常降级使用一些高精度的加工方法加工一些精度要求并不太高的表面。大批大量生产常选用精密毛坯，毛坯制造完后可直接进入磨削加工，因而可简化机械加工。

（5）具体生产条件。

（6）特殊要求。

有些加工表面可能会有一些特殊要求，如表面纹路方向的要求。

5. 加工顺序的安排

零件表面的加工方法和加工方案确定之后，就要安排加工顺序，即确定哪些表面先加工，哪些表面后加工，同时还要确定热处理、检验等工序在工艺过程中的位置。零件加工顺序安排是否合适，对加工质量、生产率和经济性都有较大影响。

1）加工阶段的划分

（1）各加工阶段及任务。

①粗加工阶段：主要任务是切去大部分余量，其目的是提高生产率。

②半精加工阶段：主要任务是为零件主要表面的精加工做好准备（达到一定的精度和表面粗糙度，保证合适的精加工余量），并完成一些次要表面的加工（如钻孔、攻螺纹、铣键槽等）。

③精加工阶段：主要任务是保证零件主要加工表面的尺寸精度、形状精度、位置精度及表面粗糙度要求。这是关键的加工阶段，大多数零件的加工经过这一加工阶段后就已完成。

④光整加工阶段：对于零件尺寸精度和表面粗糙度要求很高（IT5、IT6 级以上，$Ra <$ 0.25 μm）的表面，还要安排光整加工阶段。其主要任务是提高尺寸精度和减小表面粗糙度，一般不用来纠正位置误差。位置精度由前面工序保证。

有时，由于毛坯余量特别大，表面特别粗糙，在粗加工前还需要有去黑皮的加工阶段，称为荒加工阶段。为了及时地发现毛坯的缺陷，减少运输工作量，通常把荒加工阶段放在毛坯车间进行。

（2）划分加工阶段的原因。

①利于保证加工质量。粗加工的加工余量大，切削力、切削热大，功率消耗多，需要的夹紧力也大，加工变形大。粗精分开，各加工阶段之间的时间间隔相当于自然时效，有利于消除内应力和变形，可逐步修正前道工序的加工误差；其次有利于保护精加工表面免受损伤，从而保证加工质量。

②便于合理使用加工设备。粗加工时使用功率大、精度低的高效率设备；精加工时使用高精度设备。

③便于安排热处理工序。如精密主轴，粗加工后需要时效，半精加工后需要淬火等热处理。

④便于及早发现毛坯缺陷。毛坯成形常有一些缺陷，如铸造毛坯经常存在砂眼、气孔等缺陷，因此加工阶段的划分，以便及时处理，避免浪费工时。

零件加工阶段的划分也不是绝对的，当加工质量要求不高、工件刚度足够、毛坯质量高或加工余量小时，可以不划分加工阶段，直接进行半精加工或精加工，如在自动机上加工的零件。有些重型零件，由于装夹、运输费时又困难，也常在一次装夹中完成全部的粗加工和精加工。

工艺过程划分阶段是针对零件加工的整个过程而言，不能以某一表面的加工和某一工序的加工来判断。例如，有些定位基准面，在半精加工阶段甚至在粗加工阶段就需加工得很准确，而某些钻小孔的粗加工工序，又常常安排在精加工阶段。

2）工序集中与工序分散

工序集中与工序分散是拟定工艺路线时，确定工序数目或工序内容多少的两种不同原则，是拟定工艺路线的一个原则问题，它与设备类型的选择及生产类型有密切关系。

（1）工序集中和工序分散的概念。

工序集中就是将工件的加工集中在少数几道工序内完成，每道工序的加工内容较多。工序集中可采用技术上的措施集中，称为机械集中，如采用多刃、多刀和多轴机床、自动机床加工等，也可采用人为的组织措施集中，称为组织集中，如在卧式车床上的顺序加工。

工序分散就是将工件的加工分散在较多的工序内进行，每道工序的加工内容很少，最少时每道工序仅有一个简单的工步。

（2）工序集中和工序分散的特点。

相对于机械集中而言，工序集中具有以下特点：

①采用高效专用设备及工艺装备，生产率高。

②工件装夹次数减少，易于保证表面间位置精度，还能减少工序间运输量，缩短生产周期。

③工序数目少，可减少机床数量、操作工人和生产面积，还可简化生产计划和生产组织工作（本特点也适用于组织集中）。

④因采用结构复杂的专用设备及工艺装备，故投资大，调整和维修复杂，生产准备工作量大，转换新产品比较费时。

工序分散的特点：

①设备及工艺装备比较简单，调整和维修方便，工人容易掌握，生产准备工作量小，又易于平衡工序时间，易适应产品更换。

②可采用最合理的切削用量，减少机动时间。

③设备数量多，操作工人多，占用生产面积也大。

（3）工序集中与工序分散的选用。

工序集中与工序分散各有利弊，应根据生产类型、现有生产条件、工件结构特点和技术要求等进行综合分析后选用。

一般来说，单件小批生产采用组织集中，在一台普通机床上加工出尽可能多的表面，以便简化生产组织工作。大批大量生产时，主要采用多刀、多轴等高效自动机床，以工序集中为主，也可以将工序分散后组织成流水线的生产方式。

对于重型零件，为了减少工件装卸和运输的劳动量，工序应适当集中；对于刚性差且精度高的精密零件，则工序应适当分散。

由于生产过程随着加工柔性度的提高，以及加工中心等先进设备的应用，工序集中的采用会逐渐增多。

3）加工顺序的确定

复杂零件的机械加工工艺路线要经过一系列切削加工、热处理和辅助工序。因此，在拟定工艺路线时，工艺人员要全面地把切削加工、热处理和辅助工序三者一起加以综合考虑。

（1）切削加工工序的安排。

①先基面后其他。

工艺路线开始安排的加工表面，应该是后续工序作为精基准的表面，然后再以该基准面定位加工其他表面，即选为精基准的表面，应安排在起始工序先进行加工。

②先粗后精。

对于加工质量要求较高的零件，应按粗、精加工分阶段原则安排加工顺序，即先安排各表面的粗加工，中间安排半精加工，最后安排主要表面的精加工和光整加工。

③先主后次。

即先安排主要表面的加工，次要表面加工可适当穿插在主要表面加工工序之间。所谓主要表面是指整个零件上加工精度要求高、表面粗糙度值小的装配表面、工作表面。次要表面是指工件上的键槽、螺纹孔等。次要表面一般加工量较少，加工比较方便。若把次要表面的加工穿插在各加工阶段之间进行，就能使加工阶段更加明显，又增加了阶段间的间隔时间，便于使工件有足够的时间让残余应力重新分布、充分变形，以便在后续工序中予以纠正。

④先面后孔。

对于箱体、支架类零件，应先加工平面，去掉孔端毛坯表面，以方便孔加工时刀具的切入、测量和调整。平面的轮廓尺寸大，也易于先加工出来用作定位基准。

除了以上的划分原则，其次要考虑车间设备布置情况，当设备呈机群式布置（即把相同类型机床布置在同一区域）时，应尽量把相同工种的工序安排在一起，避免工件在车间内往返流动。

（2）热处理工序的安排。

①预备热处理：包括正火、退火、时效处理和调质处理等，其目的是改善工件的切削加工性能，消除内应力和为最终热处理做好组织准备，其工序位置安排在粗加工前后。

a. 经过热加工的毛坯，为改善材料切削加工性能和消除毛坯的内应力，一般在粗加工之前安排正火、退火处理。

b. 时效处理主要用于消除毛坯制造和机械加工中产生的内应力。对形状复杂的铸件，一般在粗加工后安排一次时效处理；对于精密零件，要进行多次时效处理。

c. 调质处理，即淬火＋高温回火。对于中碳钢来说，调质处理能消除内应力，改善加工性能并获得良好的综合力学性能。考虑材料的粹透性，调质处理一般安排在粗加工之后、精加工之前进行。

②最终热处理：通常有淬火＋回火、渗透淬火、渗氮等。它们的主要目的是提高零件的硬度和耐磨性，一般安排在精加工（磨削）之前或光整加工之前。

（3）辅助工序的安排。

辅助工序包括工件的检验、去毛刺、清洗和涂防锈油等，其中检验工序是主要的辅助工序，对保证产品质量有极重要的作用。

加工顺序的安排是一个比较复杂的问题，影响的因素也比较多，应灵活掌握以上原则，注意积累生产实践经验。

6. 拟定工艺路线举例

方头小轴如图 4.4.6 所示，其制造工艺路线如表 4.20 所示。

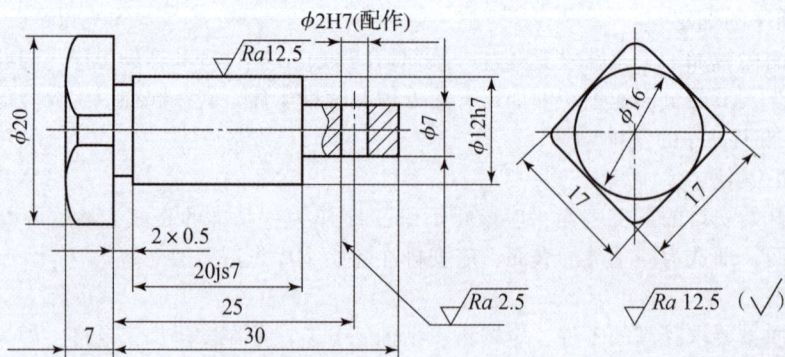

图 4.4.6　方头小轴

表 4.20　方头小轴制造工艺路线

			下料：20Cr 钢棒 $\phi22$ mm × 47 mm 若干段
粗加工	1	车	车左端面及右端面外圆，每面留磨余量（$\phi7$ mm 不车），按长度切断，每段切留余量 2～3 mm
	2	车	夹右端柱段，车左端面，留余量 2 mm；车左端外圆至 $\phi20$ mm
	3		检验
	4		渗碳
半精加工	5	车	夹左端 $\phi20$ mm 段，车右端面，留余量 1 mm，打中心孔；车 $\phi7$ mm、$\phi12$ mm 圆柱段
	6	车	夹 $\phi12$ mm 部分，车左端面至尺寸，打中心孔
	7	铣	铣削 17 mm × 17 mm 方头
	8		检验
	9		淬火 HRC = 50～60
精加工	10		研磨中心孔，粗糙度 Ra0.4 μm
	11	磨	磨 $\phi12$h7 mm 外圆，达到图纸要求
	12		检验
	13		清洗、油封、包装

4.5　典型零件加工工艺分析

4.5.1　轴类零件加工

4.5.1.1　轴类零件概述

轴的种类如图 4.5.1 所示，轴的应用如图 4.5.2 所示。

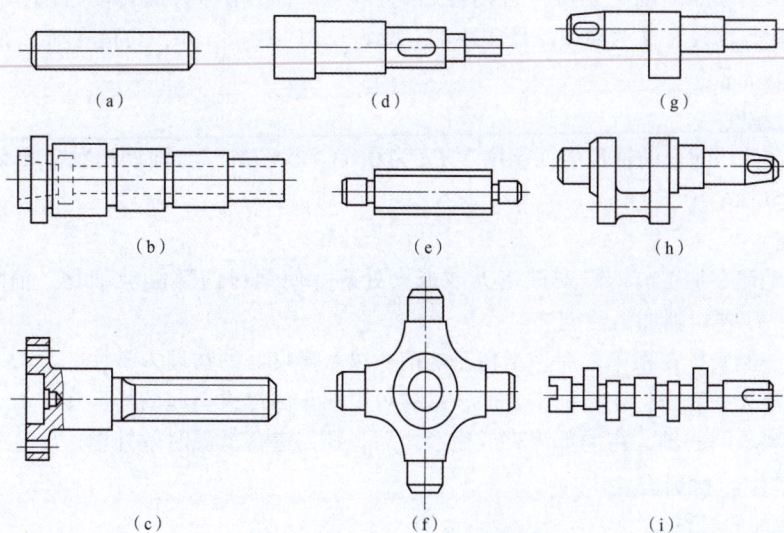

（a）　　　（d）　　　（g）

（b）　　　（e）　　　（h）

（c）　　　（f）　　　（i）

图 4.5.1　轴的种类

图 4.5.2　轴的应用

1. 轴类零件的功用及结构特点

轴类零件是机器中的常见零件，也是重要零件，其主要功用是用于支承传动零部件（如齿轮、带轮等），并传递扭矩。轴的基本结构是由回转体组成的，长径比大于1，其主要加工表面有内、外圆柱面，圆锥面，螺纹，花键，横向孔，沟槽等；根据结构形状特点，可将轴分为光轴、阶梯轴、空心轴和异形轴（如曲轴、凸轮轴、偏心轴和十字轴）等。

2. 轴类零件的技术要求

1）加工精度

（1）尺寸精度。

起支承作用的轴颈为了确定轴的位置，通常对其尺寸精度要求较高（IT5～IT7）。装配传动件的轴颈尺寸精度一般要求较低（IT6～IT9）。

（2）几何形状精度。

轴类零件的几何形状精度主要是指轴颈、外锥面、莫氏锥孔等的圆度、圆柱度等，一般应将其公差限制在尺寸公差范围内。对精度要求较高的内外圆表面，应在图纸上标注其允许偏差。

（3）相互位置精度。

轴类零件的位置精度要求主要是由轴在机械中的位置和功用决定的。通常应保证装配传动件的轴颈对支承轴颈的同轴度要求，否则会影响传动件（齿轮等）的传动精度，并产生噪声。普通精度轴的配合轴段对支承轴颈的径向跳动一般为0.01～0.03 mm，高精度轴（如主轴）通常为0.001～0.005 mm。

2）表面粗糙度

一般与传动件相配合的轴径表面粗糙度 Ra 为 0.63～2.5 μm，与轴承相配合的支承轴径的表面粗糙度 Ra 为 0.16～0.63 μm。

3）热处理

（1）锻造毛坯在加工前均需安排正火或退火处理，使钢材内部晶粒细化，消除锻造应力，降低材料硬度，改善切削加工性能。

（2）调质一般安排在粗车之后、半精车之前，以获得良好的物理力学性能。

（3）表面淬火一般安排在精加工之前，这样可以纠正因淬火引起的局部变形。

（4）精度要求高的轴，在局部淬火或粗磨之后，还需进行低温时效处理。

3. 轴类零件的材料与毛坯

1）轴类零件的材料

应根据不同的工作条件和使用要求选用不同的材料，并采用不同的热处理规范（如调质、正火、淬火等），以获得一定的强度、韧性和耐磨性。

45 钢是轴类零件的常用材料，它价格便宜，经过调质（或正火）后可得到较好的切削性能，而且能获得较高的强度和韧性等综合力学性能，淬火后表面硬度可达 45~52 HRC。

40Cr 等合金结构钢适用于中等精度而转速较高的轴类零件，这类钢经调质和淬火后，具有较好的综合力学性能。

轴承钢 GCr15 和弹簧钢 65Mn 经调质和表面高频淬火后，表面硬度可达 50~58 HRC，并具有较高的耐疲劳性能和较好的耐磨性能，可制造较高精度的轴。

精密机床的主轴（如磨床砂轮轴、坐标镗床主轴）可选用 38CrMoAlA 氮化钢。这种钢经调质和表面氮化后，不仅能获得很高的表面硬度，而且能保持较软的心部，因此耐冲击韧性好。与渗碳淬火钢比较，具有热处理变形很小、硬度更高的特性。

2）轴类零件的毛坯

轴类零件可根据使用要求、生产类型、设备条件及结构，选用棒料、锻件等毛坯形式。对于外圆直径相差不大的轴，一般以热轧和冷拉棒料为主；而对于外圆直径相差大的阶梯轴或重要的轴常选用锻件，这样既节约材料又减少机械加工的工作量，还可改善力学性能，某些大型或结构复杂的轴才采用铸件。

根据生产规模的不同，毛坯的锻造方式有自由锻和模锻两种。中小批生产多采用自由锻，大批大量生产时采用模锻。

4.5.1.2 轴类零件加工工艺有关内容

1. 轴类零件加工工艺规程要点

轴类零件中工艺规程的制定，直接关系工件质量、劳动生产率和经济效益。一个零件可以有多种不同的加工方法，但只有某一种较合理，在制定机械加工工艺规程中，需注意以下几点：

1）零件图工艺分析

需理解零件结构特点、精度、材质、热处理等技术要求，且要研究产品装配图、部件装配图及验收标准等。

2）定位基准的合理选择

（1）粗基准选择：有非加工表面，应选非加工表面作为粗基准。对所有表面都需加工的铸件轴，根据加工余量最小表面找正，且选择平整光滑表面，避开浇口处。选牢固可靠表面为粗基准，同时粗基准不可重复使用。

（2）精基准选择：要符合基准重合原则，尽可能选设计基准或装配基准作为定位基准，符合基准统一原则。尽可能在多数工序中用同一个定位基准；尽可能使定位基准与测量基准重合；选择精度高、安装稳定可靠表面为精基准。

具体选择定位基准时，最常用的是中心孔。因为轴类零件各外圆表面、锥孔、螺纹表面的同轴度，以及端面对轴线的垂直度是其相互位置精度的主要项目，而这些表面的设计基准一般都是轴的轴线，如果用两中心孔定位，定位基准的选择就能符合基准重合原则。而且用中心孔作为定位基准，能够最大限度地在一次装夹中加工出多个外圆和端面；这也符合基准统一原则。所以，只要可能就应尽量采用中心孔作为轴类零件加工的定位基准。

当不能用中心孔定位时，或是粗加工时为了提高零件的刚度，可采用轴的外圆表面作为定位基准，或是以外圆表面和中心孔作为轴类零件加工的定位基准。如果是空心轴，为了能在通孔加工后继续使用顶尖作为定位基准，一般都采用带有中心孔的锥堵或锥堵芯轴定位。

3）合理划分加工阶段

由于轴类零件常常是多阶梯且带有孔的零件，在加工过程中要切除大量的余量，会引起残余应力重新分布而产生变形，应将轴类零件的加工过程按粗、精加工分开的原则划分阶段，并在加工阶段之间安排相应的热处理工序，使粗加工和半精加工中产生的变形和误差在下阶段中予以消除和纠正。最好粗、精加工阶段之间间隔一些时间，让上道工序产生的内应力逐步消失。

4）合理安排工序顺序

（1）与定位基准的选择相适应。

也就是说，轴类零件各表面的加工顺序，在很大程度上与定位基准的转换有关。当粗、精基准选定后，加工顺序就大致确定了。因为各阶段加工开始时总是先加工基准面，后加工其他面，这样有利于加工时有比较精确的定位基准面，以减小定位误差，保证加工质量。

（2）粗精加工的顺序安排。

安排加工顺序时，先粗后精，主要表面的精加工安排在最后。轴上的花键、键槽等次要表面的加工，一般安排在外圆精车之后、磨削之前进行。因为如果在精车之前就铣出键槽，在精车时由于断续切削而易产生振动，影响加工质量，又容易损坏刀具，也难以控制键槽的尺寸。但也不应安排在外圆精磨之后进行，以免破坏外圆表面的加工精度和表面质量。

（3）热处理工序的安排。

热处理工序安排要适当。为改善金属组织和加工性能而安排的热处理，如退火、正火等，一般应安排在机械加工之前；为提高零件的力学性能而安排的热处理，如调质，一般应安排在粗加工之后、精加工之前。为提高表面硬度而安排的淬火应安排在粗磨之前，渗氮安排在粗磨之后、精磨之前。淬硬表面上的孔、槽等表面的加工应在淬火之前完成，淬火后要安排修正工序；对非淬硬表面上的孔、槽加工尽可能往后安排，一般应放在外圆精车（或粗磨）之后、精磨之前进行。这样可以保证精车的连续切削，不产生振动和不易损坏刀具。

（4）考虑加工方面。

在轴类零件刚性较好时，先车小直径外圆表面并按顺序向大直径处加工，然后掉头车大端外圆，这样比较方便，生产率较高；对于刚性较差的轴类零件，则应先车大直径外圆后车小直径外圆，以避免轴类零件刚性过早地降低。

在单件小批生产中钻中心孔工序常在普通车床上进行。在大批量生产中常在铣端面钻中心孔专用机床上进行。

中心孔是轴类零件加工全过程中使用的定位基准，其质量对加工精度有着重大影响。所以必须安排修研中心孔工序。修研中心孔一般在车床上用金刚石或硬质合金顶尖加压进行。

对于空心轴（如机床主轴），为了能使用顶尖孔定位，一般均采用带顶尖孔的锥套芯轴或锥堵。若外圆和锥孔需反复多次、互为基准进行加工，则在重装锥堵或芯轴时，必须按外圆找正或重新修磨中心孔。

2. 轴类零件的一般加工工艺路线

轴类零件的主要表面是各个轴颈的外圆表面，空心轴的内孔精度一般要求不高，而精密主轴上的螺纹、花键、键槽等次要表面的精度要求则比较高。因此，轴类零件的加工工艺路线主要是考虑外圆的加工顺序，并将次要表面的加工合理地穿插其中。下面是生产中常用的不同精度、不同材料的轴类零件加工工艺路线：

1）一般渗碳钢的轴类零件加工工艺路线

备料→锻造→正火→钻中心孔→粗车→半精车→精车→渗碳（或碳氮共渗）→局部淬火、低温回火→粗磨→次要表面加工→精磨。

2）一般精度调质钢的轴类零件加工工艺路线

备料→锻造→正火（退火）→钻中心孔→粗车→调质→半精车→精车→局部表面淬火、回火→粗磨→次要表面加工→精磨。

3）精密渗氮钢轴类零件的加工工艺路线

备料→锻造→正火（退火）→钻中心孔→粗车→调质→半精车→精车→低温时效→粗磨→渗氮处理→次要表面加工→精磨→光整。

4）整体淬火轴类零件的加工工艺路线

备料→锻造→正火（退火）→打顶尖孔→粗车→调质→半精车→精车→次要表面加工→整体淬火→粗磨低温时效→精磨。

由此可见一般精度轴类零件，最终工序采用精磨就足以保证加工质量。而对于精密轴类零件，除了精加工外，还应安排光整加工。对于除整体淬火之外的轴类零件，其精车工序可根据具体情况不同，安排在淬火热处理之前进行，或安排在淬火热处理之后、次要表面加工之前进行。注意：经淬火后的部位不能用普通刀具切削，所以一些沟、槽、小孔等须在淬火之前完成加工。

4.5.1.3 轴类零件加工常见装夹方法（表4.21）

表 4.21　轴类零件加工常见装夹方法

名称	装夹简图	装夹特点	应用
三爪自定心卡盘	三个卡爪可同时移动，自动定心，装夹迅速方便		长径比小于4，截面为圆形、正六边形的中小型工件加工
双顶尖	定心准确，装夹迅速		长径比为4~15的实心轴类零件的加工
双顶尖中心架	中心架可调，增加工件刚性		长径比大于15的细长轴工件的粗加工（工件存在接刀痕迹）
一夹一顶中心架	跟刀架可随刀具一起运动		长径比大于15的细长轴工件的半精加工、精加工（工件不存在接刀痕迹）

其他轴类零件加工装夹如图4.5.3~图4.5.5所示。

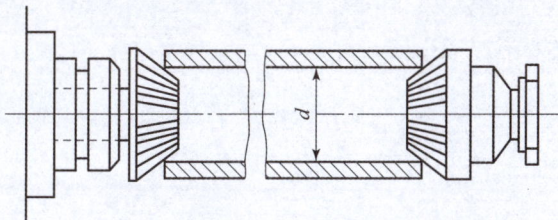

图 4.5.3　空心轴装夹

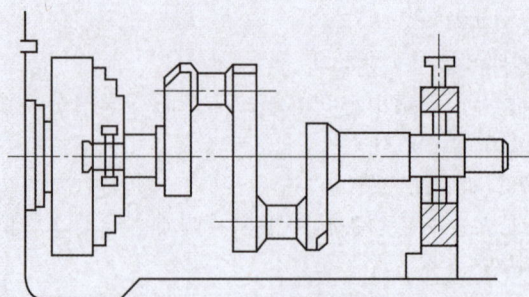

图 4.5.4　曲轴装夹

（a）

工件

（b）

图 4.5.5　锥堵和锥堵芯轴
（a）锥堵；（b）锥堵芯轴

锥堵和锥堵芯轴的功用：

空心轴加工通孔后，定位基准——顶尖孔被破坏，当通孔直径小时，可直接在孔口倒出一 60°锥面代替中心孔；当通孔直径较大时，要采用锥堵或锥堵芯轴。

使用锥堵和锥堵芯轴应注意以下问题：

（1）不中途更换或拆装，以免增加安装误差。

（2）锥堵和锥堵芯轴要求两个锥面同轴。

加工时如果要求内孔和外圆具有同轴度，应该使它们互为基准，进行反复加工，从而保证内孔、外圆的同轴度。

4.5.1.4　细长轴加工工艺注意点

1. 概述

（1）采用跟刀架。

（2）采用恰当的工件装夹方法。

（3）采用反向进给。

（4）采用恰当的车刀。

（5）采用无进给磨削。

（6）合理存放零件。

细长轴加工装夹如图 4.5.6 所示。

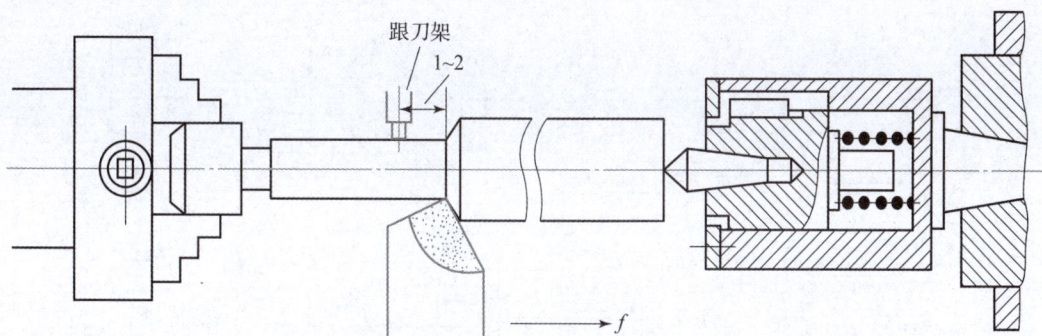

图 4.5.6　细长轴加工装夹

2. 细长轴加工工艺改进

1）改进工件的装夹方法

粗加工时，由于切削余量大，工件受的切削力也大，一般采用卡顶法，尾座顶尖采用弹性顶尖，可以使工件在轴向自由伸长。但是，由于顶尖弹性的限制，轴向伸长量也受到限制，因而顶紧力不是很大。在高速、大用量切削时，有使工件脱离顶尖的危险。采用卡拉法可避免这种现象的产生。

精车时，采用双顶尖法（此时尾座应采用弹性顶尖）有利于提高精度，其关键是提高中心孔精度。

2）采用跟刀架

跟刀架是车削细长轴极其重要的附件。采用跟刀架能抵消加工时径向切削分力的影响，从而减少切削振动和工件变形，但必须注意仔细调整，使跟刀架的中心与机床顶尖中心保持一致。

3）采用反向进给

车削细长轴时，常使车刀向尾座方向做进给运动（此时应安装卡拉工具），这样刀具施加于工件上的进给力方向朝向尾座，因而有使工件产生轴向伸长的趋势，而卡拉工具大大减少了由于工件伸长造成的弯曲变形。

4）采用车削细长轴的车刀

车削细长轴的车刀一般前角和主偏角较大，以使切削轻快、减小径向振动和弯曲变形。粗加工用车刀在前刀面上开有断屑槽，使断屑容易。精车用刀常有一定的负刃倾角，使切屑流向待加工面。

4.5.2　轴类零件加工工艺案例

1. 传动轴图样分析

（1）如图 4.5.7 所示，零件是减速器中的传动轴，属于台阶轴类零件，由圆柱面、轴肩、螺纹、螺尾退刀槽、砂轮越程槽和键槽等组成。轴肩一般用来确定安装在轴上零件的轴向位置，各环槽的作用是使零件装配时有一个正确的位置，并使加工中磨削外圆或车螺纹时退刀方便；键槽用于安装键，以传递转矩；螺纹用于安装各种锁紧螺母和调整螺母。

（2）根据工作性能与条件，该传动轴图样（图 4.5.7）规定了主要轴颈 M、N，外圆 P、Q 以及轴肩 G、H、I 有较高的尺寸精度、位置精度和较小的表面粗糙度，并有热处理要求。这些技术要求必须在加工中给予保证。因此，该传动轴的关键工序是轴颈 M、N 和外圆 P、Q 的加工。

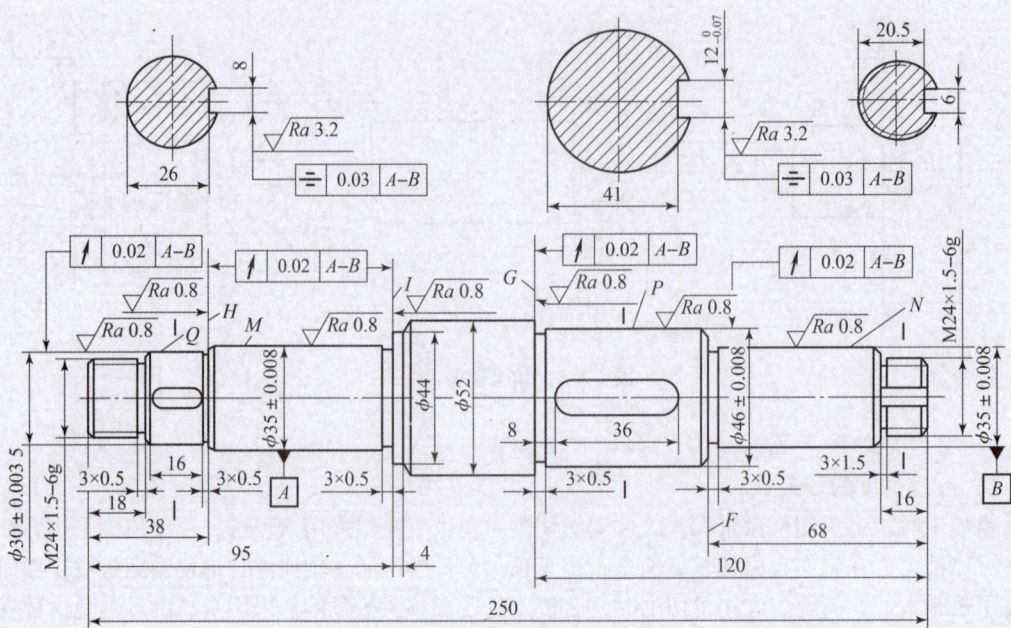

图 4.5.7 传动轴

2. 确定毛坯

该传动轴材料为 45 钢,因其属于一般传动轴,故选 45 钢可满足其要求。该传动轴属于中小型传动轴,并且各外圆直径尺寸相差不大,故选择 $\phi60$ mm 的热轧圆钢作毛坯。

3. 确定主要表面的加工方法

传动轴大都是回转表面,主要采用车削与外圆磨削成形。由于该传动轴的主要表面 M、N、P、Q 的公差等级(IT6)较高,表面粗糙度($Ra = 0.8$ μm)较小,故车削后还需磨削。外圆表面的加工方案为粗车→半精车→磨削。

4. 确定定位基准

(1)合理地选择定位基准,对于保证零件的尺寸和位置精度有着决定性的作用。由于该传动轴的几个主要配合表面(Q、P、N、M)及轴肩(H、G)对基准轴线 A—B 均有径向圆跳动和端面圆跳动的要求,它又是实心轴,所以应选择两端中心孔为基准,采用双顶尖装夹方法,以保证零件的技术要求。

(2)粗基准采用热轧圆钢的毛坯外圆。中心孔加工采用三爪自定心卡盘装夹热轧圆钢的毛坯外圆,车端面、钻中心孔。注意:一般不能用毛坯外圆装夹两次钻两端中心孔,而应该以毛坯外圆作粗基准,先加工一个端面,钻中心孔,车出一端外圆;然后以已车过的外圆作基准,用三爪自定心卡盘装夹(有时在上一工步已车外圆处搭中心架),车另一端面,钻中心孔。如此加工中心孔,才能保证两中心孔同轴。

5. 划分阶段

对精度要求较高的零件,其粗、精加工应分开,以保证零件的质量。该传动轴加工划分为三个阶段:粗车(粗车外圆、钻中心孔等),半精车(半精车各处外圆、台阶和修研中心孔及次要表面等),粗、精磨(粗、精磨各处外圆)。各阶段划分大致以热处理为界。

6. 热处理工序安排

轴的热处理要根据其材料和使用要求确定。对于传动轴,正火、调质和表面淬火用得较多。该轴要求调质处理,并安排在粗车各外圆之后,半精车各外圆之前。

综合上述分析，传动轴的工艺路线如下：

下料→车两端面、钻中心孔→粗车各外圆→调质→修研中心孔→半精车各外圆、车槽、倒角→车螺纹→划键槽加工线→铣键槽→修研中心孔→磨削→检验。

7. 加工尺寸和切削用量的选择

（1）传动轴磨削余量可取 0.5 mm，半精车余量可选用 1.5 mm。加工尺寸可由此而定，见该轴加工工艺卡的工序内容。

（2）车削用量的选择，单件、小批生产时，可根据加工情况由工人确定；一般可在《机械加工工艺手册》或《切削用量手册》中选取。

8. 拟定工艺过程

定位精基准面中心孔应在粗加工之前加工，在调质之后和磨削之前各需安排一次修研中心孔的工序。调质之后修研中心孔为消除中心孔的热处理变形和氧化皮，磨削之前修研中心孔是为提高定位精基准面的精度和减小锥面的表面粗糙度。拟定传动轴的工艺过程时，在考虑主要表面加工的同时，还要考虑次要表面的加工。在半精加工 ϕ52 mm、ϕ44 mm 及 M24 mm 外圆时，应车到图样规定的尺寸，同时加工出各退刀槽、倒角和螺纹；三个键槽应在半精车后以及磨削之前铣削加工出来，这样可保证铣键槽时有较精确的定位基准，又可避免在精磨后铣键槽时破坏已精加工的外圆表面。

在拟定工艺过程时，应考虑检验工序的安排、检查项目及检验方法的确定。综上所述，所确定的该传动轴加工工艺过程如表 4.22 所示。

表 4.22　传动轴加工工艺过程

工序号	工种	工序内容	加工简图	设备
1	下料	ϕ60 mm×265 mm		
		三爪自定心卡盘夹持工件，车端面见平，钻中心孔。用尾架顶尖顶住，粗车三个台阶，直径、长度均留余量 2 mm		
2	车	调头，三爪自定心卡盘夹持工件另一端，车端面保证总长 259 mm，钻中心孔。用尾架顶尖顶住，粗车另外四个台阶，直径、长度均留余量 2 mm		车床
3	热	调质处理 220～240 HBS		
4	钳	修研两端中心孔		车床

工序号	工种	工序内容	加工简图	设备
5	车	双顶尖装夹。半精车三个台阶。螺纹大径车到 $\phi24^{-0.1}_{-0.2}$，其余两个台阶直径上留余量 0.5 mm，切槽三个，倒角三个	$\sqrt{Ra\,6.3}$ $\sqrt{Ra\,6.3}$ $\phi52$ $\phi44$ $\phi35\pm0.1$ $\phi30\pm0.1$ $\phi24$ $\sqrt{Ra\,6.3}$ 3×1.5 3×0.5 3×0.5 18 38 95 99	车床
		调头，双顶尖装夹，半精车余下的五个台阶。$\phi44$ mm 及 $\phi52$ mm 台阶车到图样规定的尺寸。螺纹大径车到 $\phi24^{-0.1}_{-0.2}$ mm，其余两个台阶直径上留余量 0.5 mm，切槽三个，倒角四个	$\sqrt{Ra\,6.3}$ $\sqrt{Ra\,6.3}$ $\phi52$ $\phi44$ $\phi35\pm0.1$ $\phi30\pm0.1$ $\phi24$ $\sqrt{Ra\,6.3}$ 3×1.5 3×0.5 3×0.5 18 38 95 99	车床
6	车	双顶尖装夹，车一端螺纹 M24×1.5−6 g。调头，双顶尖装夹，车另一端螺纹 M24×1.5−6 g	$\sqrt{Ra\,3.2}$	车床
7	钳	划键槽及一个止动垫圈槽加工线		
8	铣	铣两个键槽及止动垫圈槽。键槽深度比图样规定尺寸多铣 0.25 mm，作为磨削的余量		键槽铣床或立式铣床
9	钳	修研两端中心孔	手握	车床

工序号	工种	工序内容	加工简图	设备
10	磨	磨外圆 Q、M，并用砂轮端面靠磨轴肩 H、I。调头，磨外圆 N、P，靠磨轴肩 G		外圆磨床
11	检	检验		

4.5.3　盘盖类零件加工

1. 概述

1）盘盖类零件的功用

盘盖类零件主要起传动、连接、支承、密封、改变速度、转换方向、轴向定位等作用，如手轮、皮带轮、齿轮、法兰盘、各种端盖等，如图 4.5.8 所示。

法兰盘加工

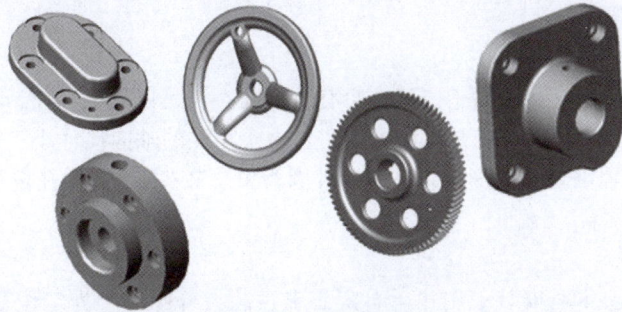

图 4.5.8　盘盖类零件

产品或机器中的箱体，一般都有为装配和调整而设置的孔，这些孔需用端盖、支承盖等盘盖类零件加以保护，并支承和调整各零部件。

2）零件的结构特点

盘盖类零件的基本形状多为扁平的圆形或方形盘状结构，轴向尺寸相对于径向尺寸小很多，如图 4.5.8 所示。常见的零件主体一般由多个同轴的回转体，或由一正方体与几个同轴的回转体组成；在主体上常有沿圆周方向均匀分布的凸缘、肋条、光孔或螺纹孔、销孔等局部结构；常用作端盖、齿轮、带轮、链轮、压盖等，制造材料一般多为灰铸铁。

这类零件的主体多数是由共轴的回转体构成的，也有一些盘盖类零件其主体是方形的。这类零件与轴套类零件正好相反，一般是轴向尺寸较小，而径向尺寸较大。其上常有凸台、凹坑、螺纹孔、销孔、轮辐等局部结构。

盘盖类零件上常常具有轴孔；为了加强支承，减少加工面积，常设计有凸缘、凸台或凹坑等结构；为了与其他零件相连接，盘盖类零件上还常有较多的螺纹孔、光孔、沉孔、销孔或键槽等结构；此外，有些盘盖类零件上还具有轮辐、辐板、肋板以及用于防漏的油沟和毡圈槽等密封结构。

3）盘盖类零件的材料及毛坯

（1）材料。

盘盖类零件应用较广泛，根据用途的不同，它们的受力等也不同，如带轮、轴承盖等多用HT150、HT200、HT250、HT300 等铸铁或 Q235 等普通碳素钢制造。有些受力不大、尺寸较小的盘盖类零件，可用尼龙、塑料或胶木等非金属材料制造。盘盖类零件的毛坯常用锻件或铸件。传递动力的盘盖类零件，如齿轮等工作面承受交变载荷作用，要求具有较高的疲劳强度，齿面需要有足够的硬度和耐磨性，需要反向旋转的齿轮，还要求具有较高的冲击韧性；需要进行调质或淬火等热处理的盘盖类零件，还应具有热处理变形小等性能。因此，像齿轮、凸轮等盘盖类零件常用 45 钢或 40Cr 合金钢等材料制造；对于重载、高速或精度要求高的盘盖类零件，常用 20Cr、20CrMnTi 等低碳合金钢制造并经表面化学处理。

（2）毛坯。

盘盖类零件常采用钢、铸铁、青铜或黄铜制成。孔径小的盘盖类零件一般选择热轧或冷拔棒料，根据不同材料，亦可选择实心铸件，孔径较大时，可作预孔。若生产批量较大，可选择冷挤压等先进毛坯制造工艺，既提高生产率，又节约材料。

4）盘盖类零件技术要求

有配合要求或用于轴向定位的面，其表面粗糙度和尺寸精度要求较高，端面与轴心线之间常有形位公差要求。

盘盖类零件往往对支承用端面有较高平面度、轴向尺寸精度及两端面平行度要求；对连接作用中的内孔等有与平面的垂直度要求，外圆、内孔间的同轴度要求等。

2. 盘盖类零件工艺

1）基准选择

根据零件不同的作用，零件的主要基准会有所不同：一是以端面为主（如支承块），其零件加工中的主要定位基准为平面；二是以内孔为主，由于零件的轴向尺寸小，往往在以孔为定位基准（径向）的同时，辅以端面的配合；三是以外圆为主（较少），与内孔定位同样的原因，往往也需要有端面的辅助配合。

2）安装方案

（1）用三爪自定心卡盘安装。用三爪自定心卡盘装夹外圆时，为定位稳定可靠常采用反爪装夹（共限制工件除绕轴转动外的五个自由度）；装夹内孔时，以卡盘的离心力作用完成工件的定位、夹紧（亦限制了工件除绕轴转动外的五个自由度）。

（2）用专用夹具安装。以外圆作径向定位基准时，可以定位环作定位件；以内孔作径向定位基准时，可用定位销（轴）作定位件。根据零件结构形状特征及加工部位、要求，选择径向夹紧或端面夹紧。

（3）用台虎钳安装。生产批量小或单件生产时，根据加工部位、要求的不同，亦可采用台虎钳装夹（如支承块上侧面、十字槽加工）。

3）表面加工

零件上回转面的粗、半精加工仍以车为主，精加工则根据零件材料、加工要求、生产批量大小等因素选择磨削、精车、拉削或其他。零件上非回转面加工，则根据表面形状选择恰当的加工方法，一般安排于零件的半精加工阶段。

4）工艺路线

盘盖零件与轴相比，盘盖工艺的不同点主要在于安装方式的体现，当然，随着零件组成表面的变化，牵涉的加工方法亦会有所不同。

"典型"的工艺路线：

下料（或备坯）→去应力处理→粗车→半精车→平磨端面（亦可按零件情况不做安排）→非回转面加工→去毛刺→中检→最终热处理→精加工主要表面（精磨或精车）→终检。

3. 盘盖类零件加工工艺的特点

（1）盘盖类零件几何构造的一大特点是长径比小，径向刚度要比轴向刚度高得多，加工时沿径向装夹其变形很小，能够承受较大的夹紧力和切削力，而且允许采用较大的切削用量。

（2）盘盖类零件的主要表面大多为具有公共轴线的回转面，可按工序集中的原则制定工艺路线。大多数盘盖类零件精度要求一般，在车床、磨床等通用设备上采用通用夹具装夹即可满足需要。因此，工艺路线较短。

（3）盘盖类零件的特殊型面，如齿轮的齿形面、凸轮的工作面都是在基本回转面的基础上由专用设备或工艺装备加工而成的，因此其加工工艺过程具有明显的阶段性。

（4）由于盘盖类零件的内孔和其中一个端面往往是加工、检验和装配的基准面，因此内孔和基准面之间有较高的垂直度要求，并通过一次装夹的方法来保证。

4.5.4 套类零件加工

1. 套类零件概述

1）套类零件的功用及结构特点

套类零件是一种应用范围很广的常见机械零件，在机器中主要起支承和导向作用，如支承回转轴的各种形式的滑动轴承、夹具体中的导向套、液压系统中的液压缸以及内燃机上的气缸套等，如图4.5.9所示。套类零件由于功用不同，其结构和尺寸有较大差别，但也有共同之处：零件结构不太复杂，主要由有较高同轴要求的内外圆表面组成，零件的壁厚较小，易产生变形，轴向尺寸一般大于外圆直径，长径比大于5的深孔比较多。

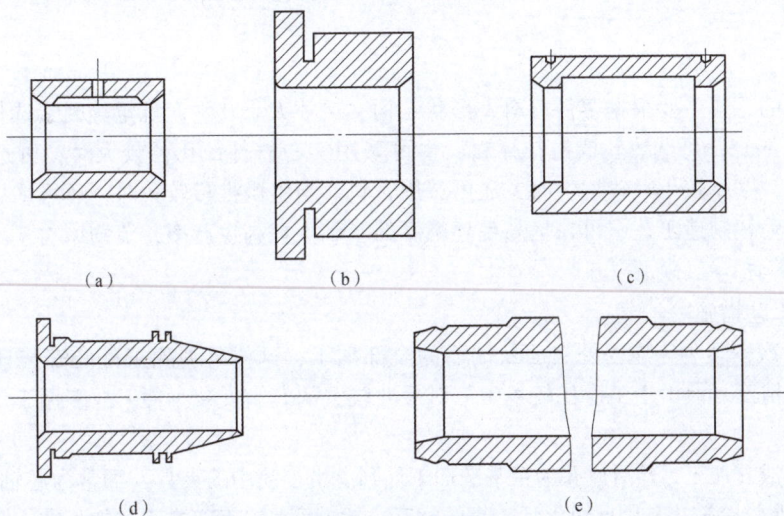

图 4.5.9　套类零件
(a) 滑动轴承；(b) 钻套；(c) 轴承衬套；(d) 气缸套；(e) 油缸

2）套类零件的主要技术要求

孔与外圆一般具有较高的同轴度要求；端面与孔轴线（亦有外圆）的垂直度要求；内孔表面本身的尺寸精度、形状精度及表面粗糙度要求；外圆表面本身的尺寸精度、形状精度及表面粗糙度要求等。

（1）尺寸精度。

内孔是套类零件起支承作用或导向作用的最主要表面，通常与运动着的轴、刀具或活塞等相配合。内孔直径的尺寸精度一般为IT7，精密轴套有时取IT6，油缸由于与其相配合的活塞上有密封圈，要求较低，一般取IT9。

外圆表面一般是套类零件本身的支承面，常以过盈配合或过渡配合同箱体或机架上的孔连接。外径的尺寸精度通常为IT6～IT7。也有一些套类零件外圆表面不需加工。

（2）几何形状精度。

内孔的形状精度应控制在孔径公差以内，有些精密轴套控制在孔径公差的1/3～1/2，甚至更严。对于长的套件除了圆度要求外，还应注意孔的圆柱度。外圆表面的形状精度控制在外径公差以内。

（3）相互位置精度。

当内孔的最终加工是在装配后进行时，套类零件本身的内外圆之间的同轴度要求较低；如最终加工是在装配前完成则要求较高，一般为0.01～0.05 mm。当套类零件的外圆表面不需加工时，内外圆之间的同轴度要求很低。

套孔轴线与端面的垂直度，当套件端面在工作中承受载荷，或虽不承受载荷但其作为加工中的定位基准面和装配中的装配基准时，其要求较高，一般为0.01～0.05 mm。

（4）表面粗糙度。

为保证套类零件的功用和提高其耐磨性，内孔表面粗糙度 Ra 为0.16～2.5 μm，有的要求高达0.04 μm。外径的表面粗糙度 Ra 为0.63～5 μm。

（5）热处理。

渗碳、淬火、表面淬火、调质、高温时效及渗氮等。

3）套类零件的材料与毛坯

（1）材料。

套类零件常用材料是钢、铸铁、青铜或黄铜等。有些要求较高的滑动轴承，为节省贵重材料而采用双金属结构，即用离心铸造法在钢或铸铁套筒的内壁上浇注一层巴氏合金等材料，用来提高轴承寿命。

（2）毛坯。

套类零件的毛坯主要根据零件材料、形状结构、尺寸大小及生产批量等因素选择。孔径较小时（如 $d < 20$ mm），可选热轧或冷拉棒料，也可采用实心铸件；孔径较大时，可选用带预制孔的铸件或锻件，壁厚较小且较均匀时，还可选用管料。当生产批量较大时，还可采用冷挤压和粉末冶金等先进毛坯制造工艺，可在提高毛坯精度的基础上提高生产率，节约用材。

2. 套类零件工艺分析

1）加工工艺措施

（1）在一次安装中完成内外表面及端面的全部加工，这样可消除工件的安装误差并获得很高的相互位置精度。但由于工序比较集中，对尺寸较大的套筒安装不便，故多用于尺寸较小的轴套车削加工。

（2）先完成孔加工，然后以孔为精基准加工外圆。由于使用的夹具（通常为芯轴）结构简单，而且制造和安装误差较小，因此可保证较高的相互位置精度，在套筒类零件加工中应用较多。

（3）先完成外圆加工，然后以外圆为精基准加工内孔。一般卡盘安装误差较大，使加工后工件的相互位置精度较低。如果欲使同轴度误差较小，则须采用定心精度较高的夹具，如弹性膜片卡盘、液性塑料夹头、经过修磨的三爪自定心卡盘和软爪等。

2）减小变形

套类零件的结构特点是孔的壁厚较薄，薄壁套类零件在加工过程中，常因夹紧力、切削力和热变形的影响而引起变形。为防止变形常采取一些工艺措施：

（1）将粗、精加工分开进行，为减少切削力和切削热的影响，使粗加工产生的变形在精加工中得以纠正。

（2）为减少夹紧力的影响在工艺上采取以下措施：

①采用径向夹紧时，夹紧力不应集中在工件的某一径向截面上，而应使其分布在较大的面积上，以减小工件单位面积上所承受的夹紧力。如可将工件安装在一个适当厚度的开口圆环中，再连同此环一起夹紧。也可采用增大接触面积的特殊卡爪。以孔定位时，宜采用张开式芯轴装夹，如图4.5.10所示。

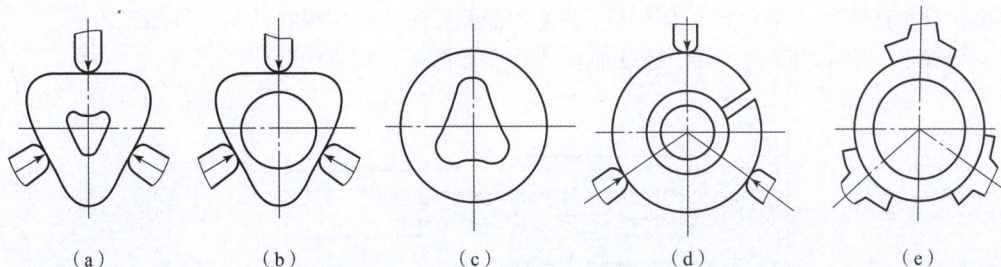

图4.5.10　套筒夹紧误差及消除措施

②夹紧力的位置宜选在零件刚性较强的部位，以改善在夹紧力作用下薄壁零件的变形。

③改变夹紧力的方向，将径向夹紧改为轴向夹紧，如图4.5.11所示。

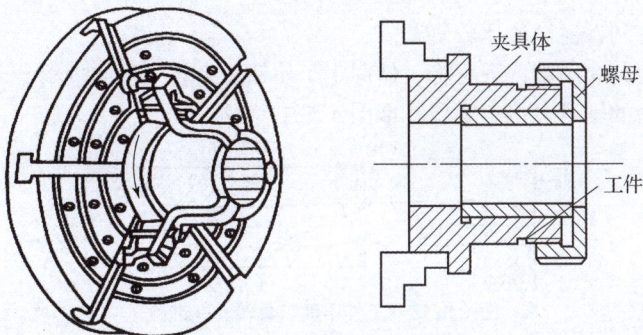

图4.5.11　轴向夹紧薄壁套筒

④在工件上制出加强刚性的工艺凸台或工艺螺纹以减少夹紧变形，加工时用特殊结构的卡爪夹紧，加工终了时将凸边切去。如表4.23所示，工序2先车出M88 mm×1.5 mm螺纹供后续工序装夹时使用。在工序3中利用该工艺螺纹将工件固定在夹具中，加工完成后，在工序5车去该工艺螺纹。

（3）减小切削力对变形的影响。

①增大刀具主偏角和主前角，使加工时刀刃锋利，减少径向切削力。

②将粗、精加工分开，使粗加工产生的变形能在精加工中得到纠正，并采取较小的切削用量。

③内外圆表面同时加工，使切削力抵销。

（4）热处理放在粗加工和精加工之间，这样安排可减少热处理变形的影响。套类零件热处理后一般会产生较大变形，在精加工时可得到纠正，但要注意适当加大精加工的余量。

3）深孔加工的工艺特点

通常把孔的深度与直径之比（L/D）>5的孔称为深孔。深径比不大的孔，可用麻花钻在普通钻床、车床上加工；深径比大的孔，必须采用特殊的刀具、设备及加工方法。深孔加工比一般的孔加工要复杂和困难得多。深孔加工的工艺具有以下特点：

深孔加工的刀杆细长，强度和刚性比较差，在加工时容易引偏和振动，因此，在刀头上设置支承导向极为重要。

切屑排除困难。如果切屑堵塞，则会引起刀具崩刃，甚至折断，因此需采用强制排屑措施。

刀具冷却散热条件差。切屑液不易注入切屑区，使刀具温度升高，刀具寿命降低，因此，必须采用有效的降温方法。

4）深孔的钻削方式

在单件小批生产中，深孔钻削常在卧式车床或转塔车床上用接长的麻花钻加工。有时工件做两次安装，从两端钻成。钻削时钻头须多次退出，以排屑和冷却刀具。采用这种切屑方式，劳动强度大且生产率低。在大批量生产中，普遍用深孔钻床和使用深孔钻头进行加工。

深孔加工一般采用工件旋转，钻头轴向进给，如图4.5.12所示。

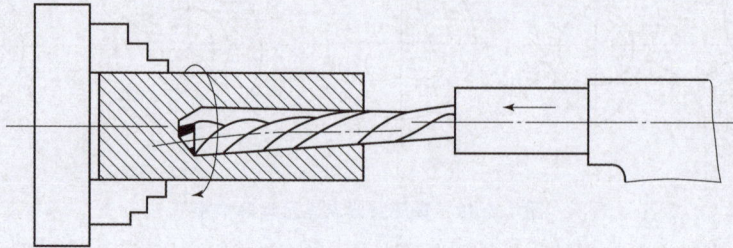

图 4.5.12　深孔加工

或钻头与工件同时反向旋转，钻头轴向进给方式进行，这两种方式都不易使深孔的轴线偏斜，尤其后者更为有利，但设备比较复杂。

若工件很大，旋转有困难，则可将工件固定，使钻头旋转并轴向进给。当旋转轴线与工件轴线有偏斜，则加工后的轴线也将有偏斜，如图4.5.13所示。

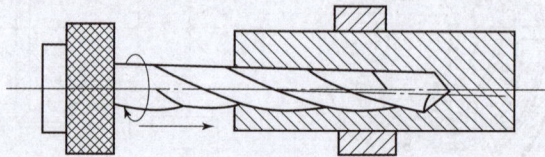

图 4.5.13　工件不动刀具转动并进给

5）深孔加工冷却和排屑方式

（1）内排屑方式：高压切削油由钻杆与工件孔壁间的空隙处压入切削区，然后带着切屑从钻杆中的内孔排出。这样不会划伤已加工的孔壁，而且钻杆直径可增大，也同时增强了钻杆的扭转刚性和弯曲刚性。因此可提高进给量，且孔轴线偏移量也小，一般为 0.1～0.3 mm/m。

采用深孔钻头需配备油压头，深孔钻头装在油压头机构内。油压头的前端与工件贴合，工件由主轴带动旋转。足够流量的高压油从油压头中的油管注入，通过钻杆和工件壁间的空隙处压入切削区，起冷却作用，再从钻杆内孔中带着大量切屑排出。当压力和流量过小时，不易使切屑排出，从而使温度升高，刀具容易磨损。

（2）外排屑方式：切削液的流向正好与内排屑方式相反。

3. 套类零件加工的工艺措施总结

主要工艺问题：

（1）保证内外圆的相互位置精度（保证内外圆表面的同轴度以及轴线与端面的垂直度要求）。

（2）防止变形。

1）套类零件加工精度保证

（1）在一次安装中加工内外圆表面与端面：消除了安装误差，主要因素是机床精度。

（2）先加工孔，再以孔为定位基准加工外圆表面：往往采用芯轴定位。

（3）先加工外圆，再以外圆表面为定位基准加工内孔：较长的套筒一般多采用这种加工方案。

2）套类零件的装夹方法

（1）以外圆或内孔为粗基准一次安装，完成主要表面的加工。

（2）以内孔为精基准使用芯轴装夹。

（3）以外圆为精基准使用专用夹具装夹。

4. 套类零件加工工艺过程举例

图 4.5.14 所示为液压缸。表 4.23 所示为液压缸加工工艺过程。

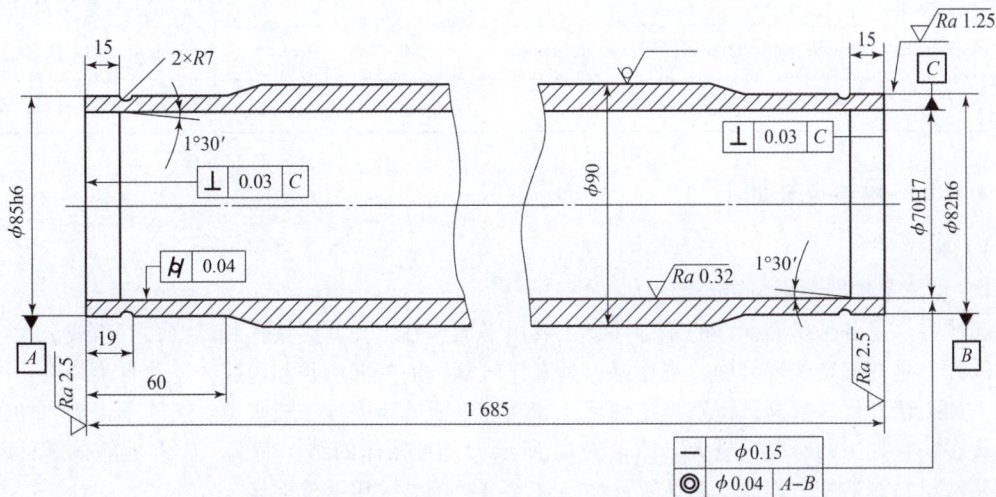

图 4.5.14　液压缸

表 4.23　液压缸加工工艺过程

序号	工序名称	工序内容	定位与夹紧
10	配料	无缝钢管切断	
20	车	1. 车 φ82 mm 所在的外圆到 φ88 mm 及 M88×1.5 mm 螺纹（工艺用）	三爪自定心卡盘夹一端，大头顶尖顶另一端
		2. 车端面及倒角	三爪自定心卡盘夹一端，搭中心架托 φ88 mm 处
		3. 调头，车 φ82 mm 所在的外圆到 φ84 mm	三爪自定心卡盘夹一端，大头顶尖顶另一端
		4. 车端面及倒角，取总长 1 686 mm（留加工余量 1 mm）	三爪自定心卡盘夹一端，搭中心架托 φ88 mm 处
30	深孔推镗	1. 半精推镗孔到 φ68 mm	一端用 M88×1.5 mm 螺纹固定在夹具中，另一端搭中心架
		2. 精推镗孔到 φ69.85 mm	
		3. 精铰（浮动镗刀镗孔）到 φ70±0.02 mm，表面粗糙度 Ra 为 2.5 μm	
40	滚压孔	 （a）　　　　　（b） 用滚压头滚压孔至 φ70 mm，表面粗糙度 Ra 为 0.32 μm	一端用螺纹固定在夹具中，另一端搭中心架

序号	工序名称	工序内容	定位与夹紧
50	车	1. 车去工艺螺纹，车 ϕ82h6 到尺寸，割 $R7$ mm 槽	软爪夹一端，以孔定位顶另一端
		2. 镗内锥孔 1°30′及车端面	软爪夹一端，中心架托另一端（百分表找正孔）
		3. 调头，车 ϕ82h6 到尺寸，割 $R7$ mm 槽	软爪夹一端，顶另一端
		4. 镗内锥孔 1°30′及车端面	软爪夹一端，顶另一端

4.5.5 箱体零件加工

1. 概述

1）箱体零件的功用与结构特点

箱体零件是各种机器部件的基础件，主要由平面、轴承孔、连接孔和螺纹孔等组成。大多数箱体零件都是框架空腔形结构，刚性好，具有比较复杂的外部形状和内腔，壁薄且不均匀，刚度较低，加工精度要求较高，特别是主轴承孔和基准平面的精度。一般来说，箱体不仅需要加工的部位较多，且加工的难度也较大。图 4.5.14 所示为几种箱体的结构简图。大多数箱体零件都是采用铸铁材料制造的。因此，箱体零件的毛坯大多数都是采用铸件毛坯。

图 4.5.15　几种箱体的结构简图

2）箱体零件的主要技术要求

（1）孔的尺寸、形状精度要求。

箱体大部分孔用于安装轴承，因此上面的轴承孔的尺寸精度、形状精度和表面粗糙度直接影响与轴承的配合精度和轴的回转精度。孔径过大，配合过松，易产生振动和噪声；孔径太小，会使配合偏紧，轴承将因外环变形，不能正常运转而缩短寿命。轴承孔的形状精度如果低的话，也会使轴承外环变形而引起主轴径向圆跳动。因此，对轴承孔的精度要求较高。

（2）孔的相互位置精度要求。

各轴承孔的中心距和轴线的平行度，箱体上有齿轮啮合关系的相邻轴承孔之间，有一定的孔距尺寸精度与轴线的平行度要求，以保证齿轮副的啮合精度，减小工作中的噪声与振动，还可减小齿轮的磨损。

同轴线的轴承孔的同轴度，同一轴线上各孔的同轴度误差和孔端面对轴线的垂直度误差，会使轴和轴承装配到箱体内出现歪斜，从而造成主轴径向圆跳动和轴向窜动，加剧轴承磨损。

（3）轴承孔轴线对装配基准面的平行度要求。

机床主轴轴线对装配基准面的平行度误差会影响机床的加工精度。

（4）箱体主要平面的精度要求。

箱体的主要平面是指装配基准面和加工中的定位基准面，它们直接影响箱体在加工中的定位精度，影响箱体与机器总装后的相对位置与接触刚度，因而具有较高的形状精度（平面度）和表面粗糙度要求。

箱体的装配基准面和加工中的定位基准面应有较高的平面度和较小的表面粗糙度要求。否则，箱体在与机器总装时，影响接触精度和相互位置精度；箱体在加工中，影响定位精度，并使轴孔的加工精度降低。

综上所述，箱体的技术要求根据箱体的工作条件和使用性能的不同而有所不同。一般箱体为：轴孔的公差等级为 IT6～IT7，圆度不超过孔径公差的一半，表面粗糙度 Ra 为 $0.4～0.8~\mu m$。作为装配基准和定位基准的重要平面的平面度要求较高，表面粗糙度 Ra 为 $0.63～5~\mu m$。

3）箱体零件的材料和毛坯

由于铸铁容易成形、切削性能好、价格低廉，且吸振性和耐磨性也比较好，因此，一般箱体零件的材料大都采用铸铁，其牌号根据需要可选用 HT200～HT400，常用 HT200。某些负荷大的箱体采用铸钢件。单件小批生产情况下，为了缩短生产周期，可采用钢板焊接。在某些特定条件下，可采用其他材料，如飞机上的铝镁合金箱体。

铸件毛坯的加工余量视生产批量而定，单件小批生产时，一般采用木模手工造型，毛坯的精度低，加工余量较大；而大批量生产时，通常采用金属模机器造型，毛坯的精度较高，加工余量可适当减少。单件小批生产直径大于 50 mm 的孔，成批生产直径大于 30 mm 的孔，一般都应在毛坯上铸出预制孔，以减少加工余量。

4）箱体零件的结构工艺性

箱体的结构复杂，加工表面数量多，要求高，机械加工量大。因此，箱体机械加工的结构工艺性对提高产品质量、降低成本和提高劳动生产率都有重要意义。箱体机械加工的结构工艺性要注意以下几方面的问题：

箱体的基本孔可分为通孔、阶梯孔、不通孔和交叉孔等几类。最常见的孔为通孔，其工艺性最好，特别是 $L/D<1$ 的短圆柱孔。而 $L/D>5$ 的深孔，其工艺性较差，特别是深孔加工精度要求较高、表面粗糙度要求较小时，加工就比较困难。箱体上的孔大多为短圆柱孔。

阶梯孔的工艺性较差。孔径相差越小，工艺性越好；孔径相差越大且其中最小孔又很小时，则工艺性更差。

5）箱体零件的加工工艺路线

中小批生产箱体零件的加工工艺路线一般为：铸造毛坯→时效处理→漆底漆→划线→粗、精加工基准面→粗、精加工各平面→粗、半精加工各主要孔→精加工主要孔→加工各次要孔（包括螺纹孔、紧固孔、油孔等）→去毛刺→清洗→检验。大批量生产箱体零件的工艺路线一般为：毛坯铸造→时效处理→漆底漆→粗、半精加工精基准面→粗、半精加工各平面→精加工精基准面→粗、半精加工主要孔→精加工主要孔→加工各次要孔（包括螺纹孔、紧固孔、油孔等）→精加工各平面→去毛刺→清洗→检验。

2. 箱体零件加工工艺及其分析

箱体零件一般结构比较复杂，且壁厚不均、刚度较低、加工面较多、加工精度要求较高。确保箱体的加工精度，是箱体加工中的主要工艺问题。

箱体上的加工表面主要是一些平面和支承轴孔。平面的加工质量通常较易保证，而精度要求较高的支承轴孔的尺寸与形状精度、孔与孔间、孔与平面间的位置精度则较难保证，往往成为生产的关键。图 4.5.16 所示为 CA6140 车床主轴箱箱体。

1）主轴箱箱体加工工艺过程

表4.24和表4.25分别为不同生产批量的 CA6140 车床主轴箱箱体加工工艺过程。

表 4. 24　CA6140 车床主轴箱箱体小批生产工艺过程

序号	工序内容	定位基准
10	铸造	
20	自然时效	
30	漆底漆	
40	划线：考虑主轴孔有加工余量，并尽量均匀。划 C、A 及 E、D 加工线	
50	粗、精加工顶面 A	按线找正
60	粗、精加工 B、C 面及侧面 D	顶面 A 并校正主轴线
70	粗、精加工两端面 E、F	B、C 面
80	粗、半精加工各纵向孔	B、C 面
90	精加工各纵向孔	B、C 面
100	粗、精加工各横向孔	B、C 面
110	加工螺纹孔及各次要孔	
120	清洗、去毛刺	
130	检验	

表 4. 25　CA6140 车床主轴箱箱体大批生产工艺过程

序号	工序内容	定位基准
10	铸造	
20	人工时效	
30	漆底漆	
40	铣顶面 A	I 孔和 II 孔
50	钻、扩、铰 2 × φ8H7 工艺孔（将 6 × M10 mm 先钻至 φ7. 8 mm，再铰至 2 × φ8H7）	顶面 A 及外形
60	铣 E、F 面及前面 D	顶面 A 及两工艺孔
70	铣导轨面 B、C	顶面 A 及两工艺孔
80	磨顶面 A	导轨面 B、C
90	粗镗各纵向孔	顶面 A 及两工艺孔
100	精镗各纵向孔	顶面 A 及两工艺孔
110	精镗主孔轴 I	顶面 A 及两工艺孔

序号	工序内容	定位基准
120	加工各横向孔及各面上的次要孔	
130	磨 B、C 导轨面及前面 D	顶面 A 及两工艺孔
140	将 $2 \times \phi 8H7$ 及 $4 \times \phi 7.8$ mm 孔均扩至 8.5 mm，攻 $6 \times \phi M10$ mm 螺纹	
150	清洗、去毛刺、倒角	
160	检验	

2）主轴箱箱体加工工艺分析

从上面两种工艺过程中可以看出，不同生产批量的箱体的加工工艺过程有其共性，也有其特殊性。

（1）加工中安排合适的热处理。

箱体毛坯比较复杂、壁厚不均，铸造应力较大。为了消除内应力、减少变形，保证箱体的尺寸稳定性，对于普通精度的箱体，毛坯铸造完后要安排一次人工时效处理。对于高精度的箱体或形状特别复杂的箱体，在粗加工后再安排一次人工时效处理，以消除粗加工中产生的残余应力。对于特别精密的箱体零件，在机械加工阶段尚需安排较长时间的自然时效处理。

（2）各主要表面的粗、精加工分阶段进行。

因为箱体零件结构复杂、刚度低、加工精度高，粗加工时，切削余量大，则切削力大，夹紧力大，切削热量大，工件受力、受热产生的应力和变形也大。因此，粗、精加工应分阶段进行。精加工时可以减小夹紧力，并且中间可停留一段时间有利于应力消失，可以稳定精加工时获得的精度。同时还可以根据粗、精加工的不同要求合理地选用设备，及时发现毛坯缺陷，剔除废品，避免工时浪费。

（3）采取先加工平面，后加工轴孔的顺序。

从表 4.24 和表 4.25 可以看出，箱体的加工顺序通常是先加工精基准平面，然后加工其基准孔。在同一加工阶段中，也是先加工平面，后加工平面上的孔。由于箱体上的孔大多分布在箱体外壁和中间隔板的平面上，先加工平面，切除铸件表面的凹凸不平及夹砂等缺陷，可减小钻头引偏量，防止扩、铰、镗刀等孔加工刀具崩刃，对刀、调整也比较方便，为保证孔的加工精度创造了条件。

（4）先加工基准面，后加工其他面。

箱体零件由于生产批量的大小不同，其定位基准的选择也存在比较明显的差异。

①精基准的选择。

为便于保证箱体上孔与孔、孔与平面及平面与平面之间较高的位置精度要求，箱体加工应遵循"基准统一"原则选择精基准，使具有位置精度要求的大部分表面能用同一组精基准定位进行加工。此外，采用统一的定位基准，还有利于减少夹具设计与制造的工作量，缩短生产准备时间，降低成本。

在中小批生产中采用以装配基准面作为统一的定位基准面，这样使装配、加工都采用同一基准，既符合"基准重合"原则，又符合"基准统一"原则，定位精度和加工质量都容易得到保证。如表 4.24 中以 D 和 A 面作为精基准。D 和 A 面既是主轴孔的设计基准，也是主轴箱箱体在机床上装配时的装配基准，它与箱体各主要孔、端面、侧面均有直接位置关系。以 D 和 A 面作为精基准时，消除了基准不重合误差，有利于保证各表面之间的位置精度。但采用此种定位方式在加工表4.25所示箱体时，由于箱体内隔板上有孔需要加工，为了提高镗杆的刚度，需要有中间导向支承，由于箱体底部是封闭的，中间支承只能采用吊架式镗模，吊架从箱体顶面开口处伸入箱体内。这样，每加工一个箱体需装卸一次，虽有定位销定位，但吊架刚性较差，制造和安装精度较低，经常装卸易产生误差，而且使工序的辅助时间增加。因此这种定位方式只适用于中小批生产。

大批生产时，必须充分考虑生产率。这时，常采用一面两孔作为统一的定位基准面，使机床夹具结构简化、刚度提高，工件装卸快速方便。采用这种定位方式时，其中的定位平面最好是零件的设计基准或装配基准，这样，既符合"基准重合"原则，又符合"基准统一"原则。

②粗基准的选择。

箱体零件的结构比较复杂，加工表面多，粗基准的选择是否合理，对各加工表面能否分摊到适当的加工余量及保证加工表面与不加工表面的相对位置关系有很大影响。生产中一般都选用主轴承孔和距主轴承孔较远的孔作为粗基准。

中小批生产时，由于毛坯精度较低，直接以主轴承孔定位不能保证毛坯的定位精度。因此，常常以划线的方式装夹工件。划线时，以主轴承孔中心线为基准，考虑到毛坯的外形和尺寸以及加工表面要有足够的加工余量，划出主要定位基准面的加工位置线，然后以此为基准划出各加工表面的加工位置线。加工时，按划线找正装夹工件，这样就体现了以主轴承孔为粗基准。严格来讲，此种方法并不是以主轴承孔中心线为粗基准，而是将它作为主要参考粗基准。大批生产时，毛坯的精度较高，可以直接以主轴承孔在夹具上定位。这样既能保证高效率又能保证加工精度。从本质上来讲，此种定位方式是以毛坯精度较高为前提的，离开了毛坯的高精度，定位仍然是不准确的。

3. 箱体零件加工中关键工艺问题及解决办法

前已述及，箱体的主要加工表面为平面和孔，由于平面易加工，如何保证支承轴孔的尺寸和形状精度、孔与孔间、孔与平面间的位置精度就成为箱体加工中的关键。

要保证支承轴孔的各项精度指标要求，除了前面分析的在工艺安排上应注意的若干问题以外，合理选择孔和孔系的加工方法也是一个重要方面。

由于主轴承孔的精度要求比其他孔高。因此，在其他轴孔精加工以后，还需单独对主轴承孔进行精加工和光整加工。半精镗和精镗应在不同精度的机床上进行，也可在同一台机床上在半精镗之后让工件松夹，停留一段时间，然后再夹紧进行精镗。

模块五　工序设计

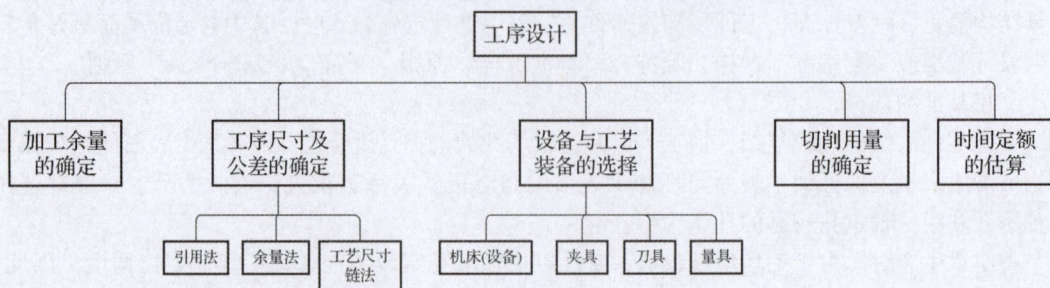

5.1　加工余量的确定

5.1.1　加工余量的概念

为了保证加工要求，需从工件的加工表面上切除一层材料，这层材料即加工余量。加工余量可分为工序余量和加工总余量。

1. 工序余量

工序余量是指某一道工序中所切除的金属层厚度，即相邻两工序的工序尺寸之差。工序余量的基本尺寸（基本余量或公称尺寸）可按下式计算：

单边余量：对于非对称表面，其加工余量用单边余量 Z_b 表示，如图 5.1.1（a）所示：

$$Z_b = l_a - l_b$$

双边余量：对于外圆、内圆等对称表面加工余量用双边余量 $2Z_b$ 表示，即相邻两工序的直径之差。

外圆表面 ［图 5.1.1（b）］：　　　　　　　$2Z_b = d_a - d_b$

内圆表面 ［图 5.1.1（c）］：　　　　　　　$2Z_b = D_b - D_a$

2. 加工总余量

加工总余量是指某加工表面，为了保证零件图上某表面的精度和表面粗糙度值的要求，其毛坯表面切去全部多余的金属层的总厚度，即毛坯尺寸与零件图设计尺寸之差，也等于各道工序余量之和，即

$$Z_0 = \sum_{i=1}^{n} Z_i$$

式中，Z_0 为加工总余量；Z_i 为各道工序余量。

3. 最大余量、最小余量和余量公差

加工余量为变动值。由于各道工序尺寸都有偏差，故实际切除的余量是变化的，该变动范围称为余量公差。

工序余量又分为公称余量 Z_b、最大余量 Z_{max}、最小余量 Z_{min}。

工序尺寸公差一般按"入体原则"标注。

对于被包容面，上偏差为 0，其最大尺寸就是基本尺寸，如图 5.1.2 所示。

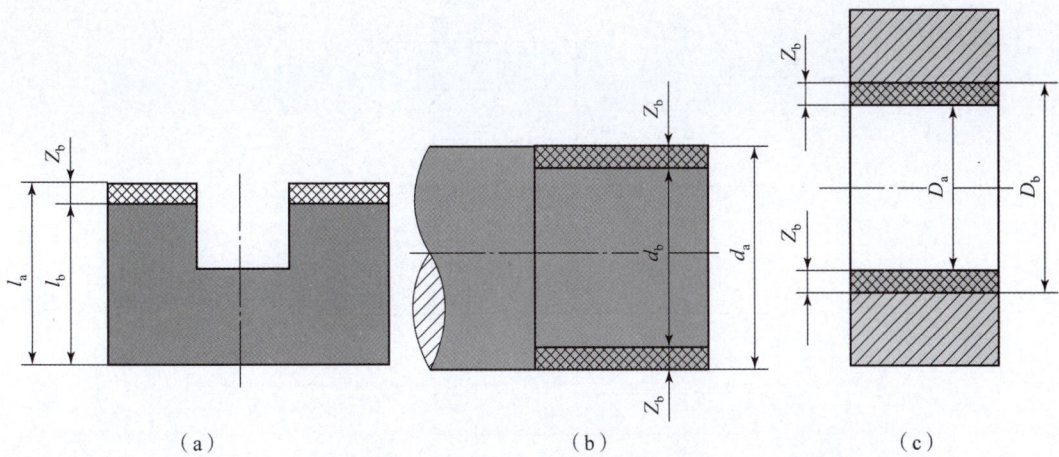

图 5.1.1　加工余量

（a）单边余量；（b）外圆表面双边余量；（c）内圆表面双边余量

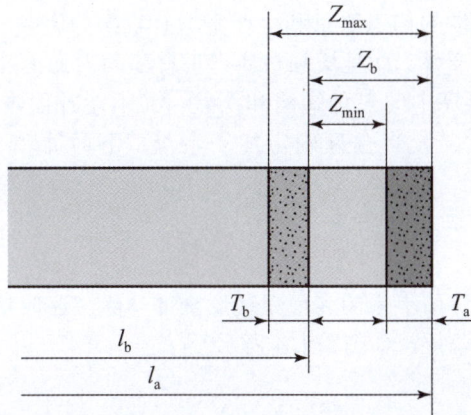

图 5.1.2　被包容面最大余量、最小余量和余量公差

本道工序的公称余量：
$$Z_b = l_a - l_b$$
$$Z_{max} = l_a - (l_b - T_b) = Z_b + T_b$$
$$Z_{min} = (l_a - T_a) - l_b = Z_b - T_a$$

工序余量变动范围（余量公差）：
$$T_z = Z_{max} - Z_{min} = T_b + T_a$$

对于包容面（孔径、槽宽），下偏差为 0，其最小尺寸就是基本尺寸，如图 5.1.3 所示。

本道工序的公称余量：
$$Z_b = l_b - l_a$$
$$Z_{max} = (l_b + T_b) - l_a = Z_b + T_b$$
$$Z_{min} = l_b - (l_a + T_a) = Z_b - T_a$$

工序余量变动范围（余量公差）：
$$T_z = Z_{max} - Z_{min} = T_b + T_a$$

加工总余量也是个变动值，其值及公差一般是从有关手册中查得或凭实际生产经验确定的。

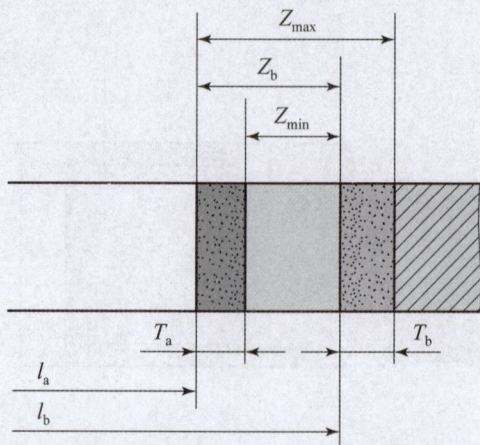

图 5.1.3　包容面最大余量、最小余量和余量公差

5.1.2　影响加工余量的因素

加工余量的大小对于工件的加工质量和生产率均有较大的影响。加工余量过大，不仅增加机械加工的工作量，降低生产率，而且增加材料、工具和动力的消耗以及加工成本。若加工余量过小，既不能消除上道工序中的各种缺陷和误差，又不能补偿本道工序加工时工件装夹误差，很容易造成废品。因此，应当合理确定加工余量。下面简单分析影响加工余量的主要因素。

1. 上道工序各种表面缺陷和误差

1）表面粗糙度和缺陷层

本道工序必须把上道工序留下来的表面粗糙度全部切除，还应切除上道工序在表面留下的一层金属组织已遭破坏的缺陷层，如图 5.1.4 所示。

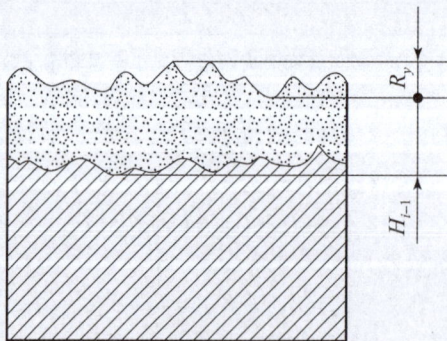

图 5.1.4　表面粗糙度和缺陷层

2）上道工序尺寸公差

工序的基本余量包括上道工序的尺寸公差 T_a。

3）上道工序的形位误差

如图 5.1.5 所示小轴，当轴线有直线度误差时，须在本道工序中加以纠正，因而直径方向上的加工余量应增加 2ω。

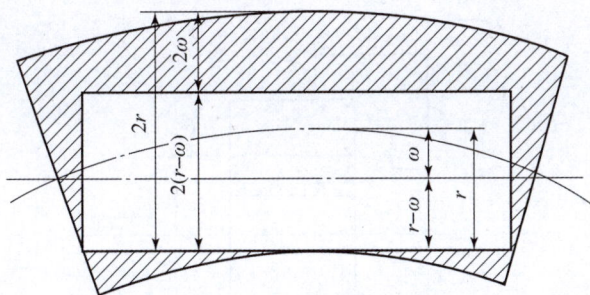

图 5.1.5 轴线直线度对加工余量的影响

表 5.1 所示为零件各项位置精度对加工余量的影响。

表 5.1 零件各项位置精度对加工余量的影响

位置精度	简图	加工余量	位置精度	简图	加工余量
对称度		$2e$	同轴度		$2e$
位置度		$L\tan\theta$	平行度		y
		$2x$	垂直度		x

2. 本道工序装夹误差

装夹误差包括工件的定位误差和夹紧误差，当用夹具装夹时，还有夹具在机床上的安装误差。这些误差会使工件在加工时的位置发生偏移，所以加工余量必须考虑装夹误差的影响，如图5.1.6所示。

5.1.3 确定加工余量的方法

确定加工余量的基本原则是在保证加工质量的前提下，加工余量越小越好。通常确定加工余量的方法有经验估计法、查表修正法、分析计算法三种。

作为经验不是很多和分析计算能力不是很强的学生比较适合应用查表修正法，下面主要介绍查表修正法。

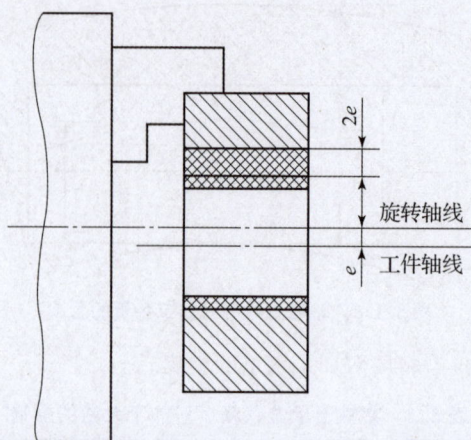

图1.6　三爪自定心卡盘装夹误差对加工余量的影响

查表修正法是以生产实践和试验研究积累的有关加工余量资料数据为基础，并按具体生产条件加以修正来确定加工余量的方法。该方法应用比较广泛，加工余量表在各种机械加工工艺手册中都有，查表方法也很简单，具体应用见表5.2。

5.2　工序尺寸及公差的确定

零件上要求保证的设计尺寸一般要经过几道工序的加工才能得到，每道工序加工后应达到的加工尺寸就是工序尺寸。制定工艺规程的重要工作之一就是确定每道工序的工序尺寸及其公差，合理确定工序尺寸及其公差是保证加工精度的重要基础之一。不同情况下，工序尺寸及其公差的确定方法是不一样的，现归纳为引用法、余量法、工艺尺寸链法。

5.2.1　引用法

引用法即直接引用零件图上给出的设计尺寸作为工序尺寸及公差。

应用：当某些表面只需进行一次加工或多次加工中的最后一次加工，如例5-2中的$\phi 180^{+0.018}_{-0.007}$ mm尺寸，且定位基准与设计基准重合时，均可采用此方法确定工序尺寸及公差。

当工艺基准与设计基准重合且工件表面多次加工时，工序尺寸及公差的计算是比较容易的。例如，孔、轴和某些平面的加工，计算时只需考虑各道工序的加工余量和所能达到的加工精度。其计算顺序是由最后一道工序开始逐个向前推算。具体步骤本处省略。

5.2.2　余量法

例5-1　如图5.2.1所示小轴零件，毛坯为普通精度的热轧圆钢，装夹在车床前、后顶尖间加工，主要工序：下料→车端面→钻中心孔→粗车外圆→精车外圆→磨削外圆。

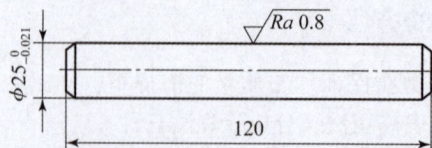

图5.2.1　小轴零件

表 5.2 所示为小轴各道工序尺寸及公差的计算实例。

表 5.2　小轴各道工序尺寸及公差的计算实例

工序名称	工序余量/mm	工序经济精度/mm	工序基本尺寸/mm	工序尺寸及偏差/mm	
磨削	0.3	IT7（0.021）	25.0	$\phi 25.0$	0 −0.021
精车	0.8	IT10（0.084）	25.0 + 0.3 = 25.3	$\phi 25.3$	0 −0.084
粗车	1.9	IT12（0.210）	25.3 + 0.8 = 26.1	$\phi 26.1$	0 −0.210
毛坯	3.0	IT14（1.0）	26.1 + 1.9 = 28.0	$\phi 28 \pm 0.5$	

例 5 - 2　某主轴箱体主轴孔的设计要求为 $\phi 180^{+0.018}_{-0.007}$ mm，$Ra = 1.25$ μm，其主要工序：粗镗→半精镗→精镗→细镗四道工序。试确定各道工序尺寸及公差。

解：确定各道工序的余量，具体数值见表 5.3 中第 2 列；确定各道工序的经济精度及相应工序尺寸公差，具体数值见表 5.3 中第 3 列；再由最后一道工序向前道工序逐个计算工序尺寸，具体数值见表 5.3 中第 4 列，并得到各道工序最小极限尺寸，具体见表 5.3 中第 5 列。

表 5.3　主轴孔各道工序尺寸及公差的计算实例

工序名称	工序余量/mm	工序经济精度/mm	工序尺寸/mm	最小极限尺寸/mm	Ra/μm
细镗	0.2	H6（$^{+0.02}_{0}$）	$\phi 180^{+0.018}_{-0.007}$	$\phi 179.993$	1.25
精镗	0.6	H7（$^{+0.04}_{0}$）	$\phi 179.8^{+0.04}_{0}$	$\phi 179.8$	1.6
半精镗	3.2	H9（$^{+0.10}_{0}$）	$\phi 179.2^{+0.10}_{0}$	$\phi 179.2$	3.2
粗镗	8	H11（$^{+0.25}_{0}$）	$\phi 176^{+0.25}_{0}$	$\phi 176$	6.4
毛坯孔			$\phi 170^{+1}_{-2}$	$\phi 168$	

5.2.3　工艺尺寸链法

在工件的机械加工工艺过程中，各道工序的工序尺寸及工序余量在不断变化，其中一些工序尺寸在零件图上往往不标出或不存在，需要在制定工艺规程时确定。而这些不断变化的工序尺寸之间又存在一定的联系，需要应用尺寸链知识来分析它们之间的内在联系，掌握它们的变化规律，从而正确计算出各道工序的工序尺寸及公差。

1. 工艺尺寸链的基本概念

1）工艺尺寸链的定义

图 5.2.2（a）所示为主轴箱箱体结构，孔的设计基准为箱体底面 5，在用调整法加工该孔时（此时其他表面均已加工完成），为了使工件定位可靠以及夹具结构简单，常选用箱体顶面 2 作为

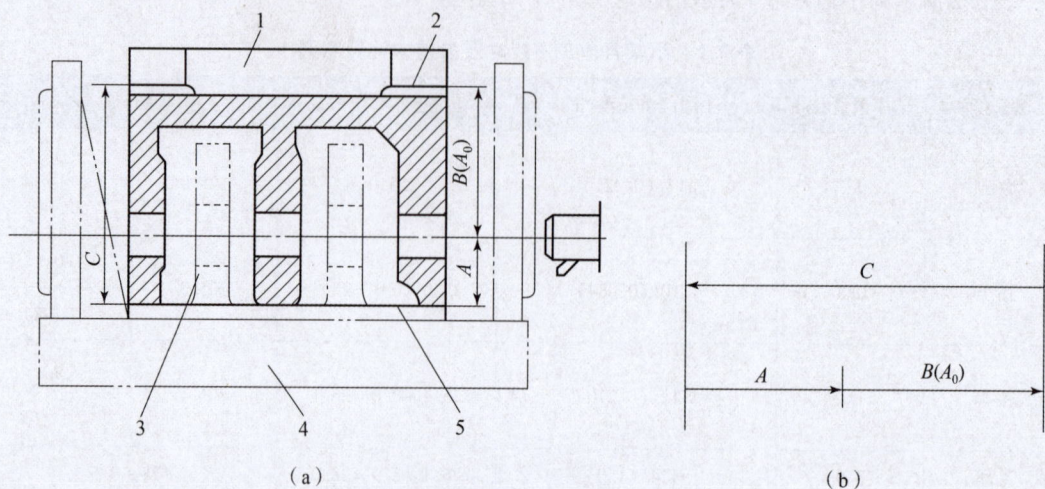

图 5.2.2 主轴箱箱体结构及尺寸链

（a）主轴箱箱体结构；（b）尺寸链

1—主轴箱；2—定位基准；3—导向支承；4—镗模；5—孔的设计基准

定位基准，按照尺寸 A 对刀镗孔，间接保证尺寸 $B(A_0)$。显然尺寸 A、B、C 形成一个封闭图形。这种由相互联系的尺寸按一定顺序首尾相接排列成的尺寸封闭图形称为尺寸链。由单个工件在工艺过程中的有关工艺尺寸所形成的尺寸链称为工艺尺寸链，如图 5.2.2（b）所示。

2）工艺尺寸链的特征

（1）封闭性。

尺寸链必须是一组有关尺寸首尾相接所形成的尺寸封闭图形。不封闭就不能成为尺寸链，尺寸封闭图形中应包含一个间接保证的尺寸和若干个对其有影响的直接获得的尺寸。

（2）关联性。

某一尺寸及精度的变化必将影响其他尺寸和精度的变化，即它们的尺寸和精度互相联系、互相影响。

3）尺寸链的组成

组成尺寸链的各个尺寸称为尺寸链的环。图 5.2.2（b）中的尺寸 A、B、C 都是尺寸链的环，这些环又可分为两大类：

（1）封闭环。

根据尺寸链的封闭性，最终被间接保证精度的那个环称为封闭环，用 A_0 表示。图 5.2.2（b）所示尺寸链中尺寸 $B(A_0)$ 就是封闭环。

（2）组成环。

尺寸链中对封闭环有影响的其他各环均是组成环。图 5.2.2（b）中尺寸 A 和 C 都是组成环。组成环又分为增环和减环。

①增环是指在其他组成环不变的情况下，若此环增大（或减小）时，封闭环随之增大（或减小），则该环为增环。在图 5.2.2（b）中，尺寸 C 为增环。

②减环是指在其他组成环不变的情况下，若此环增大（或减小）时，封闭环却随之减小（或增大），则该环为减环。在图 5.2.2（b）中，尺寸 A 为减环。

4）工艺尺寸链的建立及绘制

（1）封闭环的确定：间接获得。

（2）组成环的查找。

（3）建立尺寸链：绘制工艺尺寸链图时，可将尺寸链中相应的环用尺寸或符号标注在零件图上，也可单独表示出来，如图5.2.2所示。

（4）增减环的判别：画箭头的方法。

为了能迅速判别组成环的性质（增环、减环），通常采用回路法，即在绘制尺寸链图时，用首尾相接的单向箭头顺序表示各尺寸环。其中，凡是与封闭环箭头方向相同的环即减环，反之为增环，即所谓"增反减同"原则，如图5.2.3所示。

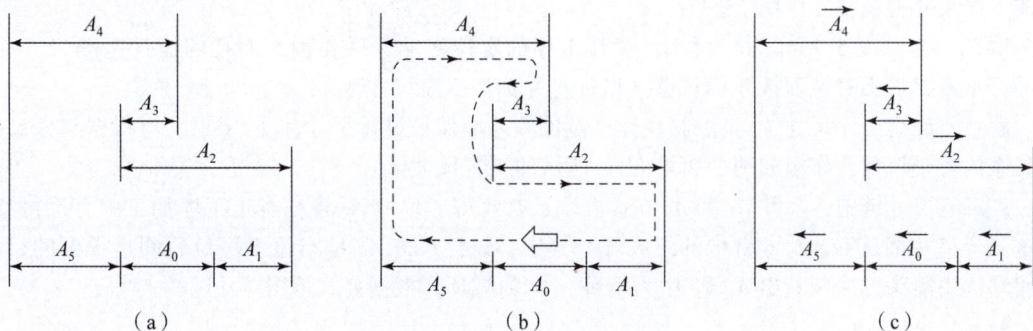

图5.2.3 尺寸链组成环的判读

2. 工艺尺寸链的基本计算方法

工艺尺寸链常用计算方法有极值法和概率法两种，生产中多采用极值法。尺寸链需要计算的参数包括：

1）封闭环的基本尺寸

封闭环的基本尺寸等于所有增环的基本尺寸之和减去所有减环的基本尺寸之和，写成普遍式为

$$A_0 = \sum_{j=1}^{m} A_j - \sum_{k=m+1}^{n} A_k$$

2）封闭环的上偏差与下偏差

封闭环的上偏差等于所有增环的上偏差之和减去所有减环的下偏差之和，写成普遍式为

$$ES_0 = \sum_{j=1}^{m} ES_j - \sum_{k=m+1}^{n} EI_k$$

同理，封闭环的下偏差等于所有增环的下偏差之和减去所有减环的上偏差之和，写成普遍式为

$$EI_0 = \sum_{j=1}^{m} EI_j - \sum_{k=m+1}^{n} ES_k$$

3）封闭环的公差

封闭环的公差等于所有组成环的公差之和，即 $T_{A_0} = \sum T_{A_i}$。

由上式可知，封闭环的公差比任何一个组成环的公差都大。因此，在工艺尺寸链中，一般选最不重要的环作为封闭环。为了减小封闭环的公差，应尽量减少尺寸链中的环数，这就是设计中应遵守的"最短尺寸链"原则。

3. 工艺尺寸链的应用计算

正确分析和计算尺寸链是编制工艺规程的重要环节，而应用工艺尺寸链计算工序尺寸及公差是工艺尺寸链应解决的主要问题。计算尺寸链的一般步骤是：

（1）绘制尺寸链。

（2）确定封闭环、增环、减环。

（3）尺寸链计算。

基准不重合时工序尺寸的计算，包括定位基准与设计基准不重合时工序尺寸的计算以及测量基准与设计基准不重合时工序尺寸的计算两种情况。

1）定位基准与设计基准不重合时工序尺寸的计算

当加工一批工件时，如果所选的定位基准与设计基准不重合，那么该表面的设计尺寸就不能由加工直接得到。这时就需要进行有关工序尺寸计算，以保证设计尺寸的精度要求，并将计算出的工序尺寸标注在工序图上。

例 5 – 3 如图 5.2.4（a）所示，镗孔工序的定位基准选择 A 面，而孔的设计基准为 C 面，基准不重合，加工时镗刀按 A 面调整。试计算并标注工序尺寸 A_3。

解： 要确定工序尺寸 A_3 应控制在什么范围内才能保证设计尺寸 A_0 的要求，可根据与该尺寸有联系的各个尺寸，作出如图 5.2.4（b）所示的工艺尺寸链。

在工艺尺寸链中，尺寸 A_1 和 A_2 在镗孔前已加工好，尺寸 A_3 将在本道工序加工中直接得到，故这三个尺寸都是工艺尺寸链中的组成环。其中，设计尺寸 A_0 是本道工序最后间接得到的，为封闭环；用箭头方法判断出 A_2 和 A_3 为增环，A_1 为减环。根据公式可得

$A_0 = A_3 + A_2 - A_1$

$ES_{A_0} = ES_{A_3} + ES_{A_2} - EI_{A_1}$

$EI_{A_0} = EI_{A_3} + EI_{A_2} - ES_{A_1}$

$A_0 = A_3 + A_2 - A_1$，即 $100 = A_3 + 80 - 280$

$A_3 = 280 + 100 - 80 = 300$（mm）

$ES_{A_0} = ES_{A_3} + ES_{A_2} - EI_{A_1}$，即 $+0.15 = ES_{A_3} + 0 - 0$

$ES_{A_3} = +0.15$ mm

$EI_{A_0} = EI_{A_3} + EI_{A_2} - ES_{A_1}$，即 $-0.15 = EI_{A_3} + (-0.05) - 0.1$

$EI_{A_3} = 0$

即工序尺寸 $A_3 = 300^{+0.15}_{0}$ mm。

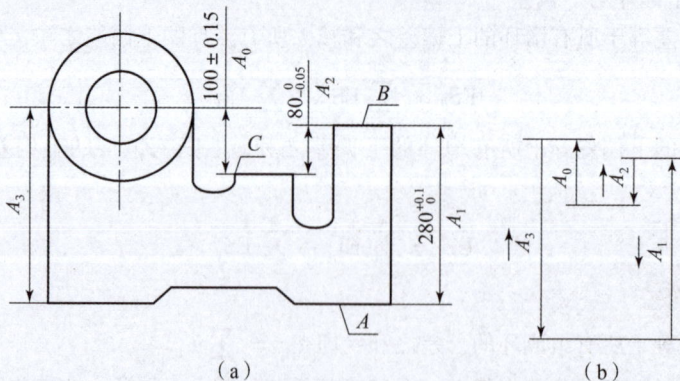

图 5.2.4　定位基准与设计基准不重合时工序尺寸及公差的计算
（a）零件的加工；（b）工艺尺寸链

说明：

在有些情况下，按上述方法计算出的某一组成环的公差为 0，甚至为负值，这在实际中是不可能实现的。其原因是各组成环的公差之和等于或大于封闭环的公差。纠正这种情况时可以采取以下措施：

①增大设计尺寸。

②提高前道工序尺寸精度。

③采用基准重合原则。

④采用试切法加工。

2）测量基准与设计基准不重合时工序尺寸的计算

在零件加工时，会遇到一些表面加工后设计尺寸不便于或无法直接测量的情况。此时，需要在零件上另选一个易于测量的表面作为测量基准进行测量，以间接检验设计尺寸，而测量尺寸（工序尺寸）需要根据设计尺寸和其他工序尺寸计算出来。

例 5 – 4　如图 5.2.5（a）所示零件，A、B、C 面已在前道工序加工完毕，$A_3 = 48_{-0.05}^{0}$ mm，本道工序加工 D 面时要保证设计尺寸 $A_2 = (18 \pm 0.09)$ mm。由于该设计尺寸使用游标卡尺无法直接测量，因此选择 C 面作为测量（工序）基准，直接测量工序尺寸 A_1，从而间接保证设计尺寸 $A_2 = (18 \pm 0.09)$ mm。试计算测量尺寸 A_1。

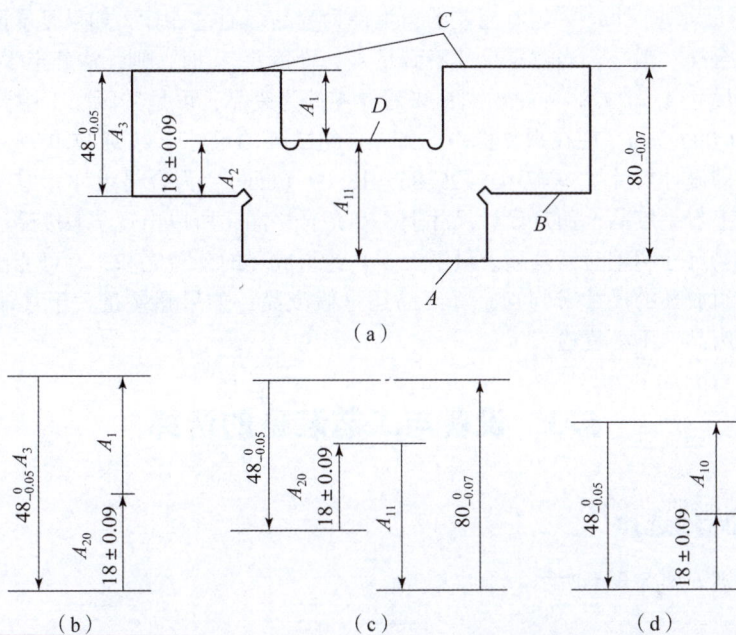

（a）

（b）　　　　　（c）　　　　　（d）

图 5.2.5　测量基准与设计基准不重合时工序尺寸及公差的计算

解：作出如图 5.2.5（b）所示的测量工艺尺寸链。由图 5.2.5（b）判断出，设计尺寸 $A_2 = (18 \pm 0.09)$ mm，为封闭环（A_{20}），$A_3 = 48_{-0.05}^{0}$ mm，为增环，测量尺寸 A_1 为减环。根据公式可得

$$A_{20} = A_3 - A_1$$

$$\mathrm{ES}_{A_{20}} = \mathrm{ES}_{A_3} - \mathrm{EI}_{A_1}, \ \mathrm{EI}_{A_{20}} = \mathrm{EI}_{A_3} - \mathrm{ES}_{A_1}$$

$$A_1 = A_3 - A_{20} = 48 - 18 = 30 \ (\mathrm{mm})$$

$$\mathrm{EI}_{A_1} = \mathrm{ES}_{A_3} - \mathrm{ES}_{A_{20}} = 0 - (+0.09) = -0.09 \ (\mathrm{mm})$$

$$\mathrm{ES}_{A_1} = \mathrm{EI}_{A_3} - \mathrm{EI}_{A_{20}} = -0.05 - (-0.09) = +0.04 \ (\mathrm{mm})$$

即测量尺寸 $A_1 = 30_{-0.09}^{+0.04}$ mm。

由计算结果可以看出，使用直接测量得到的工序尺寸的精度比间接测量得到的设计尺寸的精度提高了很多。在设计尺寸（封闭环）精度较高而其他组成环的精度又不太高时，同样会出现工序尺寸的公差值很小，甚至为零或负值的情况。此时，可以采取以下措施来解决生产实际所出现的这种不合理情况。

①提高其他组成环的精度，使所求的组成环的精度降低（即公差值增大）。

②采用专用工具直接测量工序尺寸。

两种情况说明：

①多方案比较。

有时一个不方便直接测量的设计尺寸，可能有几个方便间接测量该设计尺寸的方案。如例5-4所示的零件，也可以选择 A 面作为测量基准，通过测量工序尺寸 A_{11} 来间接保证设计尺寸 $A_2 = (18 \pm 0.09)$ mm 的要求。但是，这两种方案所计算出的 A_1 和 A_{11} 的公差值却不同。由图 5.2.5（c）所示的测量工艺尺寸链可以算出：$A_{11} = 50_{-0.04}^{-0.02}$ mm，显然选择 C 面作为测量基准要比选择 A 面好。

②假废品问题。

由例5-4可知，直接设计的尺寸为 A_2 和 A_3，均为组成环，自然形成的尺寸为 A_1，为封闭环（暂记为 A_{10}）。由图 5.2.5（d）所示尺寸链可以计算出 $A_{10} = 30_{-0.14}^{+0.09}$。如果测得尺寸不满足 $A_{10} = 30_{-0.14}^{+0.09}$ mm，说明尺寸 A_2 和 A_3 一定有超差的，零件为废品。通过计算，如果测量尺寸满足上述要求，则零件一定合格。但是，当测得尺寸不满足 A_1，而满足 A_{10} 时，则无法确定零件一定是废品。例如，测得工序尺寸 $A_1 = 29.86$ mm，由 A_1 来看此零件为废品，可是实际加工中要保证的是设计尺寸 $A_2 = (18 \pm 0.09)$ mm。现在来复检一下另一个组成环的尺寸恰好为 47.95 mm。在这种情况下，封闭环尺寸即设计尺寸 $A_2 = 47.95 - 29.86 = 18.09$（mm），为合格尺寸，零件不是废品。此工件从测量尺寸上看是废品，而从设计尺寸上看却是合格品，所以出现了假废品。判断真假废品的原则是：当测量尺寸超差时，若超差量不大于其他组成环的公差之和，有可能出现假废品。此时，应复检其他组成环的尺寸来判别是真废品还是假废品；如果超差量大于其他组成环公差之和，则肯定是真废品，不必复检。

5.3 设备与工艺装备的选择

5.3.1 机床的选择

机床选择原则如图 5.3.1 所示。

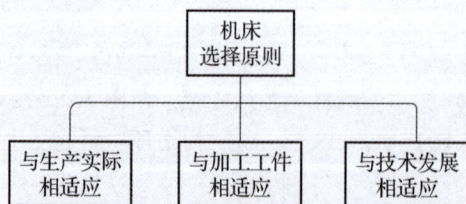

图 5.3.1 机床选择原则

在拟定工艺路线时，当工件加工表面的加工方法确定以后，各工种所用机床类型就已基本确定。但每一类型的机床都有不同的形式，其工艺范围、技术规格、加工精度及表面粗糙度、生产率及自动化程度等都各不相同。在合理选用机床时，除应对机床的技术性能有充分了解之外，还要考虑以下几点：

（1）所选机床的精度应与工件要求的加工精度相适应，机床的精度过低，满足不了加工质量要求；机床的精度过高，又会增加零件的制造成本。单件小批生产时，特别是没有高精度的设备来加工高精度的零件时，为充分利用现有机床，可以选用精度低一些的机床，而在工艺上采用措施来满足加工精度的要求。

（2）所选机床的技术规格应与工件的尺寸相适应，小工件选用小机床加工，大工件选用大机床加工，做到设备的合理利用。

（3）所选机床的生产率和自动化程度应与零件的生产纲领相适应，单件小批生产应选择工艺范围较广的通用机床，大批大量生产尽量选择生产率和自动化程度较高的专用机床。

（4）机床的选择应与现场生产条件相适应，应尽量充分利用现有设备，如果没有合适的机床可供选用，应合理地提出专用设备设计或旧机床改装的任务书，或提供购置新设备的具体型号。

5.3.2　工艺装备的选择

工艺装备选择是否合理，直接影响工件的加工精度、生产率和经济性。因此，要结合生产类型、具体的加工条件、工件的技术要求和结构特点等合理选用。

1. 夹具的选择

单件小批生产应尽量选择通用夹具，如各种卡盘、台虎钳和回转台等，如条件具备，可选用组合夹具以提高生产率；大批生产应选择生产率和自动化程度高的专用夹具。多品种中小批生产，可选用可调整夹具或成组夹具。夹具的精度应与工件的加工精度相适应。

2. 刀具的选择

一般应选用标准刀具，必要时可选择各种高生产率的复合刀具及其他一些专用刀具。刀具的类型、规格及精度应与工件的加工要求相适应。

3. 量具的选择

单件小批生产应选用通用量具，如游标卡尺、千分尺、千分表等。大批生产应尽量选用效率较高的专用量具，如各种极限量规、专用检验夹具和测量仪器等。所选量具的量程和精度要与工件的尺寸和精度相适应。

5.4　切削用量的确定与时间定额的估算

5.4.1　切削用量的确定

正确选择切削用量，对保证零件的加工精度、提高生产率、降低刀具的损耗和工艺成本都有很重要的意义。确定切削用量时，应综合考虑零件的生产纲领、加工精度和表面粗糙度、材料、刀具的材料及刀具使用寿命等因素。

确定原则：根据工件材料、加工精度、所选机床与刀具的情况以及刀具耐用度与机床功率等因素选择和确定切削用量，即在保证加工质量和工艺系统刚性足够的条件下，尽量增大切削用量，以达到提高生产率的目的。

粗、精加工时切削用量的选择：

粗加工主要是为了去除多余的加工余量，为精加工做好准备，并以提高生产率为主要目的。为此，一般在不超过刀具耐用度以及机床功率限制的情况下，选择较大的背吃刀量 a_p 和进给量 f，选择较低的切削速度 v_c（提高切削速度会使刀具耐用度降低很多）。

精加工主要以保证加工质量为目的，一般应选择较小的背吃刀量 a_p 和进给量 f，同时又为了不降低生产率，在刀具许可的条件下，应尽量提高切削速度 v_c。

不同生产类型切削用量的选择：

在单件小批生产中，为了简化工艺文件，通常不规定切削用量，而是由操作工人根据具体情况自行确定。

在大批生产中，对组合机床、自动机床、多刀加工以及加工精度和表面质量要求很高的工序，应科学合理选择切削用量，并填入工艺文件切实执行，以便充分发挥这些高生产率、高精度设备的潜力及作用。

5.4.2 时间定额的估算

时间定额是指在一定生产条件下，规定生产一件产品或完成一道工序所需消耗的时间，它是安排生产计划、进行成本核算、考核工人完成任务情况、确定所需设备和工人数量的主要依据。合理的时间定额能调动工人的积极性，促进工人技术水平的提高，从而不断提高生产率。随着企业生产技术条件的不断改善和水平的不断提高，时间定额应定期进行修订，以保持定额的平均先进水平，具体确定请查询有关信息资料。

模块六　机床专用夹具概述

为了加工出符合规定技术要求的表面，必须在加工前采用夹具将工件装夹在机床上。

机床夹具是将工件进行定位、夹紧，将刀具进行导向或对刀，以保证工件和刀具间的相对位置关系的附加装置，简称夹具。图 6.0.1 所示为钻床专用夹具。

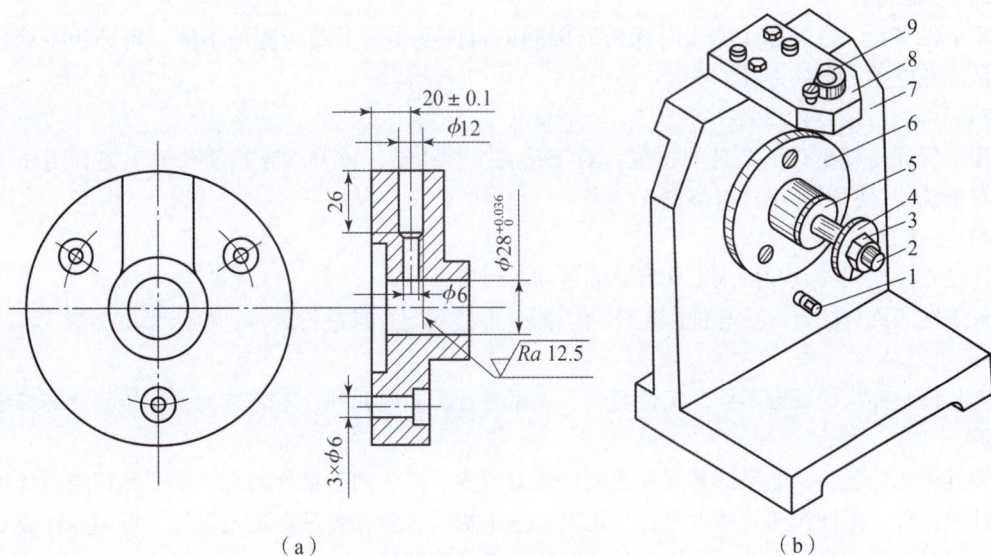

（a）　　　　　　　　　　　　　　（b）

图 6.0.1　钻床专用夹具

（a）后盖零件图；（b）后盖钻夹具

1，5，6—定位元件；2，3，4—夹紧元件；7—夹具体；8，9—导向元件及其固定板

1. 应用夹具装夹工件的特点

工件在夹具中的正确定位，是通过工件上的定位基准面与夹具上的定位元件相接触而实现的。夹具预先在机床上调整好位置，工件通过夹具相对于机床也就占有了正确的位置，通过夹具上的对刀装置，保证了工件加工表面相对于刀具的正确位置。

2. 机床夹具的作用

（1）保证工件的加工精度。

采用夹具装夹后，工件各有关表面的相互位置精度是由夹具来保证的，比划线找正所达到的精度高很多，并且质量稳定。

（2）提高劳动生产率。

采用夹具后，能使工件迅速地定位和夹紧，不仅省去了划线找正所花费的大量时间，而且简化了工件的安装工作，显著地提高了劳动生产率。

（3）改善工人劳动条件，保障生产安全。

用夹具装夹工件方便、省力、安全。用气动、液动等夹紧装置，可大大减轻工人的劳动强度。夹具在设计时采取了安全保证措施，用以保证操作者的人身安全。

（4）降低生产成本。

在批量生产中使用夹具时，劳动生产率提高，并且允许技术等级较低的工人操作，可显著地降低生产成本。

（5）扩大机床工艺范围。

采用夹具可使本来不能在某些机床上加工的工件变为可能，以减轻生产条件受限的压力。

3. 机床专用夹具的组成

1）定位元件

定位元件起定位作用，保证工件相对于夹具的位置，可用六点定位原理来分析其所限制的自由度。

2）夹紧装置

将工件夹紧，以保证在加工时保持所限制的自由度。根据动力源的不同，可分为手动、气动、液动和电动等夹紧方式。

3）导向元件和对刀装置

用来保证刀具相对于夹具的位置，对于钻头、扩孔钻、铰刀、镗刀等孔加工刀具用导向元件，对于铣刀、刨刀等用对刀装置。

4）连接元件

连接元件保证夹具和机床工作台之间的相对位置。

对于铣床夹具由定位键与铣床工作台上的 T 形槽相配合来进行定位，再用螺钉夹紧。

5）夹具体

夹具体是夹具的关键零件。定位元件、夹紧装置、导向元件、对刀装置、连接元件等都装在它上面。

夹具体比较复杂，能保证各元件之间的相对位置。对于加工精度来说，主要是控制刀具相对于工件的位置，工件在夹具体上进行加工时，这个相对位置关系是由定位元件、导向元件或对刀装置并通过夹具体来保证的，所以夹具体的精度要求比较高。

6）其他元件及装置

如动力装置的操作系统等。有些夹具根据工件的加工要求，要有分度机构；铣床夹具还要有定位键等。

任何夹具都必须有定位元件和夹紧装置，它们是保证工件加工精度的关键，目的是使工件"定准、夹牢"。

4. 夹具的导向元件和对刀装置

1）导向元件

钻套是钻模的特有元件，其作用是确定刀具与夹具的相互位置，引导钻头、扩孔钻或铰刀，以防止加工过程中偏斜，从而保证被加工孔的位置精度。

2）对刀装置

在铣床夹具上一般都设计有对刀装置以方便对刀。对刀装置由对刀块和塞尺组成。对刀块用来确定夹具和刀具的相对位置，使用塞尺是为了防止对刀时碰伤刀刃和对刀块工件表面。使用时，将塞尺塞入刀具与对刀块之间，根据接触的松紧程度来确定刀具相对于夹具的最终位置。

5. 夹具的分类

夹具分类如图 6.0.2 所示。

（1）组合夹具：是一种模块化的专用夹具。标准的模块元件有较高的精度和耐磨性，可组装成各种夹具；夹具用完后可进行拆卸，留待组装新的夹具。用在单件，中、小批多品种生产和数控加工中，是一种较经济的夹具。组合夹具已商品化。

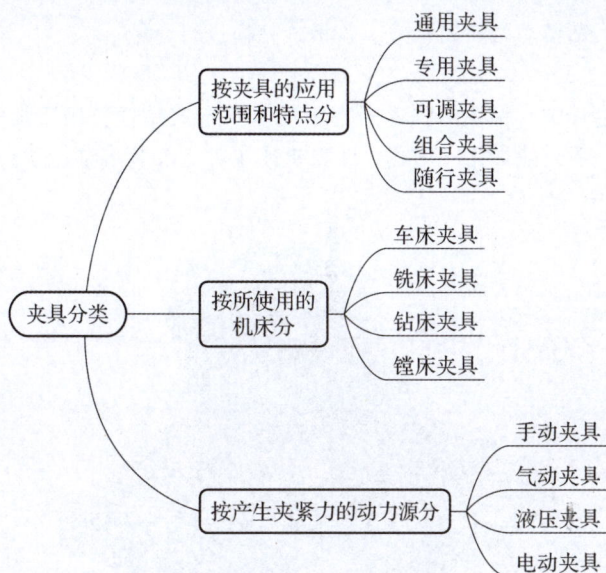

图 6.0.2　夹具分类

（2）通用夹具：指结构、尺寸已标准化，且具有一定通用性的夹具，如三爪自定心卡盘、四爪单动卡盘、台虎钳、万能分度头、顶尖、中心架、电磁吸盘等。

其特点是适应范围大，已成为机床附件；但生产率较低，适用单件、小批生产中。

（3）专用夹具：针对某一工件某一工序的加工要求专门设计和制造的夹具。

其特点是针对性极强，没有通用性；常用于批量较大的生产中，可获得较高的生产率和加工精度，但设计制造周期长。

（4）可调夹具：是针对通用夹具和专用夹具的缺陷而发展起来的一类新型夹具。

对不同类型和尺寸的工件，只需调整或更换原来夹具上的个别定位元件和夹紧元件便可使用。

（5）随行夹具：用于自动线上，工件安装在随行夹具上，随行夹具由运输装置送往各机床，并在机床夹具或机床工作台上进行定位夹紧。

6. 机床夹具的基本要求

（1）能稳定保证工件的加工精度。

（2）能提高机械加工的劳动生产率，降低工件的制造成本。

（3）结构简单、操作方便、安全省力。

（4）便于排屑。

（5）有良好的结构工艺性，便于夹具的制造、装备、检验、调整和维修。

（6）设计时应在保证加工精度的前提下，综合考虑生产率、经济性和劳动条件等因素。

6.1　钻床夹具设计基本知识及设计案例

钻床夹具简称钻模，钻模借助其上的钻套引导刀具和工件之间的相对位置，提高了加工精度和生产率，在成批大量生产中，已广泛采用钻模来进行加工。

6.1.1 种类

钻模的结构形式很多，按工件的形状、大小和钻模的结构特点，钻模可分为多种形式。下面就固定式钻模、回转式钻模、翻转式钻模、盖板式钻模进行介绍。

1. 固定式钻模

该类钻模在使用过程中，钻模的位置固定不动。固定式钻模，用于摇臂钻床可加工平行孔系；用于立式钻床，一般只能加工一个孔，或在机床主轴上加装多轴传动头，实现孔系加工，如图6.1.1所示。

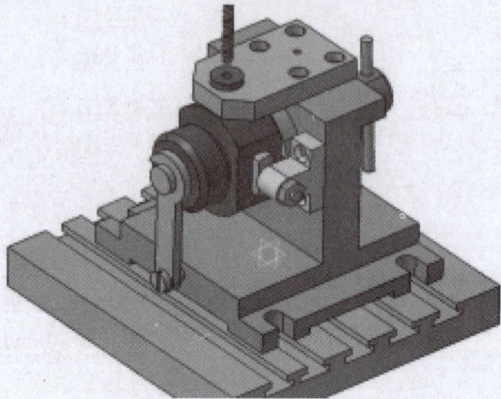

图 6.1.1　固定式钻模

2. 回转式钻模

该类钻模可按一定的分度要求绕某一固定轴转动，常用于加工同一圆周上的平行孔系或分布在圆周上的径向孔。按固定轴的放置方式有立轴、卧轴和斜轴三种基本回转形式，如图6.1.2所示。

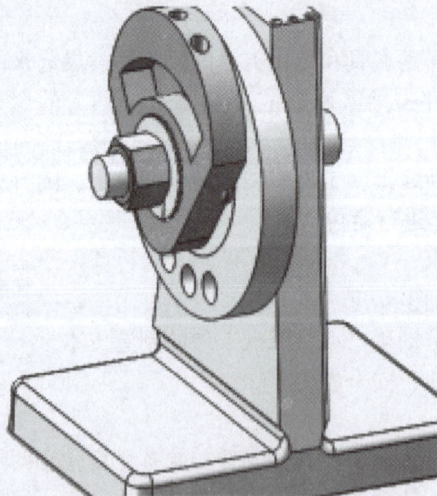

图 6.1.2　回转式钻模

回转式钻模

3. 翻转式钻模

该类钻模整个夹具可以带动工件一起翻转，加工工件不同表面的孔系，甚至可加工定位基准面上的孔。这类钻模的特点是整个工件和夹具可以一起翻转，可以用来加工同方向的平行孔系，也可以用来加工不同方向的孔。这类钻模是一种小型夹具，在操作过程中，需要用人工进行翻动，为了减轻工人的劳动强度，这类钻模的总质量最好不要超过 10 kg。对于稍大一些的工件用翻转式钻模时，必须设计专门的托架。支柱式钻模是这类钻模的典型结构之一，用于钻同方向上的孔系。其结构特点是用四个支脚来支撑钻模，如图 6.1.3 所示。

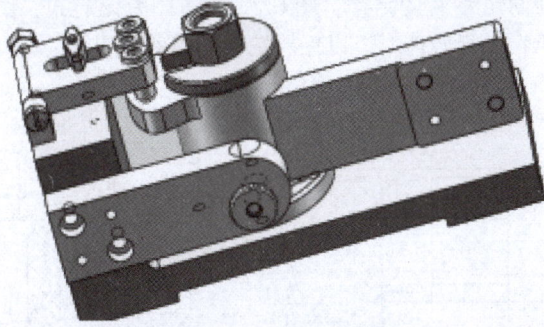

图 6.1.3　翻转式钻模

4. 盖板式钻模

该类钻模一般用于加工大型工件上的小孔。钻模本身仅是一块钻模板，上面装有定位、夹紧元件和钻套，可将钻套直接装在钻模板上，加工时将其覆盖在工件上即可，因经常搬动有时需要把手或吊耳，无须夹具体，如图 6.1.4 所示。

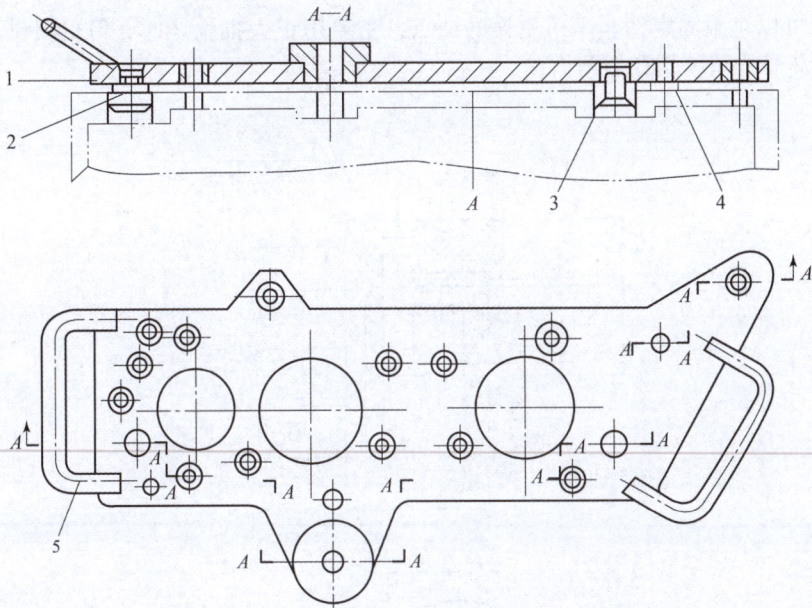

图 6.1.4　盖板式钻模
1—钻模板；2，3—定位销；4—支承钉；5—把手

6.1.2　部分配件——钻模板和钻套

在上述各种形式的钻模中，钻模板和钻套是它们共有的，并区别于其他夹具的特有元件。钻模板是供安装钻套用的，要求有一定的强度和刚度，以防变形而影响钻套的位置与导引精度。钻模板的结构及其在夹具上的连接形式，取决于工件的结构、加工精度和生产率等因素。常见的钻模板，按其可动与否分为固定式、铰链式、可卸式、悬挂式四种。

钻套的结构和尺寸已经标准化。根据使用特点，钻套有以下形式：

1. 固定钻套

固定钻套是直接装在钻模板上的相应孔中，磨损后不能更换，因此主要用于小批生产条件下单纯用钻头钻孔。

图6.1.5所示为标准固定钻套的结构，图6.1.5（a）为无肩式，图6.1.5（b）为带肩式。带肩式固定钻套主要用于钻模板较薄时，以保持钻套必需的导引长。

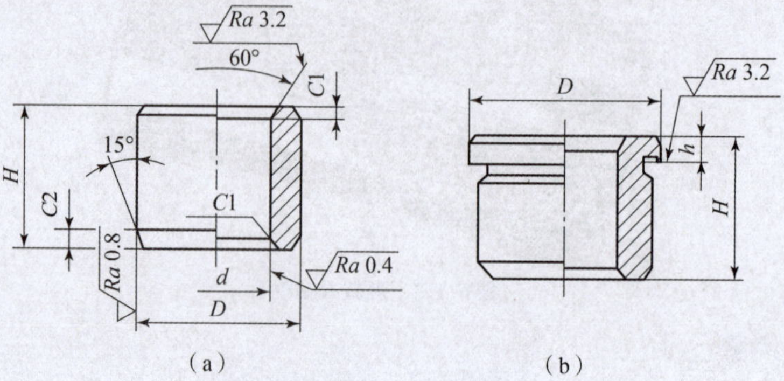

图6.1.5　标准固定钻套的结构
（a）无肩式；（b）带肩式

2. 可换钻套

可换钻套可以克服固定钻套不可更换的缺点，主要用于大批生产时，但也仅供钻孔工序。图6.1.6所示为标准可换钻套的结构。

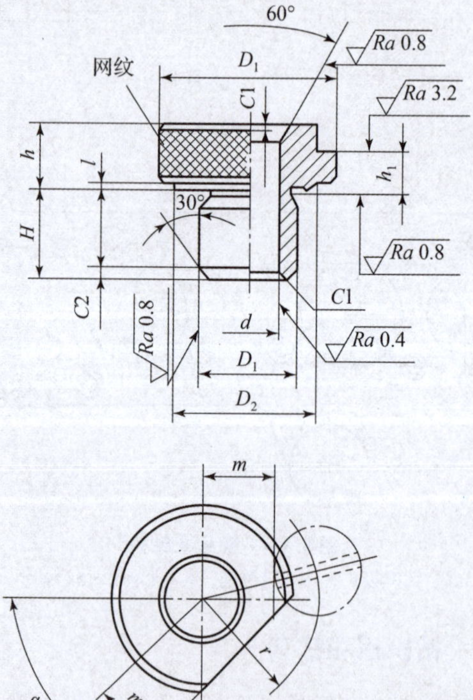

图6.1.6　标准可换钻套的结构
1—可换钻套；2—钻套螺钉；3—衬套

3. 快换钻套

当工件上同一个孔须经多种加工工步（如钻孔、扩孔、铰孔、攻丝等），而在加工过程中必需依次更换或取出（如攻螺纹）钻套以适应不同加工刀具的需要时，可以采用这种快换钻套。图 6.1.7 所示为标准快换钻套的结构，它除在其凸缘铸有台肩供钻套螺钉压紧外，同时还铸有一平面，当此平面转至钻套螺钉位置时，便可向上快速取出钻套。为防止直接磨损钻模板，钻模板上也必须配装有衬套。

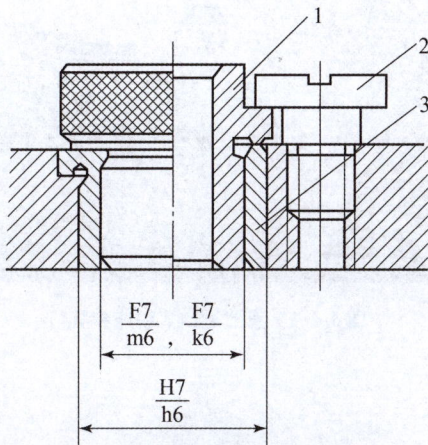

图 6.1.7 标准快换钻套的结构
1—快换钻套；2—钻套螺钉；3—衬套

以上几种形式钻套的结构尺寸都已标准化，但钻套导引孔的尺寸及公差须由设计者决定。一般钻套导引孔的基本尺寸应等于所导引刀具的最大极限尺寸，并按基轴制选取导引孔公差，一般钻孔和扩孔时选用 F7，粗铰时选用 G7，精铰时选用 G6。

钻床夹具设计案例

6.2 铣床夹具设计基本知识及设计案例

6.2.1 种类

铣床夹具的种类很多，按工件的进给方式，可以分为以下三类：

1. 直线进给式铣床夹具

这类夹具安装在做直线进给运动的铣床工作台上，如图 6.2.1 所示。

2. 圆周进给式铣床夹具

这类夹具一般用于立式圆工作台铣床或鼓轮式铣床上。加工时，机床工作台做回转运动。这类夹具大多是多工位或多件夹具，如图 6.2.2 所示。

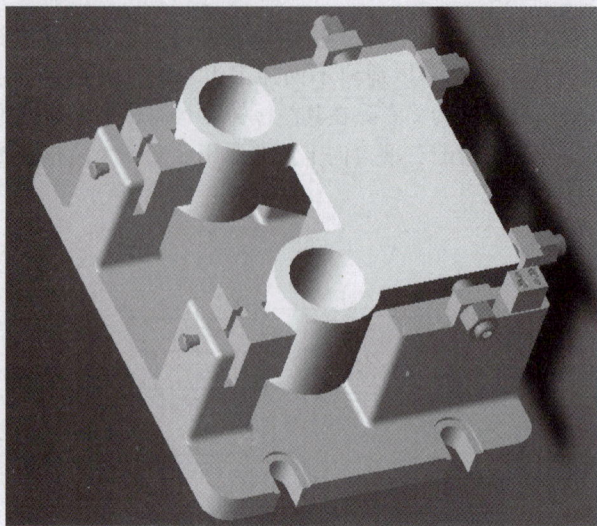

图 6.2.1　直线进给式铣床夹具

图 6.2.2　圆周进给式铣床夹具

3. 靠模铣床夹具

在铣床上用靠模铣削工件的夹具，可用来在一般万能铣床上加工出所需要的成形曲面，扩大了机床的工艺用途。

无论是上述哪类铣床夹具，都具有以下设计特点：

（1）铣床加工中切削力较大，振动也较大，故需要较大的夹紧力，夹具刚性也要好。

（2）借助对刀装置确定刀具相对夹具定位元件的位置，此装置一般固定在夹具体上。

6.2.2　部分配件

1. 对刀块

图 6.2.3 所示为对刀块安装实例，图 6.2.4 所示为标准对刀块。图 6.2.4（a）是圆形对刀块，在加工水平面内的单一平面时对刀用。图 6.2.4（b）是方形对刀块，在调整铣刀两相互垂直凹面位置时对刀用。图 6.2.4（c）是直角对刀块，在调整铣刀两相互垂直凸面位置时对刀用。

图 6.2.4（d）是侧装对刀块，安装在侧面，在加工两相互垂直面或锐槽时对刀用。标准对刀块的结构尺寸，可参阅国标《夹具零部件》。

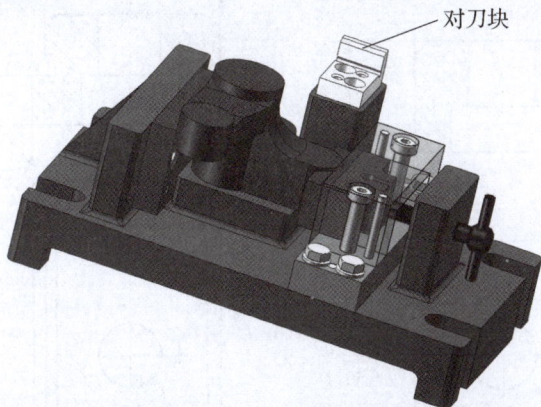

图 6.2.3　对刀块安装实例

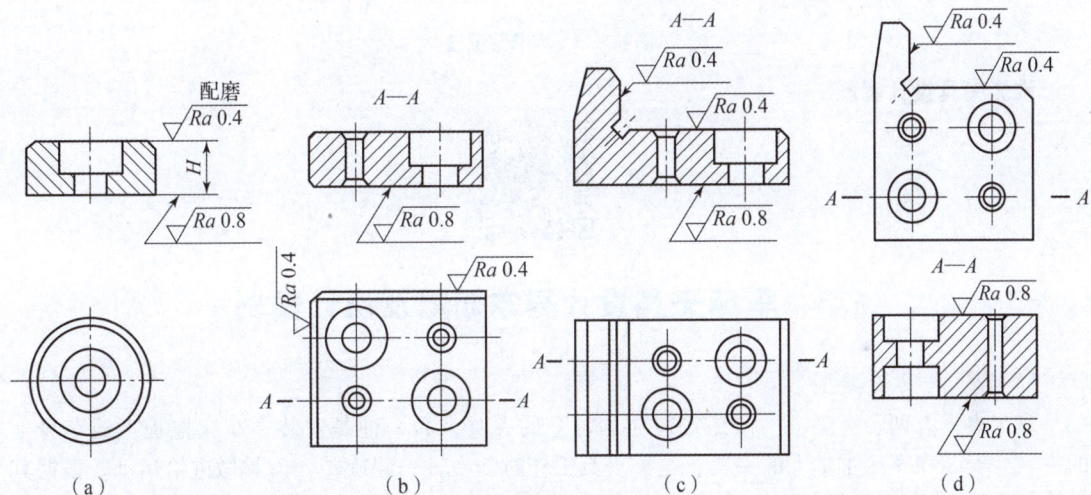

图 6.2.4　标准对刀块
(a) 圆形对刀块；(b) 方形对刀块；(c) 直角对刀块；(d) 侧装对刀块

2. 定位键

借助定位键确定夹具在工作台上的位置。图 6.2.5 所示为标准定位键。6.2.5（a）所示定位键上部的宽度与夹具体底面的槽采用 H7/h6 或 H8/h8 配合；下部宽度依据铣床工作台 T 形槽规格决定，也可采用 H7/h6 或 H8/h8 配合。两定位键组合，起到夹具在铣床上的定向作用，切削过程中也能承受切削扭矩，从而增加切削稳定性。

注意：

由于铣削加工中切削时间一般较短，因而单件加工时辅助时间相对较长，故在铣床夹具设计中，需特别注意减少辅助时间。

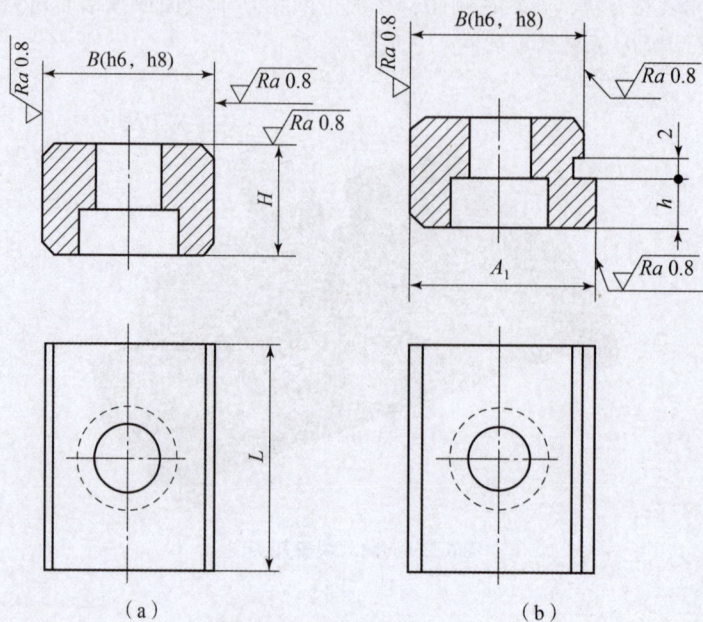

图 6.2.5 标准定位键

铣床夹具设计案例

6.3 车床夹具设计基本知识及设计案例

1. 车床夹具的类型

车床夹具有两种类型，一种是安装在主轴上的夹具，另一种是安装在车床拖板上或车身上的夹具。安装在车床主轴上的夹具，这类夹具工作时随主轴一起旋转，刀具做进给运动。根据其结构的差异又可分为以下几种：

1）芯轴类车床夹具

以内孔为定位基准，外圆需要加工的工件，多以芯轴类车床夹具进行加工。

2）卡盘类车床夹具

用卡盘类车床夹具加工的零件，大都是回转体或对称零件，因而卡盘类车床夹具的结构基本上是对称的，回转时的不平衡影响较小。

3）角铁式车床夹具

角铁式夹具主要使用于以下两种情况：

工件的主要定位基准是平面，要求被加工表面的轴线对定位基准面保持一定的位置关系。

工件定位基准虽然不是与被加工表面的轴线平行或成一定角度的平面，但由于工件外形的限制，不适宜采用卡盘式夹具。

4）花盘式车床夹具

花盘式车床夹具的基本特征是夹具体为一个大圆盘形零件。在花盘式夹具上加工的工件一般形状比较复杂。工件的定位基准多数是用圆柱面与其垂直的端面，因而夹具对工件多数也是端面定位和轴向夹紧的。

2. 机床夹具设计要点

安装在拖板上或床身上的专用夹具，对于某些形状不规则和尺寸较大的工件，常常把夹具安装在拖板上，刀具则安装在车床主轴上做旋转运动，夹具做进给运动。

车床夹具的主要特点是夹具与机床主轴连接，工作时由主轴带动其高速回转。因此在设计车床夹具时除了保证工件达到工序的精度要求外，还应考虑：

（1）夹具安装基准面的设计。

（2）夹具配重的设计要求。

（3）夹紧装置的设计要求。

（4）对夹具总体结构的要求。

车床夹具设计案例

模块七　机械加工及装配质量的分析

优质、高产、低消耗是企业发展的必由之路，产品的质量与零件的加工质量、产品的装配质量密切相关，而零件的加工质量是保证产品质量的基础。零件的加工质量包括零件的加工精度和表面质量两方面。零件的加工精度包括尺寸精度、形状精度和位置精度，如图 7.0.1 所示。

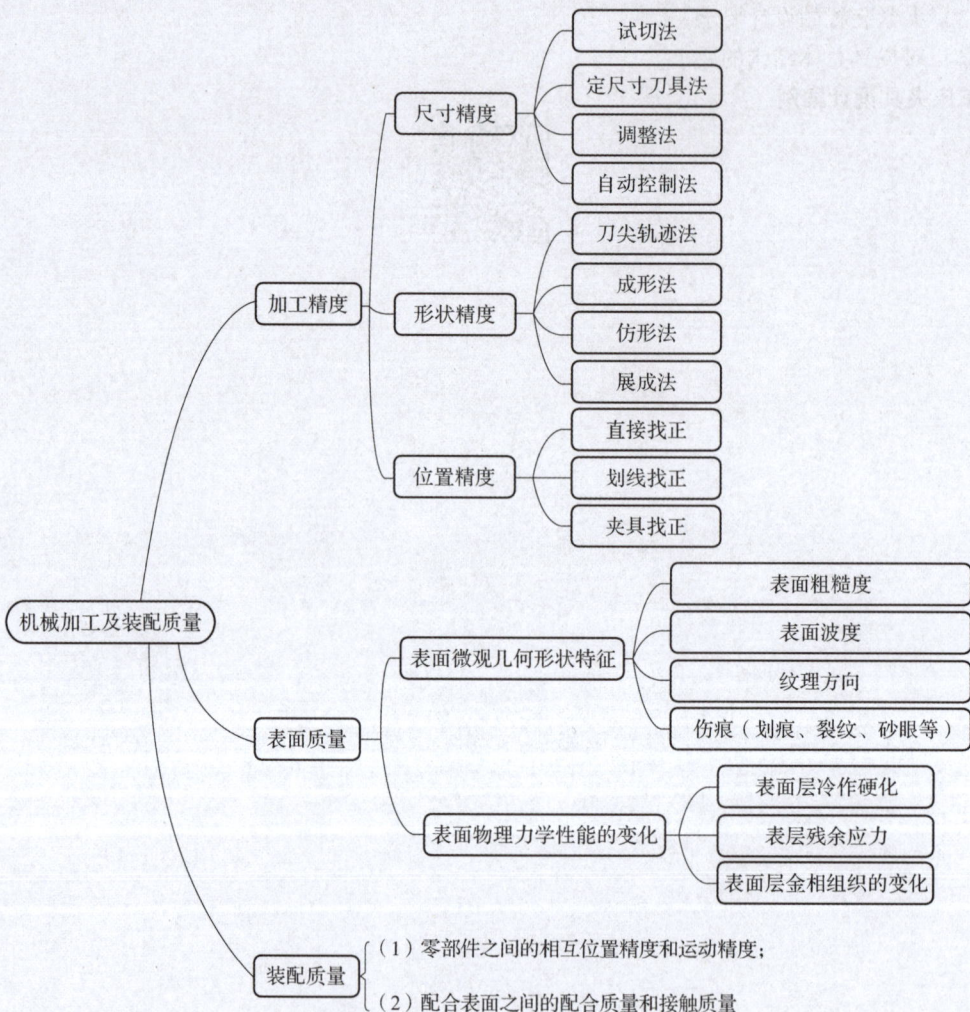

机械加工及装配质量
- 加工精度
  - 尺寸精度
    - 试切法
    - 定尺寸刀具法
    - 调整法
    - 自动控制法
  - 形状精度
    - 刀尖轨迹法
    - 成形法
    - 仿形法
    - 展成法
  - 位置精度
    - 直接找正
    - 划线找正
    - 夹具找正
- 表面质量
  - 表面微观几何形状特征
    - 表面粗糙度
    - 表面波度
    - 纹理方向
    - 伤痕（划痕、裂纹、砂眼等）
  - 表面物理力学性能的变化
    - 表面层冷作硬化
    - 表层残余应力
    - 表面层金相组织的变化
- 装配质量
  - （1）零部件之间的相互位置精度和运动精度；
  - （2）配合表面之间的配合质量和接触质量

图 7.0.1　机械加工及装配质量

7.1　加工精度的基本概念

7.1.1　加工精度与加工误差

加工精度：实际零件与理想状态的符合程度，符合程度越高，加工精度越高。

几何参数：尺寸、形状及几何元素间的相互位置。

加工误差：实际零件与理想状态的偏离程度。加工误差的大小反映加工精度的高低。

实际加工时不可能也没有必要把零件做得与理想零件完全一致，而总会有一定的偏差，即加工误差。只要这些误差在规定的范围内，即能满足机器使用性能的要求。

7.1.2 加工经济精度

在正常加工条件下（采用符合质量标准的设备、工艺装备和标准技术等级的工人、不延长加工时间）所能保证的加工精度，称为加工经济精度。

7.1.3 获得加工精度的方法

加工精度包括尺寸精度、形状精度、位置精度。

1. 获得尺寸精度的方法

获得尺寸精度的方法有试切法、定尺寸刀具法、调整法、自动控制法。图 7.1.1 ～ 图 7.1.3 所示为前三种方法。

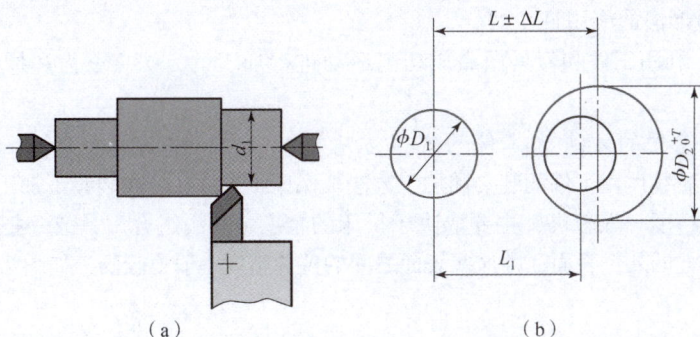

图 7.1.1 试切法

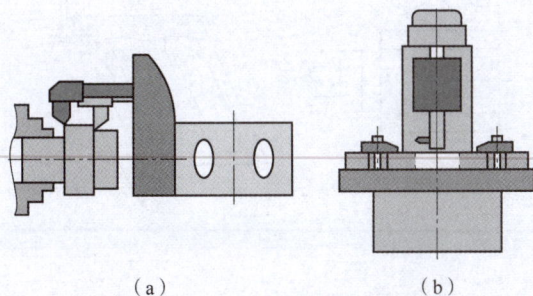

图 7.1.2 调整法

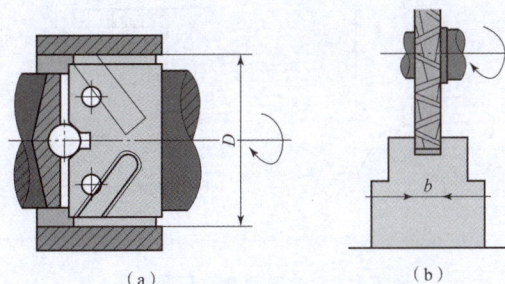

图 7.1.3 定尺寸刀具法

2. 获得形状精度的方法

零件切削加工时，形状靠各种方法获得。四种形状精度获得的方法如图7.1.4所示。

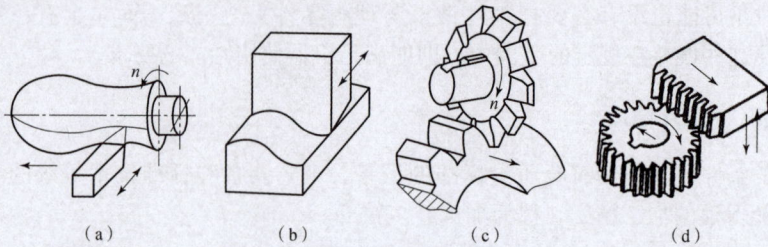

图7.1.4 四种形状精度获得的方法

（a）用刀尖轨迹法车削零件；（b）用成形法刨削零件；（c）用仿形法铣削齿轮；（d）用展成法加工齿轮

（1）刀尖轨迹法：依靠刀具相对于工件的运动轨迹来获得形状精度的方法。所获得的形状精度取决于成形运动的精度，如车外圆、铣平面、刨平面等。

（2）成形法：利用成形刀具对工件进行加工的方法。

（3）仿形法：通过仿形装置做进给运动对工件进行加工的方法，如铣削齿轮。随着数控加工的广泛应用，仿形法的应用日益减少。

（4）展成法：利用工件和刀具做展成切削运动进行加工的方法。滚齿和插齿加工就是典型的展成法加工。

3. 获得位置精度的方法（工件的定位方法）

零件的相互位置精度由工件的装夹和加工方法来保证。工件在一次装夹下加工多个表面时，这些表面之间的位置精度一般较高，主要取决于机床的精度。利用组合刀具或一把刀具上的几个刀刃，同时加工工件上的几个表面，则这些表面之间的位置精度一般也较高，如图7.1.5所示。

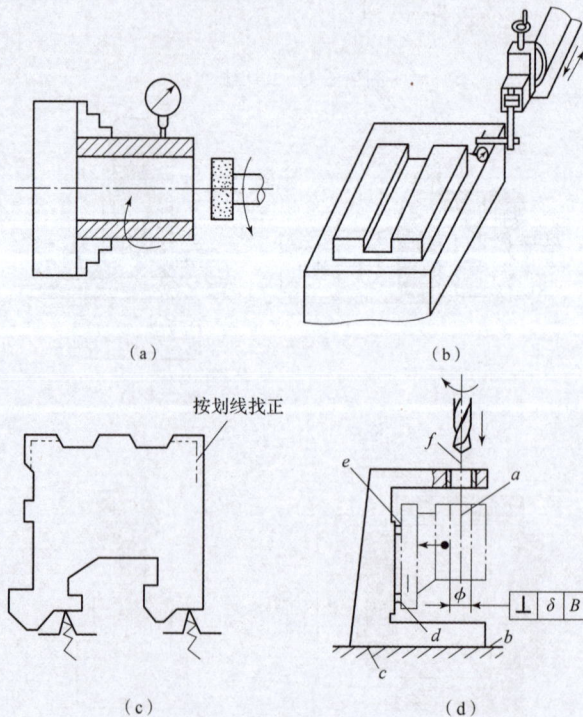

图7.1.5 位置精度的获得方法

（a）磨孔时直接找正；（b）刨削时直接找正；（c）按划线找正装夹；（d）用专用夹具找正

7.2 影响加工精度的因素及其分析

7.2.1 工艺系统原始误差的概念及其分类

机械加工时，机床、夹具、刀具和工件所构成的一个完整系统，称为工艺系统。工艺系统各环节中存在着的各种误差即原始误差，分析各种原始误差对加工精度的影响以及保证零件加工精度的措施是提高零件加工质量的重要内容。

加工误差是指零件在加工后的尺寸、形状或位置等实际几何参数与理想几何参数的偏离程度。

由上所述可知原始误差即工艺系统的误差，影响原始误差的因素很多，一部分与工艺系统本身的初始状态有关，一部分与切削过程有关，还有一部分与工件加工后的情况有关，由于工艺系统各环节中存在各种原始误差，使得工件加工表面的尺寸、形状和相互位置关系发生变化，从而造成加工误差。图 7.2.1 所示为活塞销孔精镗工序中的原始误差。原始误差的分类如图 7.2.2 所示。

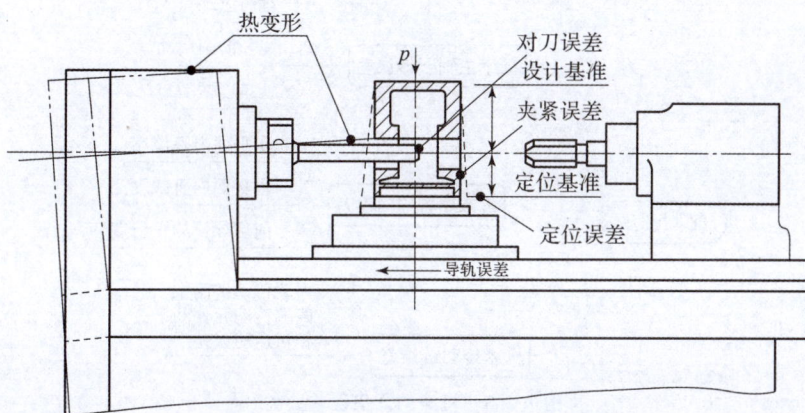

图 7.2.1 活塞销孔精镗工序中的原始误差

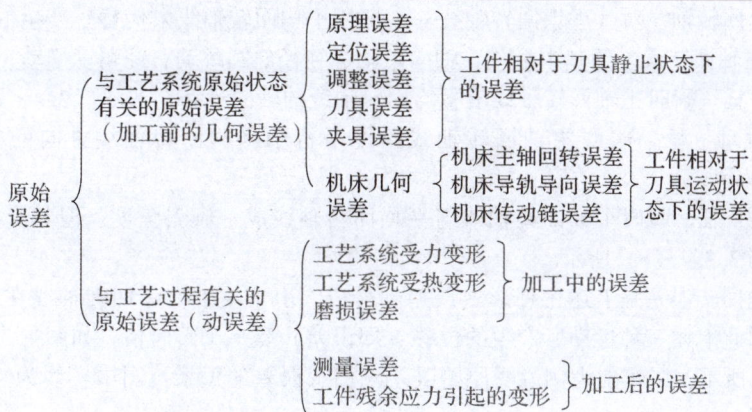

图 7.2.2 原始误差的分类

7.2.2　各类原始误差介绍

1. 原理误差

原理误差是指由于采用了近似的加工方法、近似的成形运动或近似的刀具轮廓而产生的误差。由于是在加工原理上存在的误差，故称加工原理误差。

例如，滚齿用的齿轮滚刀就有两种误差，一种是为了制造方便，采用阿基米德蜗杆代替渐开线基本蜗杆而产生的刀刃齿廓近似造形误差；另一种是由于滚刀切削刃数有限，切削是不连续的，因而滚切出的齿轮齿形不是光滑的渐开线，而是折线。成形车刀、成形铣刀也采用了近似的刀具轮廓。

采用近似的成形运动和刀具刃形，不但可以简化机床或刀具的结构，而且能提高生产率和加工的经济效益。

2. 机床几何误差

零件被机床加工时，由于机床的几何误差，会通过刀具和工件的成形运动反映到工件的加工表面上。机床的几何误差来源于机床的制造误差、磨损误差和安装误差三个方面。下面主要分析对工件加工精度影响较大的机床主轴回转误差、机床导轨导向误差和机床传动链传动误差，如图7.2.3所示。

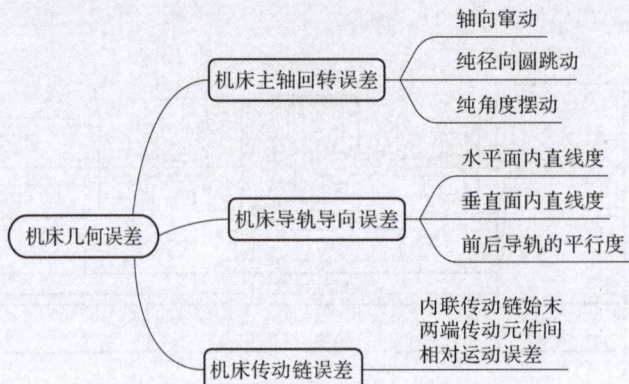

图7.2.3　机床的几何误差分类

1）机床主轴回转误差

（1）机床主轴回转误差的概念。

主轴的实际回转轴线对其理想回转轴线（一般用平均回转轴线来代替）产生的偏移量。

（2）机床主轴回转误差的基本形式：轴向窜动、纯径向圆跳动、纯角度摆动。

轴向窜动：任一瞬时主轴回转轴线沿平均回转轴线的轴向运动，如图7.2.4（a）所示。

纯径向圆跳动：任一瞬时主轴回转轴线始终平行于平均回转轴线方向的径向运动，如图7.2.4（b）所示。

纯角度摆动：任一瞬时主轴回转轴线与平均回转轴线成一倾斜角度，但其交点位置固定不变的运动，如图7.2.4（c）所示。

实际上主轴回转误差是上述三种形式误差的合成。由于主轴实际回转轴线在空间的位置是不断变化的，因此上述三种运动所产生的位移（即误差）是一个瞬时值，如图7.2.4（d）所示。

如图7.2.5所示，以车削为例说明原始误差与加工误差的关系，图中实线为刀尖正确位置，虚线为误差位置。

图7.2.5（a）所示垂直刀尖位移 ΔZ 与加工半径误差 ΔR 的关系：$R^2 + \Delta Z^2 = (R + \Delta R)^2$，化简推导得：

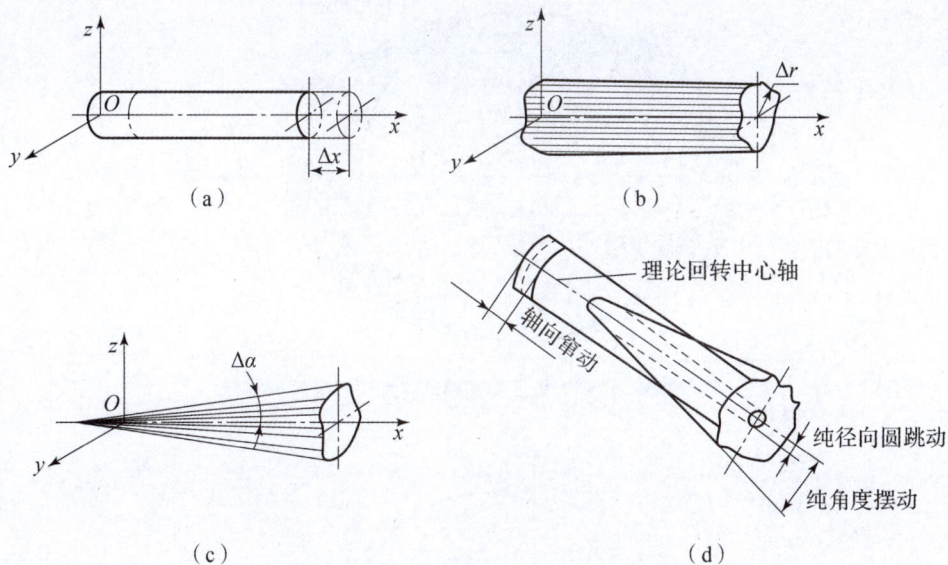

(a)

(b)

理论回转中心轴

轴向窜动

纯径向圆跳动

纯角度摆动

(c)

(d)

图 7.2.4　主轴回转误差的基本形式及其综合

（a）轴向窜动；（b）纯径向圆跳动；（c）纯角度摆动；（d）综合

$$\Delta R \approx \Delta Z^2 / (2R)$$

图 7.2.5（b）所示水平刀尖位移 ΔY 与加工半径误差 $\Delta R'$ 的关系：

$$\Delta R' = \Delta Y$$

前者数值极小以致可忽略，后者造成的加工误差较大；前者是在加工表面切线方向，后者是在加工表面法线方向，后者加工表面的法线方向称为加工误差敏感方向。

结论：加工误差敏感方向（定义见下面）上刀尖位移会造成大的加工误差。

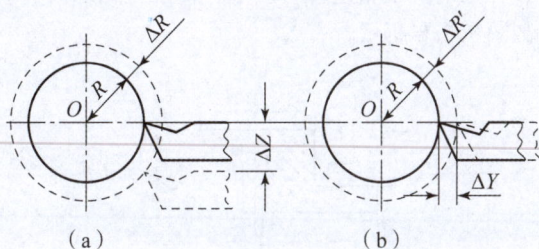

(a)

(b)

图 7.2.5　主轴回转误差与加工误差的关系

（a）垂直刀尖位移；（b）水平刀尖位移

误差敏感方向：一般为对加工精度影响最大的方向，即经过刀具刀刃的切削点又垂直于已加工表面的方向（为已加工表面过切削点的法线方向）。而垂直于该方向的误差则影响很小，即误差非敏感方向。

（3）主轴回转误差对加工精度的影响。

①主轴的纯径向圆跳动对车削和镗削加工精度的影响。

镗削加工：镗刀回转，工件不转，表明此时镗出的孔为椭圆形，如图 7.2.6 所示。

车削加工：工件回转，刀具移动，由此可见，主轴的纯径向圆跳动对车削加工的工件的圆度影响很小，如图 7.2.7 所示。

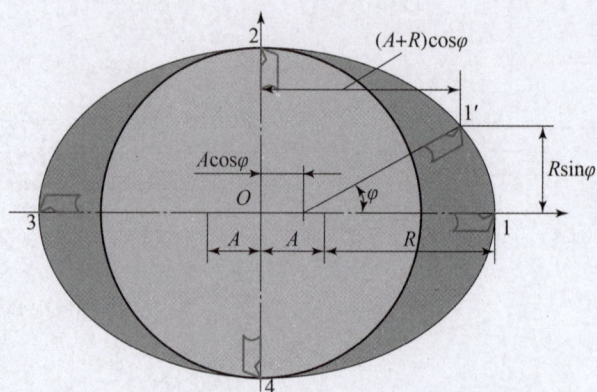

图 7.2.6　镗削时纯径向圆跳动对加工精度的影响

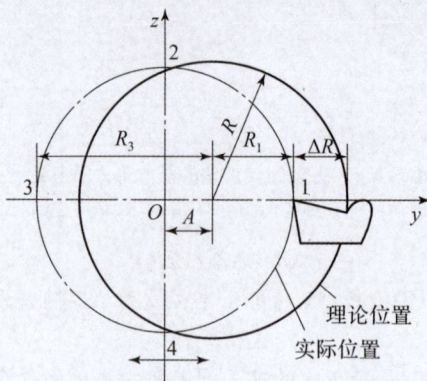

图 7.2.7　车削时纯径向圆跳动对加工精度的影响

②主轴轴向窜动对车削和镗削加工精度的影响。

主轴的轴向窜动对内、外圆的加工精度没有影响，但加工端面时，会使加工的端面与内、外圆轴线产生垂直度误差，如图 7.2.8 所示。

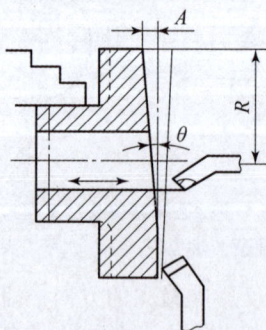

图 7.2.8　车削时主轴轴向窜动对加工精度的影响

主轴每转一周，要沿轴向窜动一次，使切出的端面产生平面度误差，如图 7.2.9 所示。当加工螺纹时，会产生螺距误差。

③纯角度摆动对车削和镗削加工精度的影响。

主轴纯角度摆动对加工精度的影响，取决于不同的加工内容。车削加工时工件每一横截面内的圆度误差很小，但轴平面有圆柱度误差（锥度）。

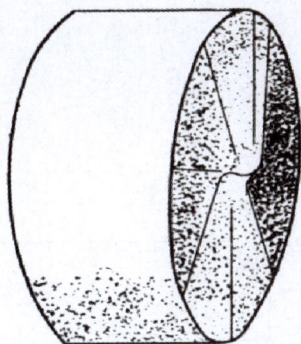

图 7.2.9　车削时主轴轴向窜动对端面加工的影响

车外圆：得到圆形工件，但产生圆柱度误差（锥体）。

车端面：对端面的平面度误差影响比较少。

镗孔：此时由于主轴的纯角度摆动使得主轴回转轴线与工作台导轨不平行，使镗出的孔呈椭圆形，如图 7.2.10 所示。

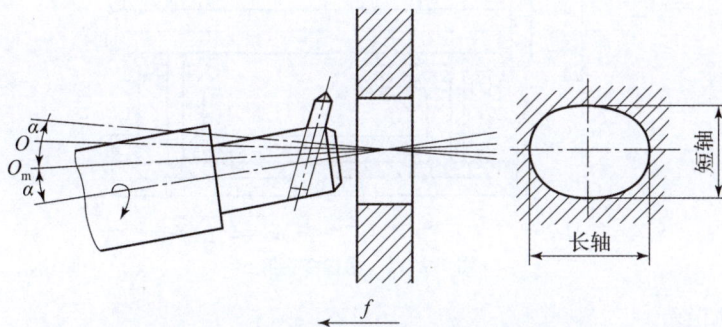

图 7.2.10　主轴纯角度摆动对镗孔精度的影响

表 7.1 所示为机床主轴回转误差产生的加工误差。

表 7.1　机床主轴回转误差产生的加工误差

主轴回转误差的基本形式	车削			镗削	
	内、外圆	端面	螺纹	孔	端面
纯径向圆跳动	影响极小	无影响	螺距误差	圆度和圆柱度误差	无影响
轴向窜动	无影响	平面度误差垂直度误差	螺距误差	无影响	平面度误差、垂直度误差
纯角度摆动	圆柱度误差	影响极小	螺距误差	圆柱度误差	平面度误差

（4）提高主轴回转精度的措施。

①提高主轴部件的制造精度，轴承的回转精度，箱体支承孔、主轴轴颈与轴承相配合零件有关表面的加工精度。

②对滚动轴承进行预紧。

③使主轴的回转误差不反映到工件上，如图 7.2.11 和图 7.2.12 所示。

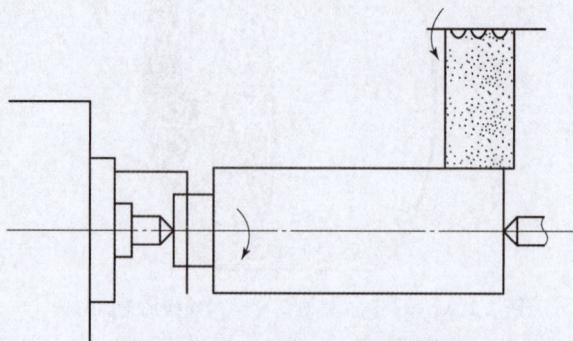

图 7.2.11　用固定顶尖支撑磨外圆

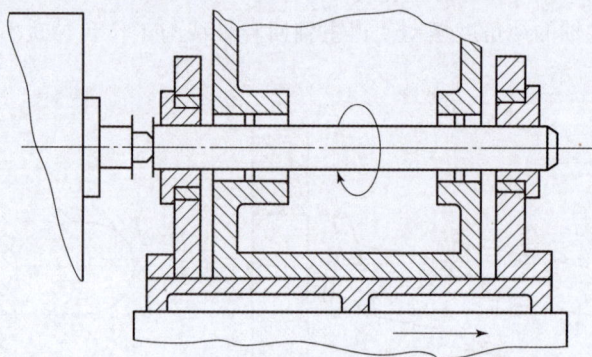

图 7.2.12　用镗模镗孔

2）机床导轨误差

机床导轨是机床中确定某些主要部件相对位置的基准，也是某些主要部件的运动基准。

（1）机床导轨误差的基本形式：水平面内的直线度、垂直面内的直线度、前后导轨的平行度（扭曲）。

下面以卧式车床为例，说明导轨误差是怎样影响工件的加工精度的。

（2）机床导轨误差对加工精度的影响。

①导轨在水平面内直线度误差的影响。

车床导轨在水平面内如果有直线度误差，使工件产生加工误差，是误差敏感方向，如图 7.2.13 所示。

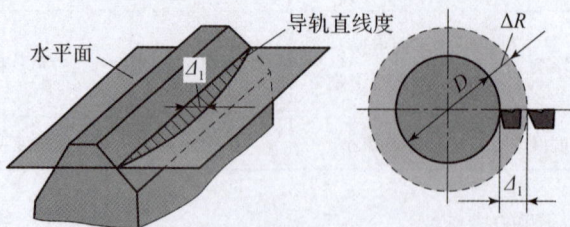

图 7.2.13　车床导轨在水平面内的直线度误差
（a）导轨在水平面内直线度误差；（b）车削外圆表面时的误差

②导轨在垂直面内直线度误差的影响。

如图 7.2.14 所示，磨床导轨在 y 方向存在误差 Δ，磨削外圆时，工件沿砂轮切线方向产生位移，此时，工件半径方向上产生误差，对零件的形状精度影响甚小（误差非敏感方向），可忽略不计。但导轨在垂直方向上的误差对平面磨床、龙门刨床、铣床等将引起法向位移，其误差直接反映到工件的加工表面（误差敏感方向），造成水平面上的形状误差。

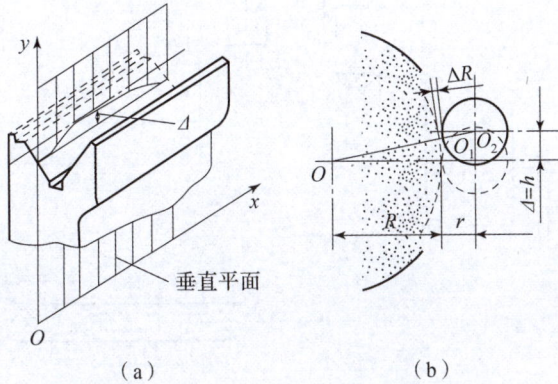

图 7.2.14　磨床导轨在垂直面内的直线度误差

（a）导轨在垂直面内直线度误差；（b）磨削外圆表面时的误差

结论：

原始误差引起工件相对于刀具产生相对位移，若产生在加工表面法向方向（误差敏感方向），对加工精度有直接影响；产生在加工表面切向方向（误差非敏感方向），可忽略不计。

（3）前后导轨平行度误差的影响。

床身前后导轨有平行度误差（扭曲）时，会使车床溜板在沿床身移动时发生偏斜，从而使刀尖相对工件产生偏移，使工件产生形状误差（鼓形、鞍形、锥度），如图 7.2.15 所示。

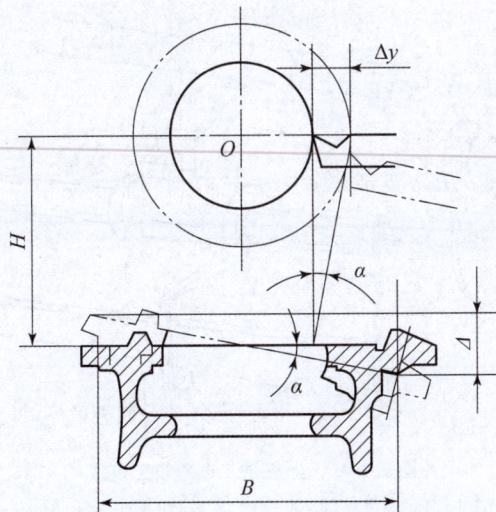

图 7.2.15　车床导轨面间的平行度误差

3）机床传动链误差

传动链误差是指传动链始末两端传动元件间相对运动的误差。一般用传动链末端元件的转角误差来衡量。

车、磨、铣螺纹和滚、插、磨齿轮等加工中要求机床传动链能保证刀具与工件之间具有准确的速比关系，如图 7.2.16 所示。

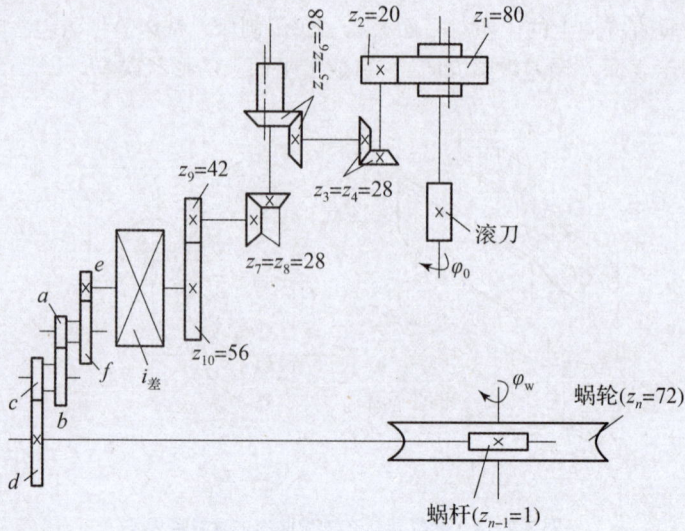

图 7.2.16　滚齿机传动系统图

减少传动链误差的措施：
（1）尽量缩短传动链。
（2）提高传动件的制造和安装精度，尤其是末端零件的精度。
（3）尽可能采用降速运动，且传动比最小的一级传动件应在最后。
（4）消除传动链中齿轮副的间隙。
（5）采用误差校正装置，如图 7.2.17 所示。

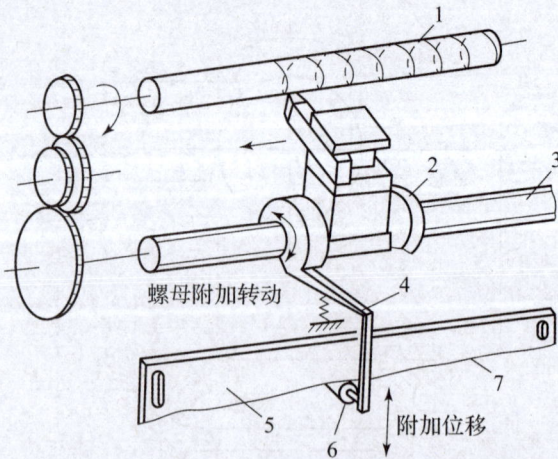

图 7.2.17　丝杠加工误差校正装置
1—工件；2—螺母；3—螺母丝杠；4—杠杆；5—校正尺；6—触头；7—校正曲线

3. 工艺系统其他几何误差

1）刀具误差

表 7.2 所示为各类刀具误差对加工的影响。

表 7.2 各类刀具误差对加工的影响

刀具类型	精度影响	刀具举例
一般刀具	对加工精度没有直接影响，但磨损后对工件尺寸或形状精度有一定影响	如普通车刀、单刃镗刀和面铣刀等
定尺寸刀具	直接影响被加工工件的尺寸精度。刀具的安装和使用不当，也会影响加工精度	如钻头、铰刀、圆孔拉刀等
成形刀具	主要影响被加工面的形状精度	如成形车刀、成形铣刀、盘形齿轮铣刀等
展成法刀具	加工齿轮时，刀刃的几何形状及有关尺寸精度会直接影响齿轮加工精度	如齿轮滚刀、插齿刀等

2）夹具误差和工件安装误差

夹具误差主要是指：

（1）定位元件、刀具导向元件、分度机构、夹具体等零件的制造误差，如图 7.2.18 所示。

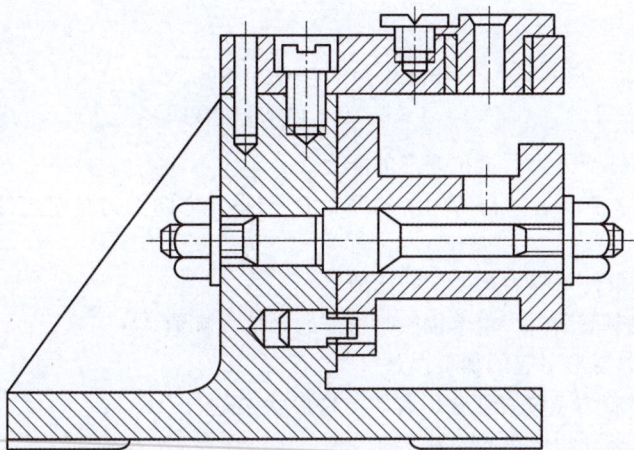

图 7.2.18 钻孔夹具误差对加工精度的影响

（2）夹具装配后，以上各种元件工作面间的相对尺寸误差。

（3）夹具在使用过程中工作表面的磨损。

工件的安装误差包括定位误差和夹紧误差，具体内容见有关数字资源。

3）测量误差

（1）量具、量仪和测量方法本身的误差。

（2）环境条件的影响（温度、振动等）。

（3）测量人员主观因素的影响（视力、测量力大小等）。

（4）正确选择和使用量具，以保证测量精度。

4）调整误差

调整误差是指试切法调整，定程机构调整，样板、样件调整，夹具安装调整，机床的调整，夹具的调整和刀具的调整等导致的误差。

5）工艺系统磨损引起的误差

磨损破坏了成形运动，改变了工件与刀具的相对位置和速比，从而产生加工误差。刀具磨损严重影响工件的形状精度、尺寸精度。

4. 工艺系统受力变形对加工精度的影响

1）概念

由机床、夹具、刀具、工件组成的工艺系统，在切削力、传动力、惯性力、夹紧力以及重力等的作用下，会产生相应的变形（弹性变形及塑性变形）。这种变形将破坏工艺系统间已调整好的正确位置关系，从而产生加工误差。例如，车削细长轴时，工件在切削力作用下的弯曲变形，加工后会形成腰鼓形的圆柱度误差，如图7.2.19（a）所示。又如在内圆磨床上横向切入磨孔时，由于磨头主轴弯曲变形，使磨出的孔带有锥度的圆柱度误差，如图7.2.19（b）所示。

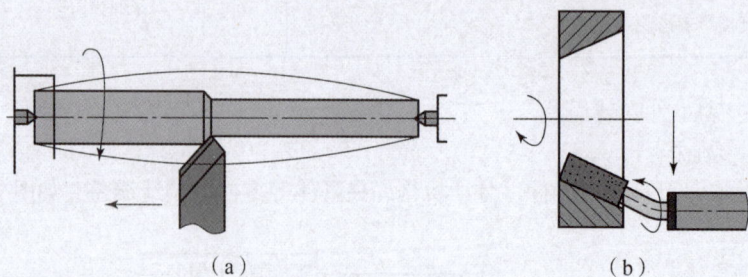

（a）　　　　　　　　　　　　　　（b）

图 7.2.19　各种加工变形

（a）车长轴；（b）内圆磨头磨内孔

刚度：物体或构件受外力后抵抗变形的能力。

工艺系统的刚度：在误差敏感方向上的分力 P_y 与在此方向上刀具对工件的变形（位移）量 y 的比值。

静刚度：在静态条件下静力与变形的比值。

动刚度：某一频率范围内产生单位振幅所需的激振力幅值。

2）工艺系统受力变形引起的加工误差

（1）由于切削力着力点位置变化引起的工件形状误差。

①车床两顶尖间车削短而粗的光轴：

图7.2.20（a）所示为在车床上加工短而粗的光轴，由于工件刚度较大，在切削力作用下相对于机床、夹具的变形要小的得多，而车刀在敏感方向的变形也很小，故可忽略不计。此时，工艺系统的变形完全取决于头架、尾座（包括顶尖）和刀架的变形。图7.2.21所示为车床上加工短而粗的光轴刚度变化造成的工件形状误差。

②车床两顶尖间车削细长轴：

如图7.2.20（b）所示，由于工件细长、刚度小，在切削力作用下，工件的轴线产生弯曲变形，加工后的形状为腰鼓形。

（2）由于切削力大小变化而引起的加工误差。

在切削加工中，往往由于被加工表面的几何形状误差引起切削力的变化，从而造成工件的加工误差。如图7.2.22所示，由于工件毛坯的圆度误差，使车削时刀具的切削深度存在着变化，因此，切削分力也存在变化。根据前面的分析，工艺系统将产生相应的变形，这样就形成了被加工表面的圆度误差，这种现象称为"误差复映"。

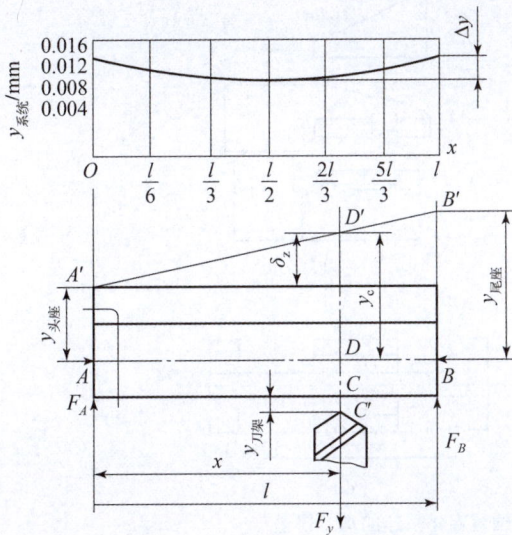
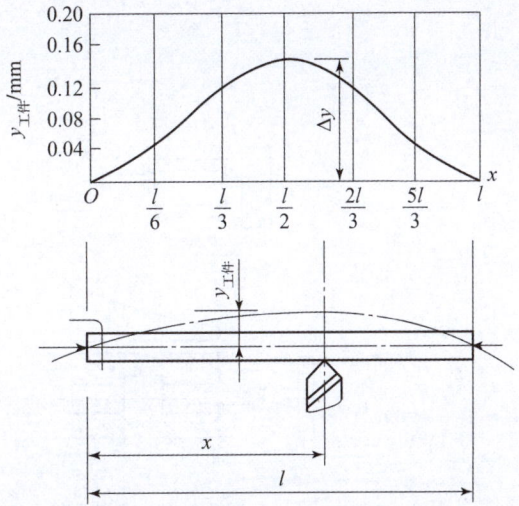

（a）　　　　　　　　　　　　　　　　（b）

图 7.2.20　工艺系统变形随施力点位置的变化情况

（a）车床上加工短而粗的光轴；（b）车床上加工细长轴

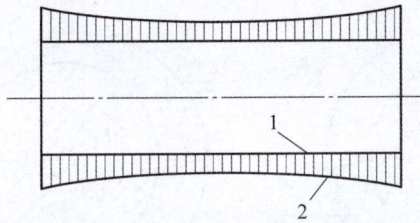

图 7.2.21　车床上加工短而粗的光轴刚度变化造成的工件形状误差

1—理想的工件形状；2—实际车出的工件形状

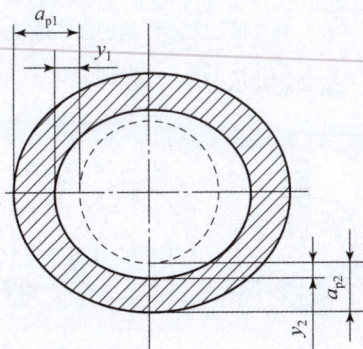

图 7.2.22　毛坯形状误差复映

　　误差复映规律：当毛坯有形状或位置误差时，加工后工件仍会有同类的加工误差，但每次走刀后工件的误差将逐步减少。

　　图 7.2.23 所示为工艺系统受力点位置变化引起的加工误差。由于刚度较低或着力点不当，都会引起工件变形，造成加工误差。特别是薄壁套、薄板件，夹紧力常常会引起很显著的加工误差。

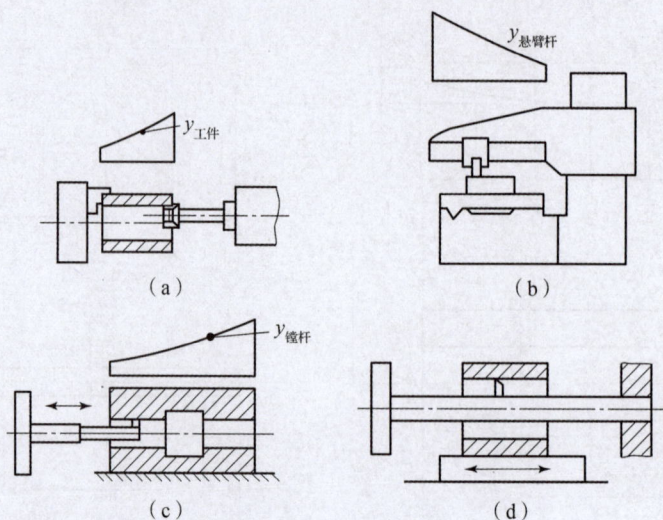

图 7.2.23 工艺系统受力点位置变化引起的加工误差

(a) 内圆磨床；(b) 单臂龙门刨床；(c) 卧式镗床，镗杆进给；(d) 镗床工件进给

（3）其他力引起的加工误差。

惯性力引起的加工误差如图 7.2.24 所示。

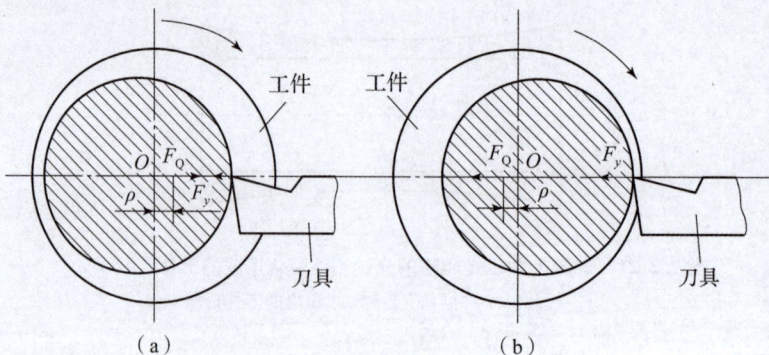

图 7.2.24 惯性力所引起的加工误差

夹紧力引起的加工误差如图 7.2.25 所示。

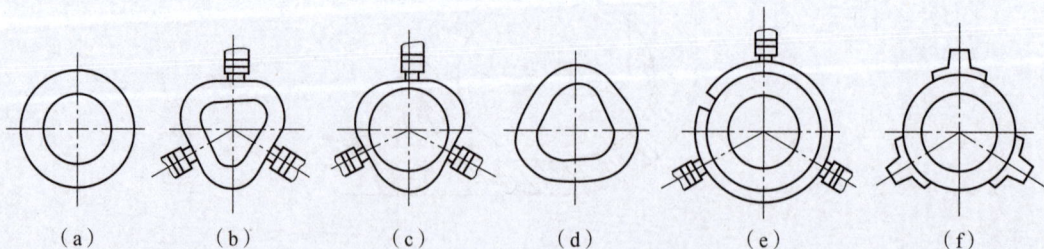

图 7.2.25 夹紧力引起的加工误差

(a) 薄壁套筒；(b) 用普通三爪自定心卡盘直接夹紧套筒变形；(c) 将孔镗圆后套筒变形；
(d) 松开套筒后，孔变形；(e) 采用开口过渡环夹紧；(f) 采用弧形三爪自定心卡盘夹紧

（4）由重力引起的加工误差。

图 7.2.26 所示为薄板工件的磨削。

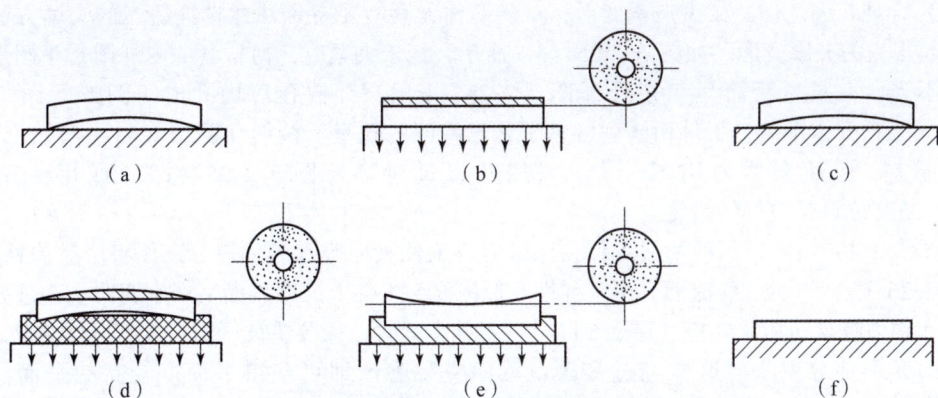

图 7.2.26 薄板工件的磨削

(a) 毛坯翘曲；(b) 电磁工件台吸紧；(c) 磨后松开，工件翘曲；(d) 磨削凸面；
(e) 磨削凹面；(f) 磨后松开，工件平直

3）减少工艺系统受力变形的主要工艺措施

减少工艺系统受力变形是机械加工中保证产品质量和提高生产率的主要途径之一。为了减少工艺系统受力变形对加工精度的影响，根据生产实际，可从以下几方面采取措施：

（1）提高接触刚度。一般部件的接触刚度大大低于实际零件本身的刚度，所以提高接触刚度是提高工艺系统刚度的关键。常用的方法是改善工艺系统主要零件接触面的配合质量，如机床导轨副的刮研、配研，顶尖锥体同主轴和尾座套筒锥孔的配合面，多次研磨加工精密零件用的中心孔等，都是在实际生产中行之有效的工艺措施。

提高接触刚度的另一措施是预加载荷，这样可消除配合面间的间隙，而且还能使零部件之间有较大的实际接触面积，减少受力后的变形量。预加载荷法常用在各类轴承的调整中。

（2）提高工件刚度。减少受力变形切削力引起的加工误差，往往是因为工件本身刚度不足或工件各部位刚度不均匀而产生的。如车削细长轴时，随着走刀长度的变化，工件相应的变形也不一致。当工件材料和直径一定时，工件的长度和切削分力是影响工件受力变形的决定性因素。为了减少工件的受力变形，首先应减小支承长度（即增加支承），如安装跟刀架或中心架。减小切削分力的有效措施是改变刀具的几何角度，如把主偏角磨成90°，可大大降低切削分力。

（3）提高机床部件刚度。减少受力变形机床部件刚度在工艺系统中往往占很大比重，所以加工时常采用一些辅助装置提高其刚度。图 7.2.27 所示为在转塔车床上采用的增强刀架刚度的装置。

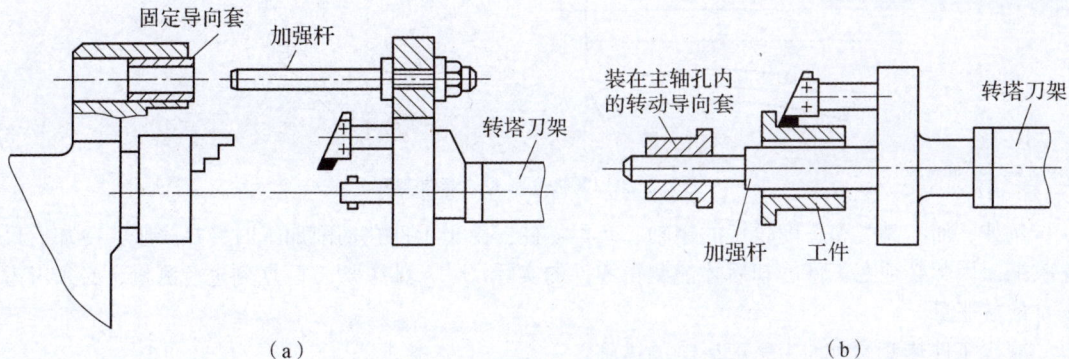

图 7.2.27 提高机床部件刚度的装置

(a) 固定导向套支承；(b) 转动导向套支承

（4）合理装夹工件，减少夹紧变形，对薄壁件夹紧时要特别注意选择适当的夹紧方法，否则将引起很大的夹紧变形。如图7.2.25（a）所示，当未夹紧时，薄壁套的内外圆是正圆形，由于夹紧不当，夹紧后套筒呈三棱形［图7.2.25（b）］，经镗孔后内孔成正圆形［图7.2.25（c）］，但当松开卡爪后，工件由于弹性恢复使已镗圆的孔呈三棱形［图7.2.25（d）］，为了减小加工误差，应使夹紧力均匀分布，采用开口过渡环［图7.2.25（e）］或用专用卡爪［图7.2.25（f）］是较好的措施。

如图7.2.26（a）所示的薄板工件，当磁力将工件吸向吸盘表面时，工件将产生弹性变形，如图7.2.26（b）所示。磨完后，由于弹性变形恢复，工件上已磨表面又产生翘曲。改进办法是在工件和磁力吸盘间垫橡胶垫（厚0.5 mm）。工件夹紧时，橡胶垫被压缩，减小工件变形，便于将工件的变形部分磨去。这样经过多次正反面交替磨削即可获得平面度较高的平面，如图7.2.26（d）、（e）、（f）所示。

5. 工艺系统热变形对加工精度的影响

在精密加工和大件加工中，工艺系统热变形引起的加工误差占总误差的40%~70%。

图7.2.28所示为工艺系统热源的分类。

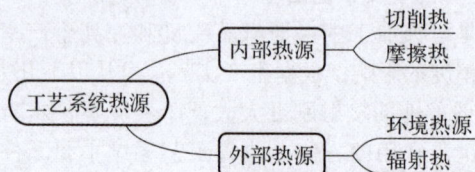

图7.2.28　工艺系统热源的分类

1）工件热变形的影响

工件加工时有比较均匀地受热和不均匀受热，但是都要膨胀，如铣、刨、磨平面时，工件只在单面受到切削热作用，上、下表面间的温差会导致工件拱起，中间就被多切去，加工完毕冷却后，加工表面就产生中凹的平面度误差，如图7.2.29所示。

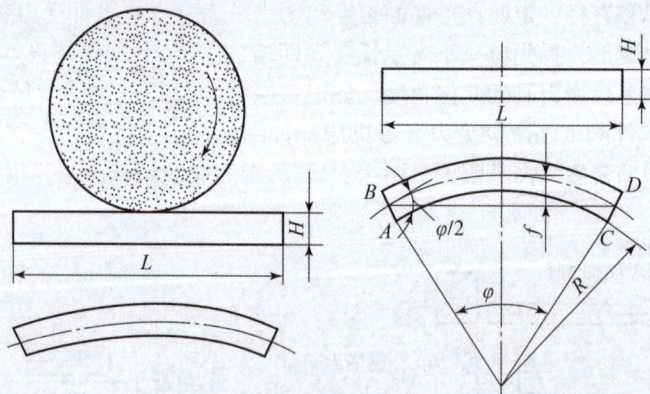

图7.2.29　薄板磨削时的弯曲变形

例如，加工盘类和长度较短的销轴、套类零件，由于工件在切削加工时受热膨胀，冷却后尺寸收缩，因此必须在工件冷却后才能测得零件的实际尺寸。如果加工后立刻进行测量，必须考虑工件的热胀量。

减少工件热变形对加工精度影响的措施：

（1）在切削区施加充分的冷却液。

（2）提高切削速度或进给量，减少传入工件的热量。

（3）工件在精加工之前给与充分的冷却时间。

（4）避免刀具和砂轮过分磨损，减少切削热。

（5）使工件在夹紧状态下可以自由伸缩。

2）刀具热变形的影响

传给刀具的热主要是切削热，虽然仅占总热量的 $3\% \sim 5\%$，但刀具质量小，热容量小，故仍会有很高的温升，如高速钢车刀的工作表面温度可达 $700 \sim 800\ ℃$。

3）机床热变形的影响

机床在工作过程中，受内部热源和外部热源的影响，由于热源分布的不均匀和机床结构的复杂性，机床各部件将发生不同程度的热变形，如图 7.2.30 所示。这些热变形尤其对以下几类机床的精度影响更大。

（1）加工精度要求很高或较高的精密机床。

（2）半自动或自动机床——在整个工作时间要求调整后加工精度稳定。

（3）床身较长的机床——床身与地基温差引起导轨弯曲。

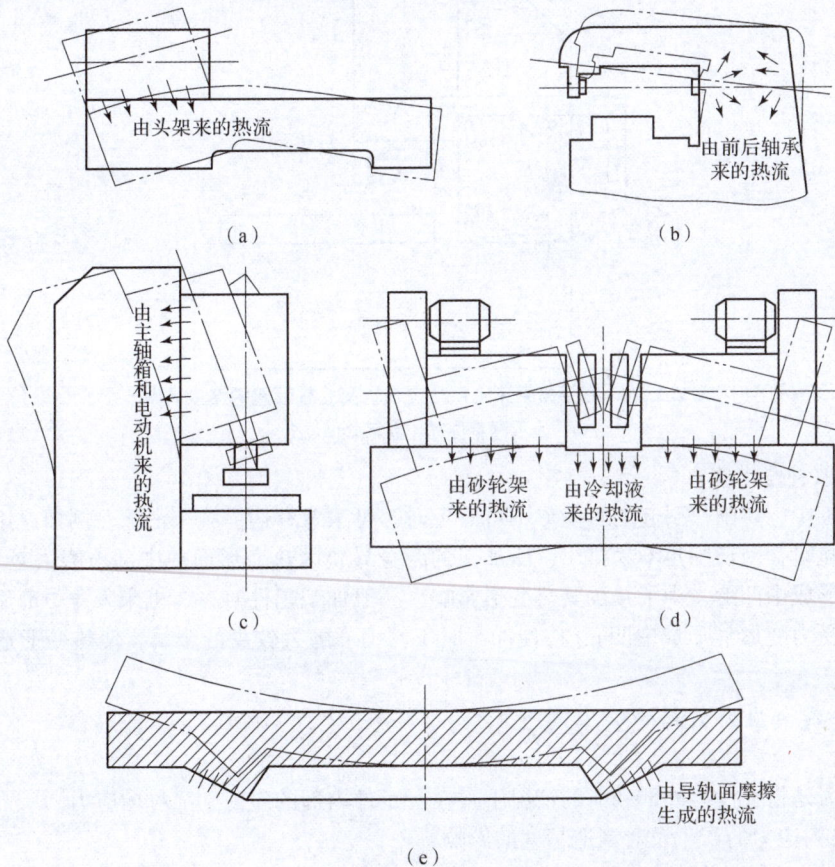

图 7.2.30　几种机床的热变形趋势

（a）车床的热变形；（b）万能铣床的热变形；（c）平面磨床的热变形；
（d）双端面磨床的热变形；（e）立式车床工作台的热变形

4）减少工艺系统热变形的工艺措施

（1）减少发热和隔热。

主轴部件是机床的关键部件，改善主轴的结构和性能，是减少机床热变形的重要环节。一般采用静压轴承、空气轴承以及对滚动轴承采用油雾润滑等，都有利于降低轴承的温升。

切削过程中，切屑和切削液也是使工艺系统产生热变形不可忽视的因素。对切屑所传递的热，可采用及时消除、切削液冷却或在工作台上装隔热塑料板等来减少其影响。

精密加工中可采用恒温切削液。

（2）加强散热能力。

为了消除机床内部热源的影响，还可采取强制冷却的办法，吸收热源发出的能量，从而控制机床的温升和热变形。

（3）控制温度变化。

（4）均衡温度场。

如图 7.2.31 所示，平面磨床采用热空气加热温升较低的立柱后壁，以减小立柱前后壁的温度差，减少立柱的弯曲变形。从图 7.2.31 可以看出热空气从电动机风扇中排出，通常误差可以降低为原来的 1/4~1/3。

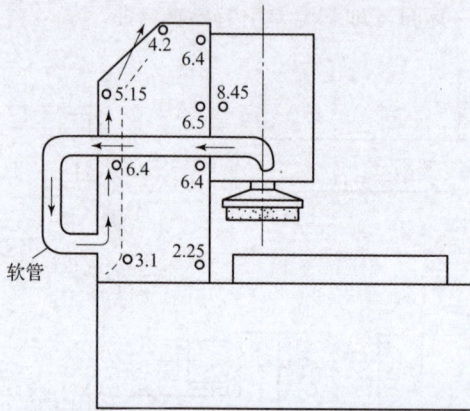

图 7.2.31　在平面磨床上用热空气均衡立柱后壁的温度场图
"o" 表示测量位置，数字的单位是℃

（5）采取补偿措施。

切削加工中，切削热引起的热变形不可避免时，可采取补偿措施来消除。例如，用砂轮端面磨削床身导轨时，因切削热不易排出，所加工的床身导轨因热变形而使中部被磨去较多的金属，冷却后导轨形成中凹形。为了减少其热变形影响，一般加工工件时，在机床床身中部用螺钉压板加压使床身受力变形（压成中凹），以便加工时工件中部磨去较少的金属，使热变形造成的误差得到补偿。

6. 工件残余应力引起的加工误差

1）概念

残余应力是指在没有外部载荷的情况下存在于工件内部的应力，又称内应力。

2）常见内应力的产生及对制造精度的影响

内应力是由金属内部的相邻宏观或微观组织发生了不均匀的体积变化而产生的，促使这种变化的因素主要来自热加工或冷加工。下面针对毛坯制造中产生的残余应力、冷校直引起的残余应力、切削和磨削加工中产生的残余应力造成的内应力进行分析。

（1）毛坯制造中产生的残余应力。

在铸造、锻造、焊接及热处理过程中，由于工件各部分冷却收缩不均匀以及金相组织转变时的体积变化，在毛坯内部就会产生残余应力，如图 7.2.32 所示。毛坯的结构越复杂，各部分壁厚越不均匀以及散热条件相差越大，毛坯内部产生的残余应力就越大。

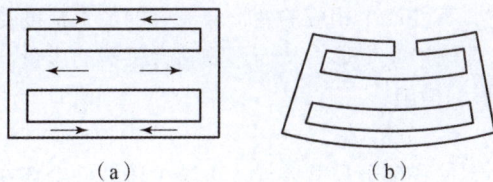

（a）　　　　　　　　　　　　（b）

图7.2.32　铸件残余应力引起的变形

具有残余应力的毛坯，其内部应力暂时处于相对平衡状态，虽在短期内看不出有什么变化，但当加工时切去某些表面部分后，这种平衡就被打破，内应力重新分布，并建立一种新的平衡状态，工件明显地出现变形。

图7.2.32所示为一个内外壁厚相差较大的铸件，在浇铸后的冷却过程中产生残余应力，铸件最后产生变形而断裂。

（2）冷校直引起的残余应力。

冷校直工艺方法是在一些长棒料或细长零件弯曲的反方向施加外力 F 以达到校直目的，如图7.2.33（a）所示。

在外力 F 的作用下，工件内部的应力重新分布，如图7.2.33（b）所示，在轴心线以上的部分产生压应力（用负号表示），在轴心线以下的部分产生拉应力（用正号表示）。在轴心线和两条虚线之间是弹性变形区域，在虚线以外是塑性变形区域。

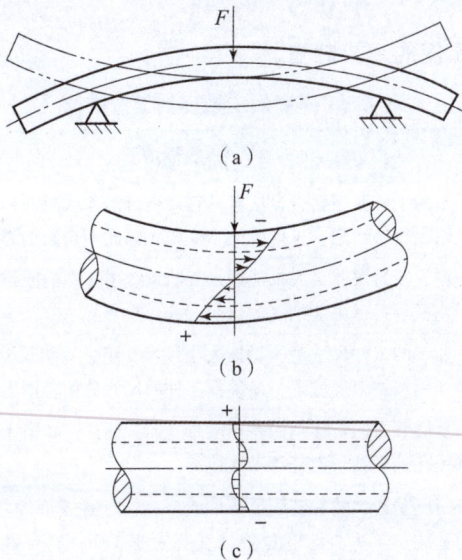

（a）

（b）

（c）

图7.2.33　冷校直引起的内应力

当外力 F 去除后，弹性变形本可完全恢复，但因塑性变形部分的阻止而恢复不了，使残余应力重新分布而达到平衡，如图7.2.33所示。

（3）切削加工中引起的残余应力。

工件在切削加工时，其表面层在切削力和切削热的作用下，会产生不同程度的塑性变形，引起体积改变，从而产生残余应力。这种残余应力的分布情况由加工时的工艺因素决定。

内部有残余应力的工件在切去表面的一层金属后，残余应力要重新分布，从而引起工件的变形。

3）残余应力对零件使用的影响

存在残余应力的零件，始终处于一种不稳定状态，其内部组织有要恢复到一种新的稳定的没有内应力状态的倾向。

在内应力变化的过程中，零件产生相应的变形，原有的加工精度受到破坏。用这些零件装配成机器，在机器使用中也会逐渐产生变形，从而影响整台机器的质量。

4）减少内应力引起变形的措施：

（1）合理设计零件结构。

应尽量简化结构，减小零件各部分尺寸差异，以减少铸锻件毛坯在制造中产生的残余应力。

（2）增加消除残余应力的专门工序。

对铸、锻、焊接件进行退火或回火；工件淬火后进行回火；对精度要求高的零件在粗加工或半精加工后进行时效处理（自然、人工、振动时效处理）。

（3）合理安排工艺过程。

在安排零件加工工艺过程中，尽可能将粗、精加工分在不同工序中进行。以使粗加工后内应力重新分布所产生的变形在精加工阶段去除。

对质量和体积均很大的笨重零件，即使在同一台重型机床进行粗精加工也应该在粗加工后将被夹紧的工件松开，使之有充足时间重新分布内应力，在使其充分变形后，然后重新夹紧进行精加工。

对精度要求较高的细长轴（如精密丝杠），不允许采用冷校直来减小弯曲变形，而应采用加大毛坯余量，经过多次切削和时效处理来消除内应力，或采用热校直。

7.2.3 提高加工精度的工艺措施

表 7.3 所示为提高加工精度的工艺措施。

表 7.3 提高加工精度的工艺措施

各种方法	具体措施
减少误差法	查明产生加工误差的主要原因后，设法对其直接进行消除或减弱，如细长轴加工用跟刀架会导致工件弯曲变形，现采用反拉法切削，工件受拉不受压，因此不会因偏心压缩而产生弯曲变形
人工误差补偿法	人为地造出一种新的原始误差，去抵消原来工艺系统中存在的原始误差，尽量使两者大小相等、方向相反而达到使误差抵消得尽可能彻底的目的
误差分组法	把毛坯或上工序加工的工件尺寸经测量按大小分为 n 组，每组尺寸误差就缩减为原来的 $1/n$。然后按各组的误差范围分别调整刀具位置，使整批工件的尺寸分散范围大大缩小
误差转移法	把原始误差从误差敏感方向转移到误差非敏感方向。例如，转塔车床的转位刀架采用"立刀"安装法；利用镗模进行镗孔；主轴与镗杆浮动连接等
就地加工法	全部零件按经济精度制造，然后装配成部件或产品，且各零部件之间具有工作时要求的相对位置，最后以一个表面为基准加工另一个有位置精度要求的表面，实现最终精加工，这就是"就地加工"法，也称自身加工修配法
误差均分法	利用有密切联系的表面之间的相互比较和相互修正或者利用互为基准进行加工，以达到很高的加工精度

7.3 加工误差综合分析

7.3.1 加工误差的性质及分类

1. 加工误差的分类

加工误差分类如图 7.3.1 所示。

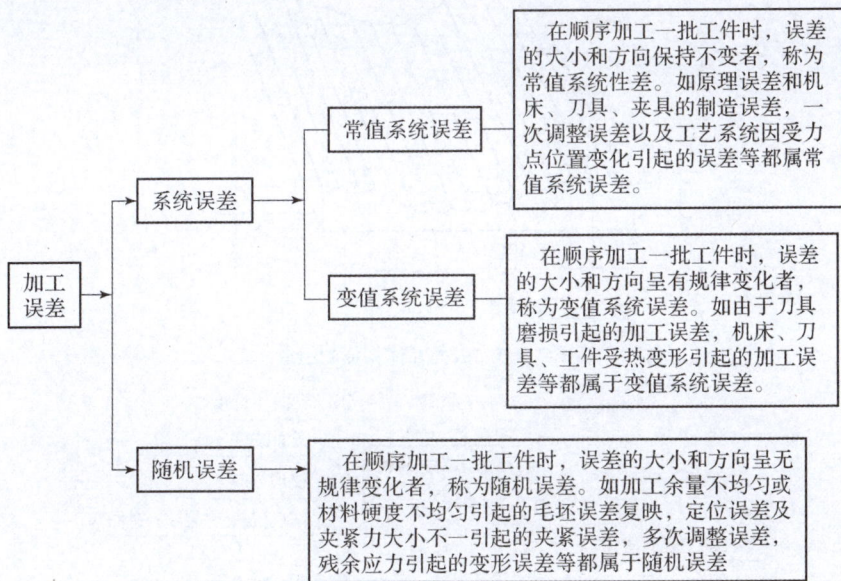

在顺序加工一批工件时，误差的大小和方向保持不变者，称为常值系统性差。如原理误差和机床、刀具、夹具的制造误差，一次调整误差以及工艺系统因受力点位置变化引起的误差等都属常值系统误差。

在顺序加工一批工件时，误差的大小和方向呈有规律变化者，称为变值系统误差。如由于刀具磨损引起的加工误差，机床、刀具、工件受热变形引起的加工误差等都属于变值系统误差。

在顺序加工一批工件时，误差的大小和方向呈无规律变化者，称为随机误差。如加工余量不均匀或材料硬度不均匀引起的毛坯误差复映，定位误差及夹紧力大小不一引起的夹紧误差，多次调整误差，残余应力引起的变形误差等都属于随机误差

图 7.3.1　加工误差分类

2. 不同性质的误差解决途径

（1）对于常值系统误差，在查明其大小和方向后，采取相应的调整或检修工艺装备，以及用一种常值系统误差去补偿原来的常值系统误差，即可消除或控制误差在公差范围之内。

（2）对于变值系统误差，在查明其大小和方向随时间变化的规律后，可采用自动连续补偿或自动周期补偿的方法消除。

（3）对随机误差，从表面上看似乎没有规律，但是应用数理统计的方法可以找出一批工件加工误差的总体规律，查出产生误差的根源，在工艺上采取措施来加以控制。

7.3.2　加工误差的统计分析方法

加工误差的统计分析法就是以生产现场对工件进行实际测量所得的数据为基础，应用数理统计的方法，分析一批工件的情况，从而找出产生误差的原因以及误差性质，以便提出解决问题的方法。

在生产中，误差性质的判别应根据工件的实际加工情况决定。在不同的生产场合，误差的表现性质会有所不同，原属于常值系统误差有时会变成随机误差。在机械加工中，经常采用的统计分析法主要有分布图分析法和点图分析法，有关内容详见有关数字资源。

7.4　机械加工表面质量及影响因素

7.4.1　表面质量定义

任何机械加工所得的表面，实际上不可能是理想的光滑表面，总是存在一定的微观几何形状误差，如图 7.4.1 所示。另外，表面材料在加工时受切削力、切削热的影响，也会使原有的物理 – 机械性能发生变化。因此，加工表面质量应包括图 7.4.2 所示内容。

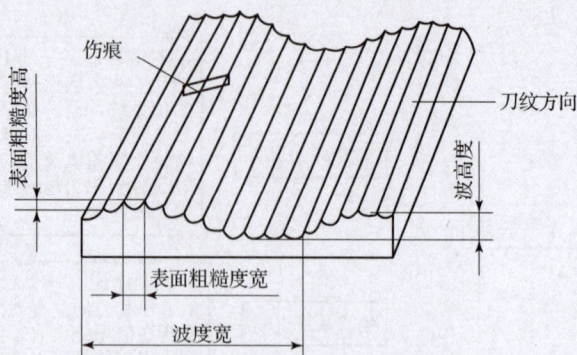

图 7.4.1　表面几体特征的组成

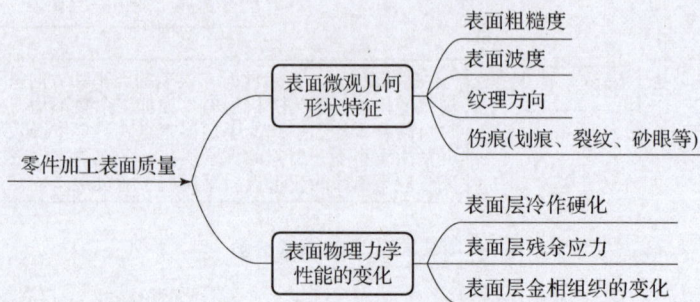

图 7.4.2　加工表面质量的内容

1）表面微观几何形状特征

（1）表面粗糙度：是指加工表面的较小间距和微小峰谷的微观几何形状误差，波长/波高 <50。表面粗糙度主要是由于切削加工过程中的刀痕、切削分离时的塑性变形、刀具与被加工表面的摩擦、工艺系统的高频振动等原因造成的。

（2）波度是指波长/波高 = 50～1 000；且具有周期特性。

（3）纹理方向是指表面刀纹的形式。

（4）表面缺陷是指如划痕、砂眼、气孔、裂纹等，是加工表面个别位置出现的缺陷。

2）表面层物理力学性能的变化

表面层材料在加工时，物理力学性能变化主要有以下三个方面：

①表面层冷作硬化。工件在机械加工过程中，表面层金属产生强烈的塑性变化，使表层的强度和硬度都有所提高，这种现象称表面冷作硬化。

②表面层残余应力。在切削加工过程中，由于切削变形和切削热的影响，在加工表面会产生残余应力，如果残余应力超过材料的屈服强度，就会产生表面微观裂纹，表面微观裂纹将给零件带来严重的隐患。

③表面层金相组织的变化。工件表面经磨削精加工时，磨削产生的高温，一般可达 800～1 000 ℃，高的磨削温度会烧坏工件表面，使淬火钢件表面退火，引起表面层金属发生相变，将大大降低表面层的物理力学性能。

7.4.2　表面质量对零件使用性能的影响

影响零件的耐磨性；影响零件的疲劳强度；影响零件的耐腐蚀性；影响零件的配合精度等。

7.4.3　影响表面粗糙度的因素

1）普通切削加工中影响表面粗糙度的因素

（1）几何因素（理论粗糙度）。

刀具几何形状及切削运动的影响，刀具相对于工件做进给运动时，在加工表面留下切削层残留面积，从而产生表面粗糙度。残留面积的形状受刀具的影响如图7.4.3所示，几何形状的复映，其高度 H 受刀具的几何角度和切削用量大小的影响。减小进给量 f、主偏角、副偏角以及增大刀尖圆弧半径，均可减小残留面积的高度。此外，适当增大刀具的前角，以减小切削时的塑性变形的程度；合理选择润滑液和提高刀具刃磨质量，以减小切削时的塑性变形和抑制刀瘤、鳞刺的生成，也是减小表面粗糙度值的有效措施。

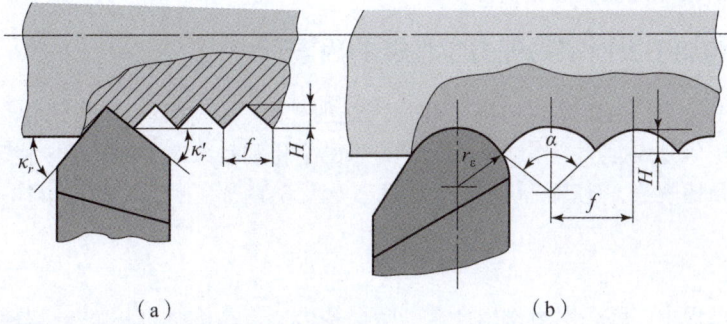

图 7.4.3　残留面积的形状受刀具的影响

（2）物理因素（实际粗糙度）。

实际粗糙度值的大小与工件材料性质及切削机理等因素有关，存在多因素致表层不均匀塑性变形，如工件材质、切削速度、刀具材料等，它们对粗糙度的影响如表7.4所示。

表 7.4　工件材料性质及切削机理等对粗糙度的影响

工件材质	工件材质韧性↑、塑性↑，Ra↑； 工件材质晶粒越均匀，颗粒越细小，Ra↓
切削速度	加工脆性材料时，切削速度对于粗糙度影响不大； 加工塑性材料时，积屑瘤对粗糙度影响很大
刀具材料	刀具越硬，越耐磨，Ra↓

改善工件材料性能（正火、调质），选择合适的切削速度，选择合适的冷却液能降低表面粗糙度值。

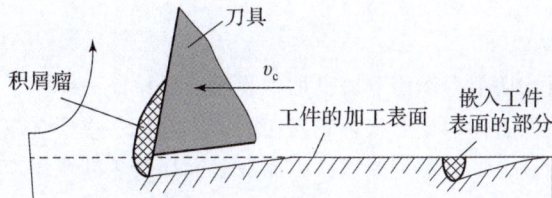

图 7.4.4　积屑瘤对粗糙度的影响

2）磨削加工影响表面粗糙度的因素

如同切削加工时表面粗糙度的形成过程一样，磨削加工表面粗糙度的形成，也是由几何因素和表面金属的塑性变形来决定的。影响磨削表面粗糙度的主要因素可以归纳为以下几点。

（1）砂轮的粒度：磨粒越细表面粗糙度值越小。

（2）砂轮的硬度：硬度适当表面粗糙度值会减小。

（3）砂轮的修整：微刃性、等高性好，表面粗糙度值小。

（4）磨削速度：提高磨削速度表面粗糙度值小。

（5）径向进给量和光磨次数：径向进给量增加，表面粗糙度值增大；光磨次数增多，表面粗糙度值减小。

（6）圆周进给速度和轴向进给量增大，则表面粗糙度值增大。

（7）冷却润滑液能降低表面粗糙度值。

7.4.4 影响加工表面层物理力学性能的因素

在切削加工中，工件由于受到切削力和切削热的作用，使表面层金属的物理力学性能产生变化，最主要的变化是表面层冷作硬化、金相组织的变化和残余应力的产生。由于磨削加工时所产生的塑性变形和切削热，比刀刃切削时更严重，因而磨削加工后，表面层上述三项物理力学性能的变化会很大。

1. 冷作硬化

在机械加工过程中，因切削力作用产生的塑性变形，使晶格扭曲、畸变，晶粒间产生剪切滑移，晶粒被拉长和纤维化，甚至破碎，这些都会使表面层金属的硬度和强度提高，这种现象称为冷作硬化（或称为强化）。表面层冷作硬化的结果，会增大金属变形的阻力，减小金属的塑性，金属的物理性质也会发生变化。被冷作硬化的金属于高能位的不稳定状态，只要一有可能，金属的不稳定状态就要向比较稳定的状态转化，这种现象称为弱化。影响冷作硬化的主要因素如表7.5所示。

表7.5 影响冷作硬化的主要因素

影响因素	影响结果
切削用量的影响	切削速度 v_c↑→塑性变形↓→冷作硬化↓ 进给量 f↑→切削力↑→塑性变形↑→冷作硬化↑ 背吃刀量的影响不大（温度↑→冷作硬化↓）
刀具几何形状的影响 （刀具锋利性）	加切削刃钝圆半径↑→径向切削分力↑→表层金属的塑性变形↑→冷作硬化↑
工件材料性能的影响	被加工材料硬度越低，冷作硬化现象越严重，如低碳钢； 有色金属的熔点低，容易弱化，冷作硬化现象比钢材轻得多

2. 表面层残余应力

产生的原因：加工时在切削力作用下，已加工表面层受拉应力作用，产生伸长塑性变形，表面积趋向增大，此时里层处于弹性变形状态。当切削力去除后，里层金属趋向复原，但受到已产生塑性变形的表面层的限制，恢复不到原状，因而在表面层产生残余压应力，里层则为拉应力与之相平衡。

影响表面残余应力的主要因素：

机械加工后工件表面层的残余应力是冷态塑性变形、热态塑性变形和金相组织变化的综合结果。

普通切削加工（车、铣、刨等）时主要是冷态塑性变形，表面层常产生残余压应力。

磨削加工时通常是热态塑性变形或金相组织变化引起的体积变化，表面层常产生残余拉应力。

零件表面残余应力的大小、性质主要取决于终加工工序。

3. 表面层材料金相组织的变化（磨削烧伤）

磨削烧伤定义及分类：当被磨工件表面层的温度达到相变温度以上时，表层金属发生金相组织的变化，使表层金属强度和硬度降低，并伴有残余应力产生，甚至出现微观裂纹，这种现象称为磨削烧伤。在磨削淬火钢时，可能产生3种烧伤，如表7.6所示。

表7.6 磨削淬火钢时的烧伤形式

烧伤形式	烧伤机理
淬火烧伤	磨削区温度超过相变温度，由于冷却液急冷，表层出现二次淬火马氏体（硬脆）
回火烧伤	磨削区温度超过马氏体转变温度，而未达相变温度，产生回火组织（硬度↓）
退火烧伤	磨削区温度超过相变温度，未用冷却液，工件缓慢冷却，发生退火（硬度大大降低）

判定磨削烧伤的程度，可以根据图7.4.5所示零件磨削烧伤程度与表面颜色的关系进行判断。图7.4.6所示为轮齿表面在磨削后不同程度的烧伤。

表面颜色与烧伤程度之间的关系：

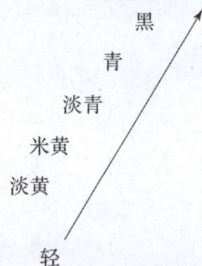

重
黑
青
淡青
米黄
淡黄
轻

图7.4.5 零件磨削烧伤程度与表面颜色的关系

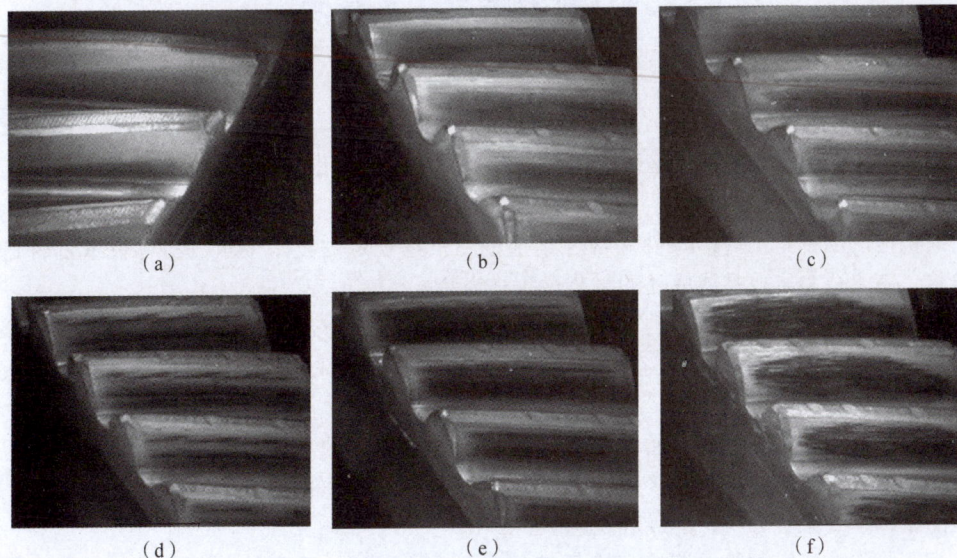

（a）　　　　　　　　（b）　　　　　　　　（c）

（d）　　　　　　　　（e）　　　　　　　　（f）

图7.4.6 轮齿表面在磨削后不同程度的烧伤

（a）0级烧伤；（b）1级烧伤；（c）2级烧伤；（d）3级烧伤；（e）4级烧伤；（f）5级烧伤

影响磨削烧伤的因素及改善措施：

磨削热是造成磨削烧伤的根源，改善磨削烧伤有两个途径：一是正确选择砂轮，合理选择切削用量，尽可能地减少磨削热的产生；二是改善冷却条件，尽量使产生的热量少传入工件。

表 7.7 所示为影响磨削烧伤常见因素及改善措施。

表 7.7　影响磨削烧伤常见因素及改善措施

影响因素	改善措施
磨削用量	a_p↑→磨削烧伤↑（可分次磨、无进给磨） 工件速度↑→磨削烧伤层越薄，越易去除（所以提高工件速度是提高生产率、减轻烧伤的有效途径，但会使表面粗糙度值↑，故同时应提高砂轮转速，即发展高速磨削）
砂轮与工件材料	磨粒刃锋利↑→磨削力↓→温度↓→磨削烧伤↓（CBN） 磨削导热性差的材料（合金钢）→磨削烧伤↑
冷却条件	采用高压大流量注液；安装空气挡板；内冷却法→磨削烧伤↓

7.4.5　提高加工表面质量的措施

1. 降低表面粗糙度的加工方法

1）小粗糙度值磨削加工

采用精密磨削、超精密磨削、镜面磨削等。

2）超精加工、珩磨、研磨、抛光

共同点：

（1）加工余量小，切削速度低。

（2）降低表面粗糙度效果明显，提高精度不明显。

2. 改善表面物理力学性能的加工方法

喷丸强化、滚压加工、金刚石压光，具体内容见有关数字资源。

7.5　机械装配工艺基础

7.5.1　概述

机械装配工艺过程是机械制造工艺过程的重要环节之一，也是应该掌握的重要章节。

1. 装配的概念

任何机械产品都是由许多零件和部件组成的。根据规定的技术要求，将零件或部件进行配合和连接，使之成为半成品或成品的工艺过程称为装配。

零件是构成机械产品最基本的单元。由若干零件配合、连接在一起，成为机械产品的某一组成部分（即部件），这一装配工艺过程称为部装。把零件和部件进一步装配成最终产品的过程称为总装。

部件进入装配是有层次的，通常把直接进入产品总装配的部件称为组件；直接进入组件装配的部件称为第一级分组件；直接进入第一级分组件装配的部件称为第二级分组件，以此类推。机械产品结构越复杂，分组件的级数就越多。

装配不是将合格零件简单连接起来的过程，而是要通过一系列的装配工艺措施，才能保证达到产品质量的要求。常见的装配工作包括清洗、连接、校正调整与配作、平衡、验收试验以及油漆、包装等内容。装配是整个机械制造工艺过程中的最后一个环节。装配工作对产品质量影响很大，若装配不当，即使所有零件都合格，也不一定能生产出合格的、高质量的机械产品。反之，若零件制造精度并不高，而在装配中采用适当的工艺方法，如进行选配、修配、调整等，也能使产品达到规定的技术要求。因此，制定合理的装配工艺规程，采用新的装配工艺，提高装配质量和装配劳动生产率，是机械制造工艺的一项重要任务。

2. 装配精度

1）装配精度的概念

装配精度是产品设计时根据使用性能要求规定的、装配时必须保证的质量指标。产品的装配精度包括零部件间的距离精度、位置精度、运动精度及接触精度等。

（1）距离精度是指相关零部件间的距离尺寸精度，包括间隙、过盈等配合要求，如卧式车床主轴中心线与尾座套筒中心线之间的等高度即属此项精度。

（2）装配中的位置精度是指产品中相关零部件间的平行度、垂直度、同轴度及各种圆跳动等。

（3）运动精度是指产品中相对运动的零部件间在运动方向和相对运动速度上的精度，主要表现为运动方向的直线度、平行度和垂直度，相对运动速度的精度即传动精度。

（4）接触精度是指相互配合表面、接触表面间接触面积的大小和接触点的分布情况，如齿轮啮合、锥体与锥孔配合及导轨副间均有接触精度要求。

2）装配精度与零件精度的关系

机械产品是由众多零部件组成的，显然装配精度首先取决于相关零部件精度，尤其是关键零部件的精度。例如，卧式车床的尾座移动对床鞍移动的平行度，主要取决于床身导轨 A 与 B 的平行度（图 7.5.1）；又如车床主轴中心线与尾座套筒中心线的等高度 A_0，主要取决于主轴箱、尾座及底板的 A_1、A_2 及 A_3 的尺寸精度，如图 7.5.2 所示。

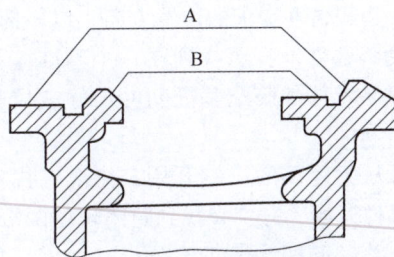

图 7.5.1 床身导轨简图
A—溜板导轨；B—尾座导轨

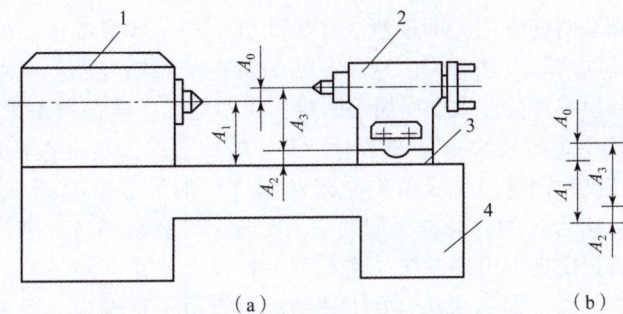

（a）　　　　　　　　（b）

图 7.5.2 床身主轴与尾座中心线等高示意图
（a）车床结构示意图；（b）装配尺寸链
1—主轴箱；2—尾座；3—底板；4—床身

从以上分析可知，不同的装配方法中，零件加工精度与装配精度具有不同的相互关系。为了能够定量分析这种关系，需将尺寸链的基本理论应用于装配过程，即通过装配尺寸链的分析计算，解决上述关系问题。

3. 装配尺寸链简介

1）装配尺寸链的概念

一台机器包括组装、部装和总装，有很多装配精度技术要求项目需要保证。在制定产品装配工艺规程、确定装配工序、解决装配质量问题时，都可以通过尺寸链的分析计算予以解决。

在图 7.5.2（a）中，为了保证尾座顶尖与车床主轴的等高要求，需要保证主轴箱部件主轴至导轨面的尺寸 A_1、底板尺寸 A_2 以及尾座至底板的尺寸 A_3。总装时，这三个装配尺寸与两顶尖的等高要求（A_0）就构成了装配尺寸链，如图 7.5.2（b）所示。

从上面的例子分析可知，所谓装配尺寸链是指在机器的装配关系中，以装配时所要保证的装配精度或技术要求为封闭环，以相关零件的尺寸或相互位置关系为组成环而构成的尺寸链。与工艺尺寸链一样，装配尺寸链也有增环和减环之分，并且增、减环的判别方法、尺寸链的特点以及计算方法都相同。

2）装配尺寸链的建立

正确地建立装配尺寸链，是运用尺寸链原理分析和解决零件精度与装配精度关系问题的基础。

装配尺寸链的封闭环多为产品或部件的装配精度，找出对装配精度有直接影响的零部件尺寸和位置关系，即可查明装配尺寸链的各组成环。可见，正确查找组成环是建立装配尺寸链的关键。

一般查找装配尺寸链组成环的方法是：首先根据装配精度要求确定封闭环，然后取封闭环两端的两个零部件为起点，沿着装配精度要求的位置方向，以零部件装配基准面为查找线索，分别找出影响装配精度要求的有关零部件，直至找到同一个基准零部件或同一基准表面为止。这样，各有关零部件上直接连接相邻零部件装配基准间的尺寸或位置关系，即装配尺寸链中的组成环。

当然，查找装配尺寸链也可从封闭环的一端开始，依次查找相关零部件直到封闭环的另一端；还可从共同的基准面或零部件开始，分别查找到封闭环的两端。

不管采用哪一种查找方法，关键问题在于正确分析有关零部件的相应尺寸、技术要求对所分析的装配精度有直接影响。

3）装配尺寸链的计算

装配尺寸链的计算有两种方法：即极值法（极大极小法）和概率法。极值法计算装配尺寸链的方法与工艺尺寸链的解算方法相同。这种方法的特点是简单可靠，但当封闭环公差较小或组成环较多时，会使各组成环公差太小而加工困难，成本增加。根据概率论的基本原理，首先，在一个稳定的工艺系统中进行较大批量加工时，零件的加工误差出现极值的可能性是很小的。其次，装配时，各零件误差同时出现极值的"最坏组合"的可能性就更小。若组成环数较多，装配时零件出现"最坏组合"的机会就更加微小，实际上可忽略不计。显然极值法以缩小组成环公差为代价，换取装配中极少出现的极端情况下的产品合格是不经济的。而以概率论原理为基础建立的尺寸链计算方法，即概率法，在上述情况下极值法更合理，该内容可参考其他有关资料。

7.5.2　保证装配精度的方法

机械产品的精度要求最终是靠装配实现的。产品的装配精度、结构和生产类型不同，采用的装配方法也不同。生产中保证装配精度的方法有互换法、选配法、修配法和调整法，如图7.5.3所示。

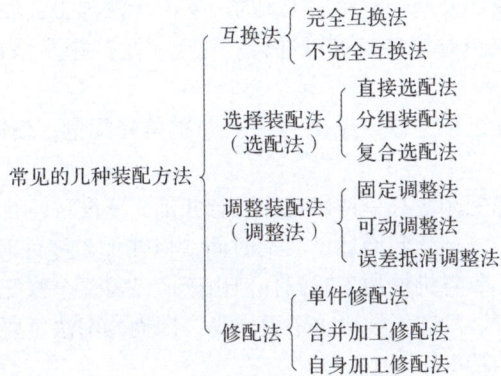

$$
\text{常见的几种装配方法}
\begin{cases}
\text{互换法} \begin{cases} \text{完全互换法} \\ \text{不完全互换法} \end{cases} \\[2ex]
\text{选择装配法（选配法）} \begin{cases} \text{直接选配法} \\ \text{分组装配法} \\ \text{复合选配法} \end{cases} \\[3ex]
\text{调整装配法（调整法）} \begin{cases} \text{固定调整法} \\ \text{可动调整法} \\ \text{误差抵消调整法} \end{cases} \\[3ex]
\text{修配法} \begin{cases} \text{单件修配法} \\ \text{合并加工修配法} \\ \text{自身加工修配法} \end{cases}
\end{cases}
$$

图 7.5.3　常见的几种装配方法

1. 互换法

互换法是通过控制零件加工公差来保证装配精度的一种方法，分为完全互换法和不完全互换法。完全互换法是在同类零件中，任取一个零件，不经任何选择或修配就能进行装配，并达到装配精度要求。这种装配方法操作简单、生产率高、维修方便，有利于组织流水作业与协作生产，对操作人员的技术要求较低，但对零件的加工精度要求较高，生产成本将增加。所以，这种方法主要在配合零件较少、精度要求不太高或机械产品批量较大时采用，在不完全互换法中将会有少数零件的装配精度达不到装配精度要求，故配合零件不完全是100%的具有互换性，故称不完全互换法。不完全互换法对零件的加工精度要求较低。

2. 选配法

在大量或成批生产条件下，当装配精度要求很高且组成环数较少时，如果采用完全互换法装配，因要求组成环公差较小，将给零件加工带来困难，甚至无法加工；由于组成环数少，因而采用不完全互换法装配的效果不明显，这时应考虑采用选配法装配。

选配法是将尺寸链中组成环的公差放大到经济可行的程度来加工，装配时选择适当的零件进行装配，以保证装配精度要求的一种装配方法。

选配法有直接选配法、分组装配法和复合选配法三种不同的形式。

1）直接选配法

装配时，由工人从许多待装的零件中，直接选取合适的零件进行装配，来保证装配精度的要求。这种方法的特点是：装配过程简单，但装配质量和时间很大程度上取决于工人的技术水平。由于装配时间不易准确控制，所以不宜用于生产节拍要求较严的大批大量生产中。

2）分组装配法

分组装配法又称分组互换法，是将组成环的公差相对完全互换法所求之值放大数倍，使其能按经济精度进行加工的方法。装配时先测量尺寸，根据尺寸大小将零件分组，然后按对应组分别进行装配，来达到装配精度的要求，而且组内零件装配是完全互换的。

3）复合选配法

复合选配法是直接选配法与分组装配法两种方法的组合，即零件公差可适当放大，加工后先测量分组，装配时再在各对应组内由工人进行直接选配。这种方法的特点是配合件的公差可以不等，且装配质量高，速度较快，能满足一定生产节拍要求，如发动机气缸与活塞的装配多采用这种方法。

3. 修配法

在单件小批或成批生产中，当装配精度要求较高，装配尺寸链的组成环数较多时，如果采用互换法装配，会因要求组成环公差较小而加工困难，甚至无法加工；如果采用选配法装配，又会因批量相对较小，组成环数相对较多而难以进行。这时，生产中常采用修配法来保证装配精度要求。

所谓修配法，就是装配过程中修去某配合件上的预留修配量，使配合零件达到规定的装配精度。

实际生产中，常见的修配方法有单件修配法、合并加工修配法、自身加工修配法三种。

修配法虽然使装配工作复杂化和增加了装配时间，但在加工零件时可适当降低其加工精度，不需要采用高精度的设备，节省机械加工时间，但由于产品需逐个修配，所以没有互换性，且装配劳动量大、生产率低，对装配工人技术水平要求高。因而修配法主要用于单件小批生产和中批生产中装配精度要求较高的情况下。

4. 调整法

调整法是将尺寸链中各组成环按经济精度加工，装配时通过更换尺寸链中某一预先选定的组成环零件或调整其位置来保证装配精度的方法。装配时进行更换或调整的组成环零件叫作调整件，该组成环称为调整环。调整法和修配法在原理上是相似的，但具体方法不同。

根据调整方法的不同，调整法可分为可动调整法、固定调整法和误差抵消调整法三种。

1）可动调整法

在装配时，通过调整改变调整件的位置来保证装配精度的方法称为可动调整法。

在产品装配中，可动调整法的应用较多。图7.5.4（a）所示为调整套筒的轴向位置以保证齿轮轴向间隙的要求；图7.5.4（b）所示为调整镶条的位置以保证导轨副的配合间隙；图7.5.4（c）所示为调整楔块的上下位置以调整丝杠螺母副的轴向间隙。

可动调整法不仅能获得较理想的装配精度，而且在产品使用中，由于零件磨损使装配精度下降时，可重新调整调整件的位置使产品恢复原有精度，所以，该法在实际生产中应用较广。

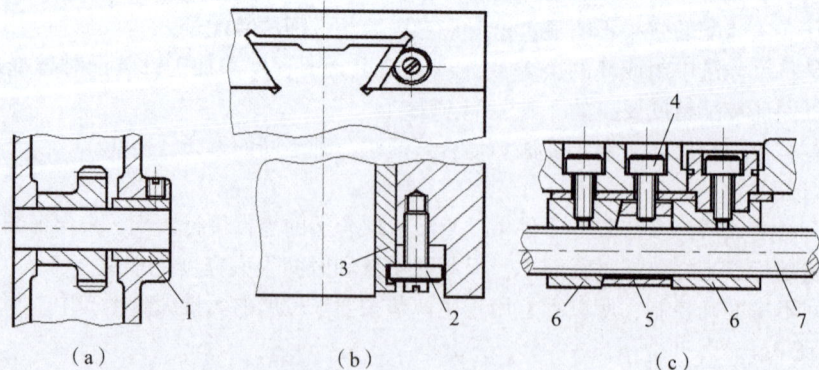

图7.5.4　可动调节法示例
（a）调整套筒的轴向位置；（b）调整镶条的位置；（c）调整楔块的上下位置
1—调节套筒；2，4—调节螺钉；3—楔条；5—楔块；6—丝杠螺母；7—丝杠

2）固定调整法

在装配时，采用更换预先选定的组成环零件即调整件的方法来改变补偿环的尺寸，使封闭

环达到其公差与极限偏差的要求的方法称为固定调整法。

采用这种方法时，调整件形状要简单、便于拆装，常用的调整件有垫片、套筒等，如图7.5.5所示。

固定调整法常用于中批和大批生产，且封闭环要求较严的多环装配尺寸链中，尤其是在比较精密的机械传动中广泛使用。

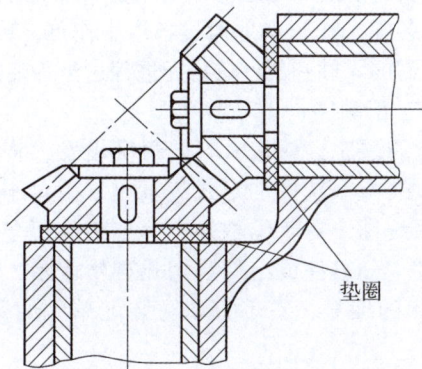

图7.5.5　固定调整间隙

3）误差抵消调整法

在产品或部件装配时，通过调整有关零件的相互位置，并使其加工误差相互抵消一部分，以提高装配精度，这种方法称为误差抵消调整法。误差抵消调整法在机床装配时应用较多。例如，在组装机床主轴时，通过调整前后轴承的径向跳动方向来控制主轴的径向跳动；在滚齿机工作台、分度蜗轮装配中，采用调整工作台和分度蜗轮偏心方向来抵消误差以提高两者的同轴度。

7.5.3　机械装配工艺规程的制定

机械装配工艺规程是指导装配过程的主要技术文件，在装配工艺规程中，规定了产品及其部件的装配顺序、装配方法、装配技术要求及检验方法、装配所需设备和工具以及装配时间定额等。

1. 制定机械装配工艺规程的基本原则及原始资料

1）制定机械装配工艺规程的基本原则

（1）保证机械产品装配质量，并力求提高其质量，以延长产品的使用寿命。

（2）合理安排装配工序，尽量减少钳工装配的工作量，提高装配效率以缩短装配周期。

（3）尽可能减少车间的生产面积，以提高单位面积的生产率。

2）机械装配所需的原始资料

制定机械装配工艺所需的原始资料有：

机械产品的总装图和部件装配图、机械产品验收的技术条件、机械产品的生产纲领（或年产量）及现有生产条件。

2. 制定机械装配工艺规程的步骤

根据上述基本原则和原始资料，可以按下列步骤制定装配工艺规程。

（1）研究机械产品装配图和验收技术条件。

制定装配工艺时，首先要仔细地研究机械产品的装配图及验收技术条件。通过上述技术文件的研究，深入了解机械产品及其各部件的具体结构；机械产品及各部件的装配技术要求；保证机械产品装配精度的方法，以及机械产品的试验内容、方法等。

（2）确定装配方法与组织形式。

机械产品装配工艺方案的制定与装配的组织形式（分为固定式装配和移动式装配）有关；装配组织形式的选择主要取决于机械产品结构特点（尺寸、大小与质量）和生产批量；固定式装配是指机械产品装配工作在同一地点进行，所需的零件和部件全部向装配点集中；其特点是在装配过程中基础件的位置不变，装配工固定地或循环地在固定的工作地点进行装配。

移动式装配是指机械产品装配工作依次地通过各个工作点，装配工在固定的工作点重复地进行所承担的那部分工作，所需的零件和部件按装配进程送至各装配点。

（3）划分装配单元，确定装配顺序。

装配单元的划分及其装配的顺序，就是从工艺角度出发，将机械产品分解成可以独立装配的组件及各级分组件，并以装配系统图的形式表示出来。对于结构比较简单、零部件少的产品，可以只绘制产品装配系统图；对于结构复杂、零部件很多的产品，还需要绘制各装配单元的装配系统图。每一零件、分组件或组件都用长方格表示，长方格的上方注明装配单元的名称，左下方填写装配单元的编号，右下方填写装配单元的数量，如图 7.5.6～图 7.5.8 所示。

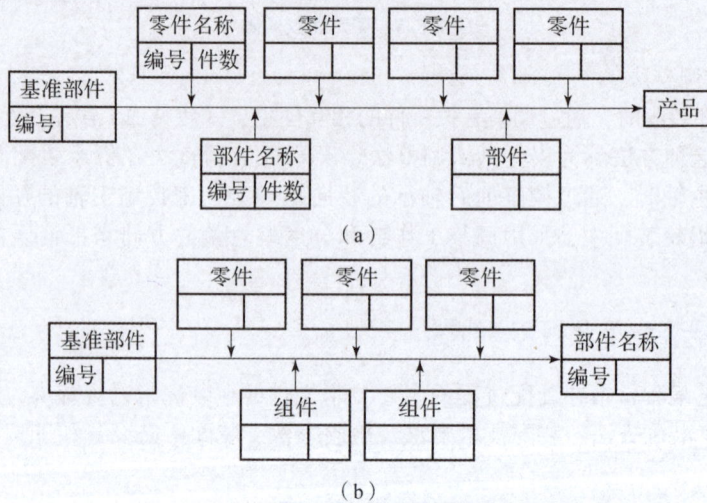

图 7.5.6　装配系统图

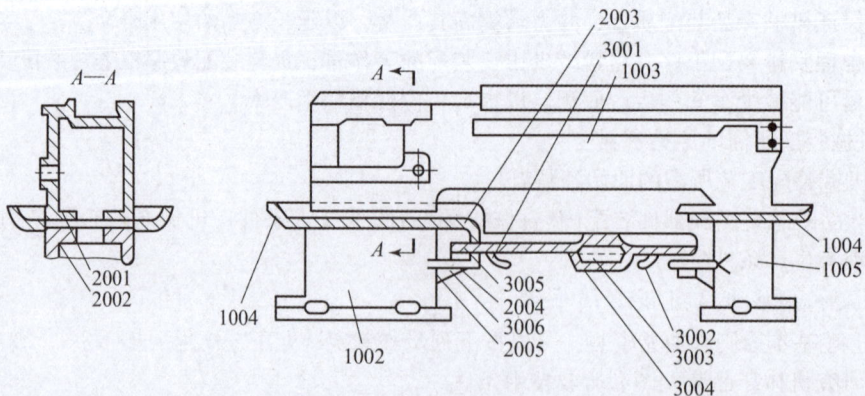

图 7.5.7　卧式车床床身装配简图

床身 1003 | 1　垫板上涂铅油　右垫板 2001 | 8　左托盘 1001 | 1　右托盘 1004 | 1　前床脚 1002 | 1　后床脚 1005 | 1　螺栓 2002 | 8　垫圈 2004 | 4　螺栓 2003 | 4　垫圈 2006 | 4　螺母 2005 | 4　用水平仪检查导轨的直线度　床身总成 Z01 | 1

油盘总成 P01 | 1

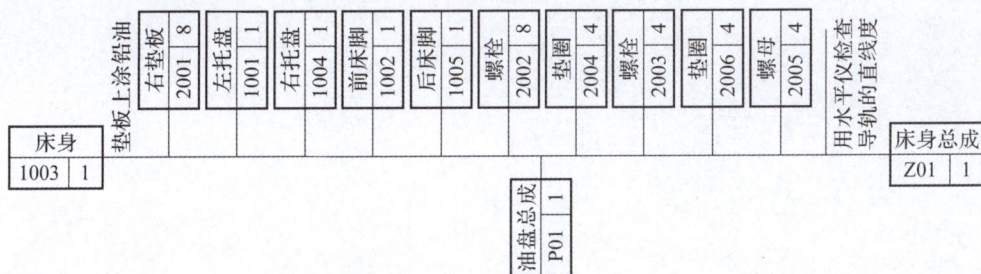

图 7.5.8　床身部件装配单元系统图

（4）划分装配工序。

装配顺序确定后，还要将装配工艺过程划分为若干工序，并确定各个工序的工作内容、所需设备、工夹具和工时定额等，具体内容如下：

①确定工序集中与分散的程度。

②划分装配工序，确定各工序的内容。

③确定各工序所需设备和工量器具。

④制定各工序装配操作规范。

⑤制定各工序装配质量要求、检测方法及检测项目。

⑥确定各工序时间定额，平衡各工序的装配节拍。

⑦分析各工序能力，进行工艺方案的技术经济分析。

（5）装配工艺规程文件的整理与编写。

单件小批量生产时，通常不需要制定装配工艺卡，装配工按装配图和装配工艺系统图来代替进行装配；成批生产时，通常制定部件及总装的装配卡，而不制定装配工序卡（关键工序除外）；大批量生产时，不仅要制定装配工艺卡，而且还要制定装配工序卡，以指导工人进行装配。